画说 彩图版

电子技术

韩雪涛 主　编
韩广兴　吴　瑛　副主编

U0341918

中国电力出版社
CHINA ELECTRIC POWER PRESS

-------------------- 内 容 提 要 --------------------

本书采用"画说方式"讲解电子电路专业知识和实用产品维修技能,是一本为电子生产、调试与维修专业技术人员及电子爱好者量身定做的专业技能宝典。

本书内容是以国家相关的职业资格考核标准为指导,结合电子领域从业的特点和该领域读者的学习习惯,系统、全面地介绍了电子元器件的种类、特点、数字电路器件的特点、电子电路基础、组合电路与放大电路、脉冲电路、转换电路、音频信号电路、音频功率放大电路、电动机驱动控制电路、传感器检测控制电路、电子仪器仪表的使用、电子元器件的检测、电子产品常见信号的测量、小家电产品的电路与检修、电视产品的电路与检修、通信设备的电路与检修等专业知识和技能。

本书适合电子产品生产、研发、销售及调试维修岗位从业人员及待岗求职人员阅读,也可作为电子从业人员的培训教材,还可作为广大电子电气爱好者的实用技能读本。

图书在版编目(CIP)数据

画说电子技术 / 韩雪涛主编 . -- 北京 : 中国电力出版社 , 2017.8
ISBN 978-7-5198-0888-4

Ⅰ.①画… Ⅱ.①韩… Ⅲ.①电子技术−普及读物Ⅳ.① TN-49

中国版本图书馆 CIP 数据核字 (2017) 第 151765 号

出版发行:中国电力出版社
地　　址:北京市东城区北京站西街 19 号(邮政编码 100005)
网　　址:http://www.cepp.sgcc.com.cn
责任编辑:马淑范(xiaoma1809@163.com)
责任校对:吴　瑛
装帧设计:张俊霞　左　铭
责任印制:蔺义舟

印　刷:北京瑞禾彩色印刷有限公司
版　次:2017 年 8 月第一版
印　次:2017 年 8 月北京第一次印刷
开　本:787 毫米 ×1092 毫米　16 开本
印　张:22.75
字　数:500 千字
印　数:0001—3000 册
定　价:98.00 元

编 委 会

主　编　韩雪涛

副主编　吴　瑛　韩广兴

参　编　马　楠　宋永欣　梁　明　宋明芳

　　　　张丽梅　孙　涛　张湘萍　吴　玮

　　　　高瑞征　周　洋　吴鹏飞　吴惠英

　　　　韩雪冬　韩　菲　马敬宇　王新霞

　　　　孙承满

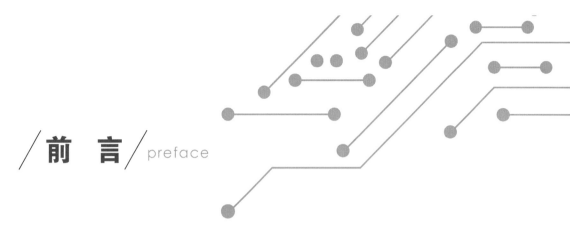

前 言 / preface

《画说电子技术》是一本集资料性和功能性于一体的专业技能图书。

面对电子领域，不难发现，电子岗位从业规模逐年壮大，特别是社会电气化水平的提高和电子产品智能化程度的提升，我国电子产品生产、制造、销售及维修领域的整体格局发生了重大的变革。社会对电子岗位的需求也来越强烈。电子产品生产、销售、调试、维修的从业人数逐年递增。然而新产品、新技术、新材料、新工艺的研发与推广应用，为电子从业增加了新的难度。如何能够在短时间内了解电子电路的专业知识，掌握电子产品调试与维修的专业技能成为许多从业者和学习者首要解决的难题。

针对上述情况，根据电子行业的从业技术特点和岗位需求，我们专门制作了"画说电子技术"技能图书。本书最大的特点是将电子技能培训与数据资料巧妙的结合，使整本图书既可以作为专业的电子类培训教程也可作为资料性质的工具书查询使用。为了能够编写好这本书，我们依托数码维修工程师鉴定指导中心进行了大量的市场调研和资料汇总。以国家职业资格标准为依据，将电子领域必须掌握的专业知识和实用技能按照岗位需求进行系统的整理和编排，注重知识体系的系统和专业内容的实用。

本书在呈现方式上进行了大胆的突破，采用全新的编排方式，以"画说"的形式展现知识技能。无论是专业的电路知识，还是实用的操作技能，全部通过结构图、效果图、框图、原理图、图文、图表、实物照片图、操作示意图等形式加以展现，让读者最直观、最清晰的理解图书内容，从而能够调动读者的学习兴趣，在短时间内收到良好的学习效果。

在内容方面，本书以岗位就业为导向。知识内容尽可能贴近实际应用，做到以实用、够用为原则。技能方面则重点突出实战特色，充分发挥"画说"的优势，将电子电路的结构、原理，产品调试维修的细节、要点等全部真实呈现，确保图书的实际用途。同时，为了能够让本书在读者的学习和工作中最大限度的发挥作用，本书还系统整理和归纳了很多电子方面的实用电路知识和测量数据，可以供读者在日后学习和工作中查询使用，大大延伸了图书的实际功能。

在印刷方式上，本书采用双色印刷方式，让讲解和演示都变得更加细致、明确，让读者能够更加容易和准确的学习其中的内容。

本书由数码维修工程师鉴定指导中心组织编写，由全国电子行业资深专家韩广兴教授亲自指导。编写人员有行业资深工程师、高级技师和一线教师。本书无处不渗透着专业团队在电子技术领域中的经验和智慧，将学习和实践中需要注意的重点、难点一一化解，大大提升了读者的学习效果。

为了更好地满足读者的需求，达到最佳的学习效果，本书得到了数码维修工程师鉴定指导中心的大力支持，可获得免费的专业技术咨询。读者通过学习与实践还可参加相关资质的国家职业资格或工程师资格认证，可获得相应等级的国家职业资格或数码维修工程师资格证书。如果读者在学习和考核认证方面有什么问题，可通过以下方式与我们联系：

数码维修工程师鉴定指导中心　　　　　　网址：http://www.chinadse.org

联系电话：022-83718162/83715667/13114807267　　E-mail：chinadse@163.com

地址：天津市南开区榕苑路4号天发科技园8-1-401　　邮编：300384

编 者

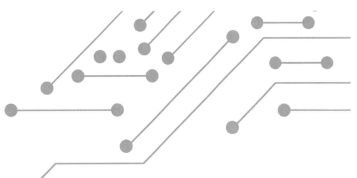

目 录 / contents

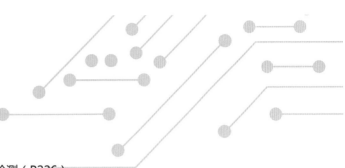

第1章 电子元器件的种类特点 》

1.1 电阻器的种类特点和参数标识

1.1.1 电阻器的种类

电阻器简称"电阻"，它是利用物体对所通过的电流产生阻碍作用，制成的电子元件，是电子产品中最基本、最常用的电子元件之一。

电阻器在电子产品中的应用十分广泛，主要可分为普通电阻器、敏感电阻器和可变电阻器三种。

1 普通电阻器

普通电阻器就是指阻值固定的电阻器。根据制造工艺的不同，常见的普通电阻器主要有碳膜电阻器、金属膜电阻器、金属氧化膜电阻器、合成碳膜电阻器、玻璃釉电阻器、水泥电阻器和排电阻器等。图1-1为常见的普通电阻器的实物外形。

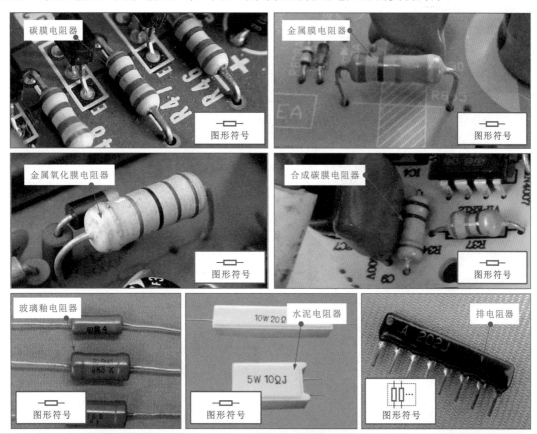

图1-1 常见的普通电阻器

1

2 敏感电阻器

敏感电阻器是指可以通过外界环境的变化（例如温度、湿度、光亮、电压等），改变自身阻值的大小。常见的主要有热敏电阻器、光敏电阻器、湿敏电阻器、气敏电阻器和压敏电阻器等。图1-2为常见的敏感电阻器的实物外形。

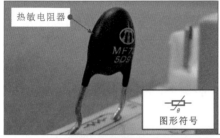

负温度系数热敏电阻器　　负温度系数热敏电阻器

热敏电阻器大多是由单晶、多晶半导体材料制成的。热敏电阻器是一种阻值会随温度的变化而自动发生变化的电阻器，有正温度系数热敏电阻器（PTC）和负温度系数热敏电阻器（NTC）两种

光敏电阻器的外壳上通常没有标识信息，但其感光面具有明显特征，很容易辨别

光敏电阻器利用半导体的光导电特性，使电阻器的电阻值随入射光线的强弱发生变化，即当入射光线增强时，阻值会明显减小；当入射光线减弱时，阻值会显著增大

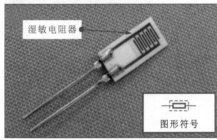

感湿片

绝缘基体

湿敏电阻器的阻值会随周围环境湿度的变化而发生变化，常用作传感器，用来检测环境湿度。湿敏电阻器是由感湿片（或湿敏膜）、引线电极和具有一定强度的绝缘基体组成的。湿敏电阻器也可细分为正系数湿敏电阻器和负系数湿敏电阻器两种

"![符号]"为压敏电阻器上的常用标志

ISND
10D112K

压敏电阻器是利用半导体材料的非线性特性原理制成的电阻器，特点是当外加电压施加到某一临界值时，阻值会急剧变小，常作为过压保护器件，在电视机行输出电路、消磁电路中多有应用

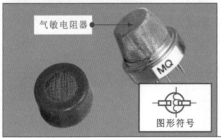
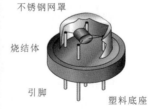

不锈钢网罩

烧结体

引脚　　　　塑料底座

气敏电阻器是利用金属氧化物半导体表面吸收某种气体分子时，会发生氧化反应或还原反应而使电阻值的特性发生改变而制成的电阻器

图1-2　常见的敏感电阻器

3 可变电阻器

可变电阻器的阻值可以人为变化调整。图1-3为常见的可变电阻器的实物外形。

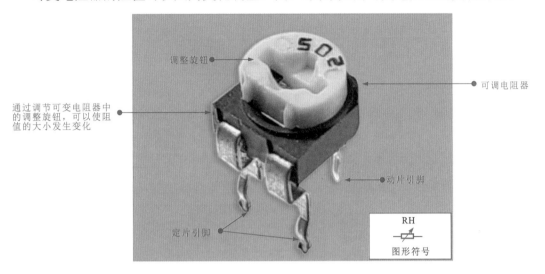

调整旋钮

可调电阻器

通过调节可变电阻器中的调整旋钮，可以使阻值的大小发生变化

动片引脚

定片引脚

RH

图形符号

图1-3 常见的可变电阻器

1.1.2 电阻器的功能应用

电阻器在电路中主要用来调节、稳定电流和电压，可作为分流器、分压器，也可作为电路的匹配负载，在电路中可用于放大电路的负反馈或正反馈电压-电流转换，输入过载时的电压或电流保护元件又可组成RC电路作为振荡、滤波、微分、积分及时间常数元器件等。

1 限流功能

图1-4为电阻器限流功能的应用。电阻器阻碍电流的流动是其最基本的功能。根据欧姆定律，当电阻器两端的电压固定时，电阻值越大，流过它的电流越小，因而电阻器常用作限流器件。

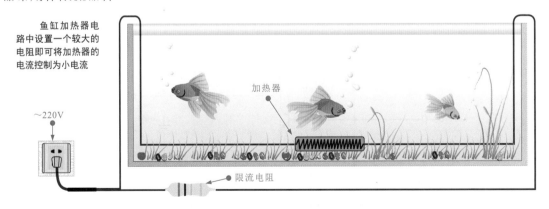

鱼缸加热器电路中设置一个较大的电阻即可将加热器的电流控制为小电流

加热器

~220V

限流电阻

图1-4 电阻器限流功能的应用

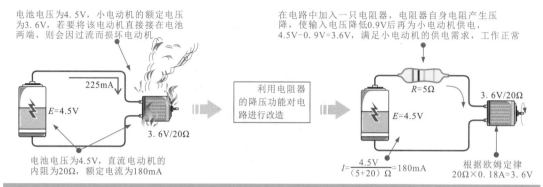

②　降压功能

电阻器的降压功能是通过自身的阻值产生一定的压降，将送入的电压降低后再为其他部件供电，以满足电路中低压的供电需求，如图1-5所示。

电池电压为4.5V，小电动机的额定电压为3.6V，若要将该电动机直接接在电池两端，则会因过流而损坏电动机

在电路中加入一只电阻器，电阻器自身电阻产生压降，使输入电压降低0.9V后再为小电动机供电，4.5V-0.9V=3.6V，满足小电动机的供电需求，工作正常

225mA

E=4.5V

3.6V/20Ω

R=5Ω

3.6V/20Ω

E=4.5V

电池电压为4.5V，直流电动机的内阻为20Ω，额定电流为180mA

利用电阻器的降压功能对电路进行改造

$I=\dfrac{4.5V}{(5+20)\ \Omega}$=180mA

根据欧姆定律
20Ω×0.18A=3.6V

图1-5　电阻器降压功能的应用

③　分流功能

图1-6为电阻器分流功能的应用。电路中采用两个（或两个以上）的电阻器并联接在电路中，即可将送入的电流分流，电阻器之间分别为不同的分流点。

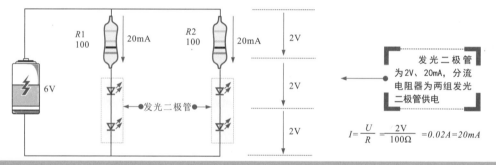

$R1$ 100　20mA　$R2$ 100　20mA　2V

6V

发光二极管

2V

2V

发光二极管为2V、20mA，分流电阻器为两组发光二极管供电

$I=\dfrac{U}{R}=\dfrac{2V}{100\Omega}=0.02A=20mA$

图1-6　电阻器分流功能的应用

④　分压功能

图1-7为电阻器分压功能的应用。电路中三极管最佳放大状态时基极电压为2.8V，因此设置一个电阻器分压电路$R1$和$R2$，将9V分压成2.8V为晶体三极管基极供电。

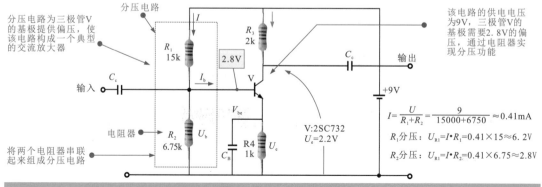

分压电路为三极管V的基极提供偏压，使该电路构成一个典型的交流放大器

分压电路

I　R_3 2k

R_1 15k

2.8V

C_c

输出

输入　C_c　I_b　V

+9V

电阻器　R_2 6.75k　U_b

V_{be}

V:2SC732
U_e=2.2V

将两个电阻器串联起来组成分压电路

C_B　R4 1k　U_e

该电路的供电电压为9V，三极管V的基极需要2.8V的偏压，通过电阻器实现分压功能

$I=\dfrac{U}{R_1+R_2}=\dfrac{9}{15000+6750}\approx0.41mA$

R_1分压：$U_{R1}=I\cdot R_1=0.41×15\approx6.2$

R_2分压：$U_{R1}=I\cdot R_2=0.41×6.75\approx2.8V$

图1-7　电阻器分压功能的应用

1.1.3 电阻器的参数标识

电阻器的阻值、类型等参数信息通常会直接标注与电阻器的表面。根据电阻器的外形特点，有些电阻器采用色环的方式标注电阻器的阻值，有些电阻器则直接将阻值以数字和字母组合的方式标注在电阻器表面。

1 色环标注法的电阻器参数标识

图1-8为采用色环标注法标注的电阻器参数信息。电阻器的参数用不同颜色的色环或色点标注在电阻器表面。

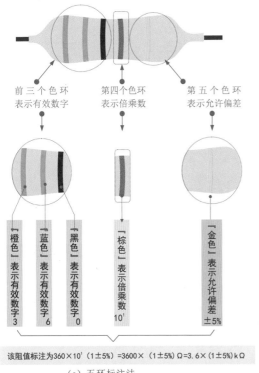

前三个色环表示有效数字　第四个色环表示倍乘数　第五个色环表示允许偏差

『橙色』表示有效数字3　『蓝色』表示有效数字6　『黑色』表示有效数字0　『棕色』表示倍乘数 10^1　『金色』表示允许偏差 $\pm5\%$

该阻值标注为 360×10^1 $(1 \pm 5\%)$ $=3600 \times$ $(1 \pm 5\%)$ $\Omega=3.6 \times (1 \pm 5\%)$ kΩ

（a）五环标注法

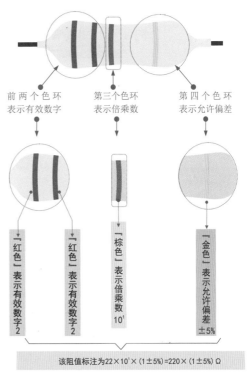

前两个色环表示有效数字　第三个色环表示倍乘数　第四个色环表示允许偏差

『红色』表示有效数字2　『红色』表示有效数字2　『棕色』表示倍乘数 10^1　『金色』表示允许偏差 $\pm5\%$

该阻值标注为 $22 \times 10^1 \times$ $(1 \pm 5\%)$ $=220 \times (1 \pm 5\%)$ Ω

（b）四环标注法

图1-8　采用色环标注法标注的电阻器参数信息

提示说明

五环标注法与四环标注法的标注原则相似，只是有效数字个数不同，其他均相同。表1-1为不同位置的色环颜色所表示的含义。

表1-1　不同位置的色环颜色所表示的含义

色环颜色	色环所处的排列位			色环颜色	色环所处的排列位		
	有效数字	倍乘数	允许偏差		有效数字	倍乘数	允许偏差
银色	—	10^{-2}	$\pm10\%$	绿色	5	10^5	$\pm0.5\%$
金色	—	10^{-1}	$\pm5\%$	蓝色	6	10^6	$\pm0.25\%$
黑色	0	10^0	—	紫色	7	10^7	$\pm0.1\%$
棕色	1	10^1	$\pm1\%$	灰色	8	10^8	—
红色	2	10^2	$\pm2\%$	白色	9	10^9	$\pm20\%$
橙色	3	10^3	—	无色	—	—	—
黄色	4	10^4	—				

2 直接标注法的电阻器参数标识

图1-9为采用直接标注法标注的电阻器参数信息。直接标注是指通过一些代码符号将电阻器的阻值等参数标注在电阻器上。

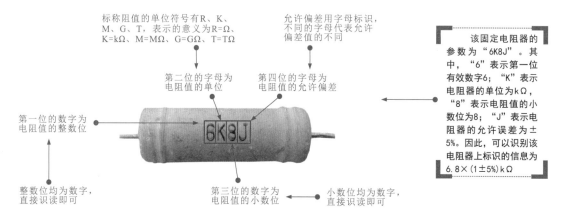

标称阻值的单位符号有R、K、M、G、T，表示的意义为R=Ω、K=kΩ、M=MΩ、G=GΩ、T=TΩ

允许偏差用字母标识，不同的字母代表允许偏差值的不同

第二位的字母为电阻值的单位

第四位的字母为电阻值的允许偏差

第一位的数字为电阻值的整数位

该固定电阻器的参数为"6K8J"。其中，"6"表示第一位有效数字6；"K"表示电阻器的单位为kΩ，"8"表示电阻值的小数位为8；"J"表示电阻器的允许误差为±5%。因此，可以识别该电阻器上标识的信息为 $6.8×(1±5\%)kΩ$

整数位均为数字，直接识读即可

第三位的数字为电阻值的小数位

小数位均为数字，直接识读即可

图1-9 采用直接标注法标注的电阻器参数信息

提示说明

普通电阻器允许偏差中的不同字母代表的含义不同，具体的含义见表图1-2。

表1-2普通电阻器允许偏差中的不同字母代表的含义

型号	意义	型号	意义	型号	意义	型号	意义
Y	±0.001%	P	±0.02%	D	±0.5%	K	±10%
X	±0.002%	W	±0.05%	F	±1%	M	±20%
E	±0.005%	B	±0.1%	G	±2%	N	±30%
L	±0.01%	C	±0.25%	J	±5%		

从外形来看，有时很难区分直标电阻器，可以根据直标电阻器外壳上的型号标识（数字+字母+数字）识别电阻器的材料、类别等，如图1-10所示。

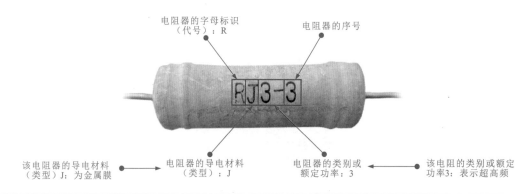

电阻器的字母标识（代号）：R

电阻器的序号

该电阻器的导电材料（类型）J：为金属膜

电阻器的导电材料（类型）：J

电阻器的类别或额定功率：3

该电阻的类别或额定功率3：表示超高频

图1-10 "数字+字母+数字"直标电阻器的识别

提示说明

在"数字+字母+数字"组合标注形式中，电阻器主称部分的符号及意义对照见表1-3。

表1-3 电阻器主称部分符号、意义对照

符号	意义	符号	意义	符号	意义	符号	意义
R	普通电阻	MZ	正温度系数热敏电阻	MG	光敏电阻	MQ	气敏电阻
MY	压敏电阻	MF	负温度系数热敏电阻	MS	湿敏电阻	MC	磁敏电阻
ML	力敏电阻						

在"数字+字母+数字"组合标注的形式中，电阻器导电材料的符号及意义对照见表1-4。

表1-4 电阻器导电材料的符号及意义对照

符号	意义	符号	意义	符号	意义	符号	意义
H	合成碳膜	N	无机实芯	T	碳膜	Y	氧化膜
I	玻璃釉膜	G	沉积膜	X	线绕	F	复合膜
J	金属膜	S	有机实芯				

在"数字+字母+数字"组合标注的形式中，电阻器类别的符号及意义对照见表1-5。

表1-5 电阻器类别符号及具体的意义对照

符号	意义	符号	意义	符号	意义	符号	意义
1	普通	5	高温	G	高功率	C	防潮
2	普通或阻燃	6	精密	L	测量	Y	被釉
3	超高频	7	高压	T	可调	B	不燃性
4	高阻	8	特殊（如熔断型等）	X	小型		

　　另外，由于贴片元器件的体积比较小，因此也都是采用直接标注法标注阻值。贴片式元器件的直接标注法通常采用数字直接标注法、数字-字母直接标注法。

　　图1-11为贴片式电阻器上几种常见标注的识读方法。

识读为 $18 \times 10^0 = 18\Omega$

第一位
有效数字　　第二位
有效数字　　第三位
倍乘

（a）数字直标

识读为 3.6Ω

有效数字　　小数点　　有效数字

（b）数字+字母+数字直标

"22"有效值为165；"A"倍乘为 10^0；
电阻器阻值为 $165 \times 10^0 = 165\Omega$

数字：
电阻值代号　　字母：
有效值的倍乘

（c）数字+数字+字母直标

图1-11 贴片式电阻器上几种常见标注的识读方法

提示说明

　　图1-11前两种标注方法的识读比较简单、直观，第三种标注方法需要了解不同字母对应的具体倍乘数及不同数字所代表的有效值，见表1-6、表1-7。

表1-6 不同字母所代表的倍乘数含义

字母代号	A	B	C	D	E	F	G	H	X	Y	Z
被乘数	10^0	10^0	10^2	10^3	10^4	10^5	10^6	10^7	10^{-1}	10^{-2}	10^{-3}

表1-7　不同数字所代表的有效值

代码	有效值	代码	有效值	代码	有效值	代码	有效值	代码	有效值	代码	有效值
01_	100	17_	147	33_	215	49_	316	65_	464	81_	681
02_	102	18_	150	34_	221	50_	324	66_	475	82_	698
03_	105	19_	154	35_	226	51_	332	67_	487	83_	715
04_	107	20_	158	36_	232	52_	340	68_	499	84_	732
05_	110	21_	162	37_	237	53_	348	69_	511	85_	750
06_	113	22_	165	38_	243	54_	357	70_	523	86_	768
07_	115	23_	169	39_	249	55_	365	71_	536	87_	787
08_	118	24_	174	40_	255	56_	374	72_	549	88_	806
09_	121	25_	178	41_	261	57_	383	73_	562	89_	852
10_	124	26_	182	42_	267	58_	392	74_	576	90_	845
11_	127	27_	187	43_	274	59_	402	75_	590	91_	866
12_	130	28_	191	44_	280	60_	412	76_	604	92_	887
13_	133	29_	196	45_	287	61_	422	77_	619	93_	909
14_	137	30_	100	56_	294	62_	432	78_	634	94_	931
15_	140	31_	105	47_	301	63_	422	79_	649	95_	953
16_	143	32_	210	48_	309	64_	453	80_	665	96_	976

1.2　电容器的种类特点和参数标识

1.2.1　电容器的种类

电容器简称"电容"，它是一种可储存电能的元件（储能元件）。电容器在电子产品中的应用十分广泛，主要可分为固定电容器和可调电容器两大类。

1　固定电容器

固定电容器是指电容器经制成后，其电容量不可改变的电容器。这类电容器又可以细分为无极性固定电容器和有极性固定电容器两种。

无极性固定电容器是指电容器的两个金属电极没有正负极性之分，使用时两极可以交换连接。如图1-12所示，无极性固定电容器的种类多样，常见的无极性电容器主要有纸介电容器、瓷介电容器、云母电容器、涤纶电容器、玻璃釉电容器和聚苯乙烯电容器等。

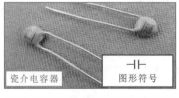

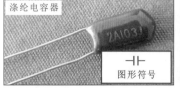

图1-12　常见的无极性固定电容器

　　有极性固定电容器是指电容器的两个金属电极有正负极性之分，使用时一定要正极性端连接电路的高电位，负极性端连接电路的低电位，否则会引起电容器损坏。如图1-13所示，常见的有极性固定电容器主要有铝电解电容器和钽电解电容器。

图1-13　常见的有极性固定电容器

2　可调电容器

　　电容量可以调整的电容器被称为可变电容器。这种电容器主要用在接收电路中选择信号（调谐）。可调电容器按介质的不同可以分为空气介质和有机薄膜介质两种。

　　如图1-14所示，按照结构的不同又可分为微调可调电容器、单联可调电容器、双联可调电容器和多联可调电容器。

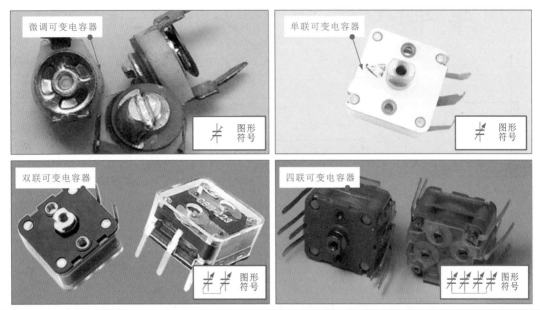

图1-14　常见的可变电容器

1.2.2　电容器的功能应用

　　电容器是一种可储存电能的元件（储存电荷），它的结构非常简单，主要是由两个互相靠近的导体，中间夹一层不导电的绝缘介质构成的。两块金属板相对平行放置，不相接触，就可构成一个最简单的电容器。电容器具有隔直流、通交流的特点。因为构成电容器的两块不相接触的平行金属板是绝缘的，直流电流不能通过电容器，而交流电流则可以通过电容器。图1-15为电容器充、放电原理示意图。

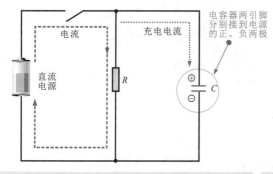
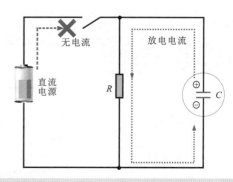

电容器的充电过程（积累电荷的过程）　　　　　　电容器的放电过程（相当于一个电源）

　　充电过程：把电容器的两端分别接到电源的正、负极，电源的电流就会对电容器充电，电容有电荷后就产生电压，当电容所充的电压与电源的电压相等时，充电就停止。电路中就不再有电流流动，相当于开路。

　　放电过程：将电路中的开关断开，则在电源断开一瞬间，电容上的电荷会通过电阻流动，电流的方向与原充电时的电流方向相反。随着电流的流动，两极之间的电压也逐渐降低，直到两极上的正、负电荷完全消失，这种现象叫做"放电"

图1-15　电容器充、放电的原理示意图

　　图1-16为电容器的工作特性示意图。电容器的两个重要特性：

　　（1）阻止直流电流通过，允许交流电流通过。

　　（2）电容器的阻抗与传输的信号频率有关，信号频率越高，电容器的阻抗越小。

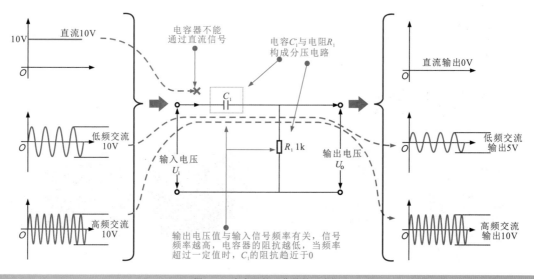

图1-16　电容器的工作特性示意图

电容器的充电和放电需要一个过程，因而其上的电压不能突变，根据这个特性，电容器在电路中可以起到滤波或信号传输的作用，如图1-17所示。

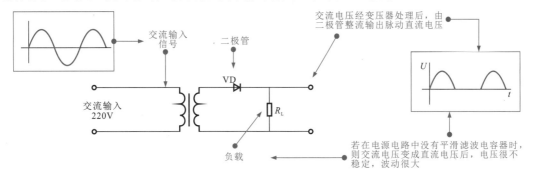

电容器的滤波功能是指能够消除脉冲和噪波功能，是电容器最基本、最突出的功能。

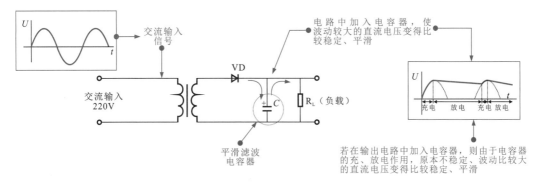

图1-17 电容器的滤波功能

电容器对交流信号的阻抗较小，易于通过，而对直流信号阻抗很大，可视为断路。在放大器中，电容器常作为交流信号的输入和输出传输的耦合器件使用。

如图1-18所示，从该电路中可以看到，由于电容器具有隔直流的作用，因此，放大器的交流输出信号可以经耦合电容器C_2送到负载R_L上，而直流电压不会加到负载R_L上。也就是说，从负载上得到的只是交流信号。

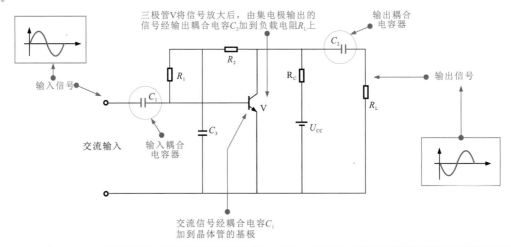

图1-18 电容器的耦合功能

1.2.3　电容器的参数标识

电容器的电容量、类型等参数信息通常会直接标注于电容器的表面。根据电阻器的外形特点，电容器的标注参数通常采用直接标注法、数字标注法和色环标注法。

1　直接标注法的电阻器参数标识

如图1-19所示，电容器通常使用直标法将一些代码符号标注在电容器的外壳上，通过不同的数字和字母表示容量值及主要参数。根据我国国家标准的规定，电容器型号标识由6个部分构成。

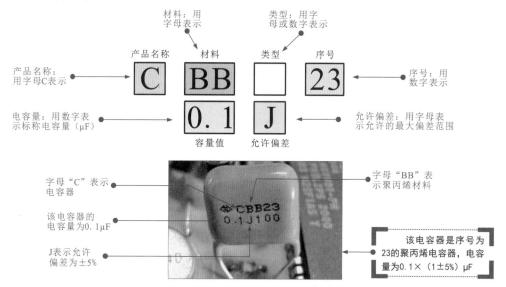

图1-19　采用直接标注法的电容器参数信息

提示说明

电容器直标法中相关代码符号的含义见表1-8。掌握这些符号对应的含义，便可顺利完成对采用直标电容器的识别。

表1-8　电容器直标法中相关代码符号的含义

材料				允许偏差			
符号	意义	符号	意义	符号	意义	符号	意义
A	钽电解	N	铌电解	Y	±0.001%	J	±5%
B	聚苯乙烯等，非极性有机薄膜	O	玻璃膜	X	±0.002%	K	±10%
BB	聚丙烯	Q	漆膜	E	±0.005%	M	±20%
C	高频陶瓷	T	低频陶瓷	L	±0.01%	N	±30%
D	铝、铝电解	V	云母纸	P	±0.02%	H	+100%-0%
E	其他材料	Y	云母	W	±0.05%	R	+100%-0%
G	合金	Z	纸介	B	±0.1%	T	+50%-10%
H	纸膜复合			C	±0.25%	Q	+30%-10%
I	玻璃釉			D	±0.5%	S	+50%-20%
J	金属化纸介			F	±1%	Z	+80%-20%
L	聚酯等，极性有机薄膜			G	±2%		

2 数字标注法的电容器参数标识

数字标注法是指使用数字或数字与字母相结合的方式标注电容器的主要参数值。图1-20为数字标注法标注的电容器参数信息。

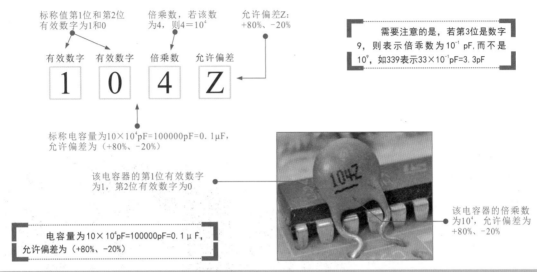

标称值第1位和第2位
有效数字为1和0

倍乘数，若该数
为4，则4＝10^4

允许偏差Z：
+80%，−20%

有效数字　　有效数字　　倍乘数　　允许偏差

1　0　4　Z

需要注意的是，若第3位是数字9，则表示倍乘数为10^{-1} pF，而不是10^9，如339表示33×10^{-1}pF=3.3pF

标称电容量为10×10^4pF=100000pF=0.1μF，允许偏差为（+80%，−20%）

该电容器的第1位有效数字为1，第2位有效数字为0

该电容器的倍乘数为10^4，允许偏差为+80%，−20%

电容量为10×10^4pF=100000pF=0.1μF，允许偏差为（+80%，−20%）

图1-20　采用数字标注法的电容器参数信息

3 色环标注法的电容器参数标识

色环电容器因其外壳上的色环标注而得名。这些色环通过不同颜色标注电容器的参数信息。在一般情况下，不同颜色的色环代表的含义不同，相同颜色的色环标注在不同位置上的含义也不同。图1-21为电容器的色环标注法。采用色环标注电容器参数的识读方法及色环颜色的含义与电阻器均相同，其参数值的默认单位为pF。相关色环颜色含义参照色环电阻器。

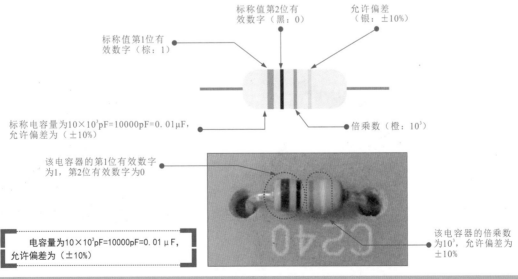

标称值第2位有效数字（黑：0）

允许偏差（银：±10%）

标称值第1位有效数字（棕：1）

标称电容量为10×10^3pF=10000pF=0.01μF，允许偏差为（±10%）

倍乘数（橙：10^3）

该电容器的第1位有效数字为1，第2位有效数字为0

该电容器的倍乘数为10^3，允许偏差为±10%

电容量为10×10^3pF=10000pF=0.01μF，允许偏差为（±10%）

图1-21　采用色环标注法的电容器参数信息

1.3 电感器的种类特点和参数标识

1.3.1 电感器的种类

电感器也称"电感元件"，它属于一种储能元件，它可以把电能转换成磁能并储存起来。电感器种类繁多，根据形态及功能的区别，常见的电感器主要有电感线圈、固定色环和色码电感器及微调电感器。

1 电感线圈

电感线圈是一种常见的电感器。如图1-22所示，常见的电感线圈有空芯电感线圈、磁棒电感线圈、磁环电感线圈等。

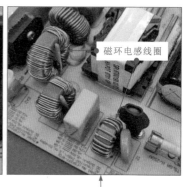

空芯电感线圈没有磁芯，通常线圈绕制的匝数较少，电感量小，常用在高频电路中，如电视机的高频调谐器

磁棒电感线圈在磁棒上绕制线圈，使得电感量大大增加。可通过线圈在磁芯上的左右移动来调整电感量的大小

磁环电感器是由线圈绕制在铁氧体磁环构成的电感器，可通过改变磁环上线圈的匝数和疏密程度来改变电感器的电感量

图1-22 常见的电感线圈

2 固定色环和色码电感器

如图1-23所示，固定色环和色码电感器是将线圈绕制在软磁性铁氧体的基体上，再用环氧树脂或塑料封装而成的。其外壳则有色环或色码的方式标注电感量信息。

色环电感器属于小型固定高频线圈，工作频率一般为10kHz～200MHz，电感量一般为0.1～33000μH

通常，色码电感器的体积小巧，性能比较稳定，广泛应用于电视机、收录机等电子设备中

图1-23 常见的色环电感器和色码电感器

3 微调电感器

微调电感器就是可以对电感量进行细微调整的电感器。该类电感器一般设有屏蔽外壳，磁芯上设有条形槽口以便调整，如图1-24所示。

微调电感器的顶端设有条形槽口，用来调整电感器的电感量，调整时要使用无感螺丝刀，即非铁磁性金属材料制成的螺丝刀，如塑料或竹片等材料制成的螺丝刀，有些情况可使用铜质螺丝刀。

图1-24　常见的微调电感器

1.3.2 电感器的功能应用

电感器就是将导线绕制成线圈形状，当电流流过时，在线圈（电感）的两端就会形成较强的磁场。

由于电磁感应的作用，它会对电流的变化起阻碍作用。因此，电感器对直流呈现很小的电阻（近似于短路），对交流呈现的阻抗较高，其阻值的大小与所通过的交流信号的频率有关。也就是说，同一电感元件，通过交流电流的频率越高，呈现的阻值越大。图1-25为电感器的基本工作特性示意图。

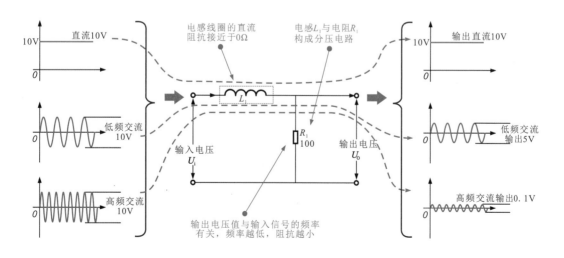

图1-25　电感器的基本工作特性

此外，电感器具有阻止其中电流变化的特性，所以流过电感器的电流不会发生突变。如图1-26所示，电感器在电子产品中常作为滤波线圈、谐振线圈等。

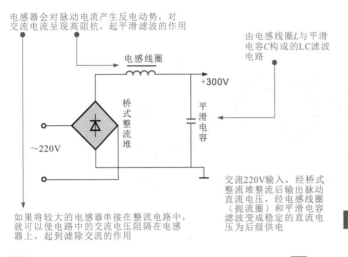

电感器会对脉动电流产生反电动势，对交流电流呈现高阻抗，起平滑滤波的作用

电感线圈

桥式整流堆

~220V

+300V

平滑电容

如果将较大的电感器串接在整流电路中，就可以使电路中的交流电压阻隔在电感器上，起到滤除交流的作用

由电感线圈L与平滑电容C构成的LC滤波电路

交流220V输入，经桥式整流堆整流后输出脉动直流电压，经电感线圈（扼流圈）和平滑电容滤波变成稳定的直流电压为后级供电

通常，电感器与电容器构成LC滤波电路，电感器对交流电流阻抗较大，而电容对交流电流阻抗较小，而使LC电路起到平滑滤波的作用

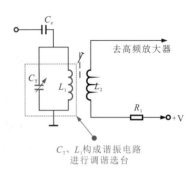

去高频放大器

C_T、L_1构成谐振电路进行调谐选台

天线感应射频信号，经电容器C_a耦合到由调谐线圈L_1和可变电容器C_T组成的谐振电路，经L_1和C_T谐振电路的选频作用，把选出的广播节目载波信号通过L_2耦合传送到高频放大电路

图1-26　电感器的滤波功能和谐振功能

电感器对交流信号的阻抗随频率的升高而变大。电容器的阻抗随频率的升高而变小。电感器和电容器并联构成的LC并联谐振电路有一个固有谐振频率，即共谐频率，在该频率下，LC并联谐振电路所呈现的阻抗最大。利用这种特性可以制成阻波电路，也可制成选频电路，如图1-27所示。

● LC并联电路与电阻R_1构成分压电路

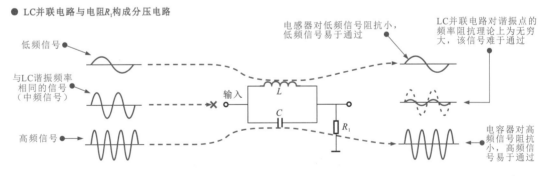

低频信号

与LC谐振频率相同的信号（中频信号）

高频信号

输入

电感器对低频信号阻抗小，低频信号易于通过

LC并联电路对谐振点的频率阻抗理论上为无穷大，该信号难以通过

电容器对高频信号阻抗小，高频信号易于通过

电感器与电容器构成的LC并联谐振电路，构成阻波电路可以有效阻止谐振频率信号的通过。

● LC并联谐振电路构成选频电路

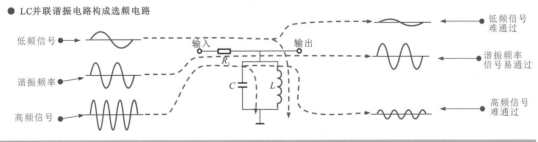

低频信号

谐振频率

高频信号

输入

输出

低频信号难通过

谐振频率信号易通过

高频信号难通过

图1-27　电感器构成的LC并联谐振电路示意图

1.3.3 电感器的参数标识

目前，电感器多采用色环标注、色码标注和直接标注三种方式标注其相关参数。

1 色环标注法的电感器参数标识

如图1-28所示，固定色环电感器通过表面色环标注电感器的参数信息。在一般情况下，不同颜色的色环代表的含义不同，相同颜色的色环标注在不同位置上的含义也不同。

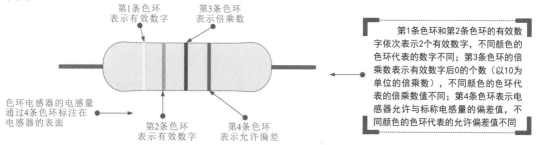

第1条色环
表示有效数字

第3条色环
表示倍乘数

色环电感器的电感量
通过4条色环标注在
电感器的表面

第2条色环
表示有效数字

第4条色环
表示允许偏差

第1条色环和第2条色环的有效数字依次表示2个有效数字，不同颜色的色环代表的数字不同；第3条色环的倍乘数表示有效数字后0的个数（以10为单位的倍乘数），不同颜色的色环代表的倍乘数值不同；第4条色环表示电感器允许与标称电感量的偏差值，不同颜色的色环代表的允许偏差不同

图1-28 采用色环标注法的电感器参数信息

提示说明

色环电感器中不同颜色的色环均表示不同的参数，具体的含义见表1-9。

表1-9 色环标注法的含义

色环颜色	色环所处的排列位			色环颜色	色环所处的排列位		
	有效数字	倍乘数	允许偏差		有效数字	倍乘数	允许偏差
银色	—	10^{-2}	±10%	绿色	5	10^5	±0.5%
金色	—	10^{-1}	±5%	蓝色	6	10^6	±0.25%
黑色	0	10^0	—	紫色	7	10^7	±0.1%
棕色	1	10^1	±1%	灰色	8	10^8	
红色	2	10^2	±2%	白色	9	10^9	±20%
橙色	3	10^3		无色	—	—	—
黄色	4	10^4					

2 色码标注法的电感器参数标识

如图1-29所示，色码电感器外壳上标识有色码，这些色码通过不同颜色标识电感器的参数信息。在一般情况下，不同颜色的色环代表的含义不同，相同颜色的色环标识在不同位置上的含义也不同。

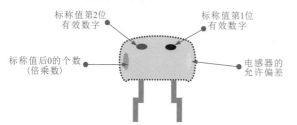

标称值第2位
有效数字

标称值第1位
有效数字

标称值后0的个数
（倍乘数）

电感器的
允许偏差

色码电感器左侧面的色码表示电感量的倍乘数；顶部左侧的色码表示电感量的第2位有效数字；顶部右侧的色码表示电感量的第1位有效数字；色码电感器右侧面的色码表示电感量的允许偏差

图1-29 采用色码标注法的电感器参数信息

一般来说，由于色码电感器从外形上没有明显的正、反面区分，因此区分它的左、右侧面可根据它在电路板中的文字标识进行区分，文字标识为正方向时，对应色码电感器的左侧为其左侧面。另外，由于色码的几种颜色中，无色通常不代表有效数字和倍乘数，因此，当色码电感器左、右侧面中出现无色的一侧为右侧面。

3 直接标注法的电感器参数标识

直接标注是指通过一些代码符号将电感器的电感量等参数标注在电感器上。通常，电感器的直标法采用的是简略方式，也就是说，只标注出重要的信息，而不是所有的都被标注出来。该类标注法通常有三种形式：普通直接标注法、数字标注法和数字中间加字母标注法，如图1-30所示。

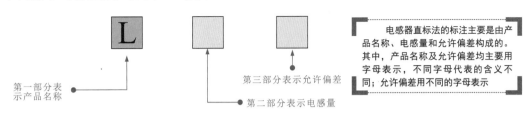

普通直接标注法：第一部分的产品名称（字母代号）常用字母表示，如电感器用L表示；第二部分的电感量常用字母和数字混合表示，表示电感器表面上标注的电感量；第三部分的允许偏差常用字母表示，表示电感器实际电感量与标称电感量之间允许的最大偏差范围。

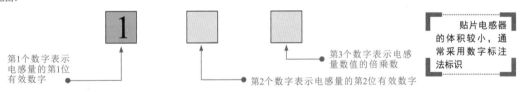

数字标注法的标识中：第一部分有效数字1表示电感量的第1位有效数字；第二部分有效数字2表示电感量的第2位有效数字；第三部分被乘数表示有效数字后面零的个数，默认单位为"微亨"（μH）。

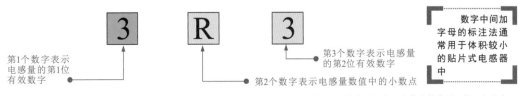

数字中间加字母标注法中：第一部分有效数字表示电感量的第1位有效数字；第二部分的字母相当于小数点的作用；第三部分有效数字2表示电感量的第2位有效数字。

图1-30 采用直接标注法的电感器参数信息

不同的字母在产品名称、允许偏差中所表示的含义不同，见表1-10。

表1-10 不同字母代表产品名称、允许偏差的含义

产品名称		允许偏差			
符号	含义	符号	含义	符号	含义
L	电感器、线圈	J	±5%	M	±20%
ZL	阻流圈	K	±10%	L	±15%

1.4 二极管的种类特点和参数标识

1.4.1 二极管的种类

二极管是具有一个PN结的半导体器件。其内部由一个P型半导体和N型半导体组成，在PN结两端引出相应的电极引线，再加上管壳密封便可制成二极管。二极管的种类很多，按功能可以分为整流二极管、稳压二极管、发光二极管、光敏二极管、检波二极管、变容二极管、双向触发二极管等。

1 整流二极管

整流二极管是一种对电压具有整流作用的二极管，即可将交流电整流成直流电，常应用于整流电路中，图1-31为电路板中的整流二极管。

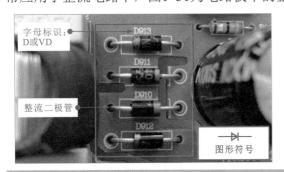
字母标识：
D或VD

整流二极管

图形符号

四只整流二极管集成后
封装便构成桥式整流堆

图1-31 电路板中的整流二极管

2 稳压二极管

稳压二极管是由硅材料制成的面接触型二极管。它利用PN结的反向击穿时，其两端电压固定在某一数值上，电压值不随电流的大小变化，因此可达到稳压的目的。稳压二极管的外形特点如图1-32所示。

字母标识：
D或ZD

稳压二极管

图形符号

黑色色环标识
（负极标识）

当加在稳压二极管上的反向电压临近击穿电压时，二极管反向电流急剧增大，发生击穿（并非损坏）。这时电流可在较大的范围内改变，管子两端的电压基本保持不变，起到稳定电压的作用

图1-32 稳压二极管的外形特点

3 光敏二极管

光敏二极管其特点是当受到光照射时，二极管反向阻抗会随之变化（随着光照的增强，反向阻抗会由大到小），利用这一特性，光敏二极管常作为光电传感器件使用。光敏二极管的外形特点如图1-33所示。

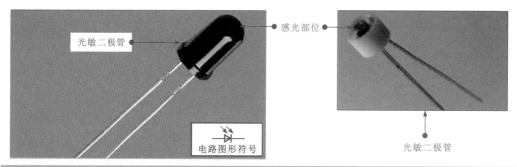

光敏二极管

感光部位

电路图形符号

光敏二极管

图1-33 光敏二极管的外形特点

3 发光二极管

发光二极管是指在工作时能够发出亮光的二极管，简称LED，常作为显示器件或光电控制电路中的光源使用。发光二极管具有工作电压低、工作电流很小、抗冲击和抗震性能好、可靠性高、寿命长的特点。图1-34为发光二极管的外形特点。

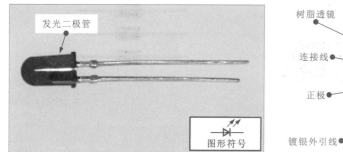

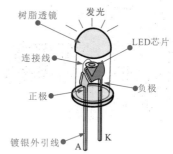

发光二极管

树脂透镜　发光

LED芯片

连接线

正极　负极

镀银外引线　A　K

图形符号

发光二极管是一种利用PN结正向偏置时两侧的多数载流子直接复合释放出光能的发光器件。在正常工作时，处于正向偏置状态，在正向电流达到一定值时就会发光

图1-34 发光二极管的外形特点

4 检波二极管和变容二极管

图1-35为检波二极管和变容二极管的外形特点。

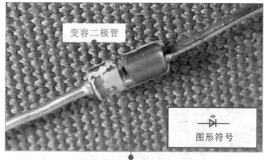

检波二极管

图形符号

变容二极管

图形符号

检波二极管是利用二极管的单向导电性，再与滤波电容配合，可以把叠加在高频载波上的低频包络信号检出来的器件。检波二极管具有较高的检波效率和良好的频率特性，常用在收音机的检波电路中

变容二极管是利用PN结的电容随外加偏压而变化这一特性制成的非线性半导体元件，在电路中起电容器的作用，被广泛地用在超高频电路中的参量放大器、电子调谐及倍频器等高频和微波电路中

图1-35 检波二极管和变容二极管的外形特点

5 双向触发二极管和开关二极管

图1-36为双向触发二极管和开关二极管的外形特点。

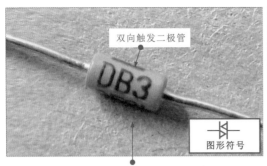

双向触发二极管

图形符号

开关二极管

图形符号

双向触发二极管又称为二端交流器件（简称DIAC），是一种具有三层结构的对称两端半导体器件，常用来触发晶闸管，或用于过压保护、定时、移相电路

开关二极管是利用二极管的单向导电性，可对电路进行"开通"或"关断"的控制。这种二极管导通/截止速度非常快，能满足高频和超高频电路的需要，广泛应用于开关和自动控制等电路中

图1-36 双向触发二极管和开关二极管的外形特点

1.4.2 二极管的功能应用

二极管是一种应用广泛的半导体器件，其内部是由一个PN结（两个电极）构成的，接出相应的电极引线再加上管壳封装就构成了实用器件。二极管具有单向导电性，即只允许电流从正极流向负极，而不允许电流从负极流向正极，如图1-37所示。

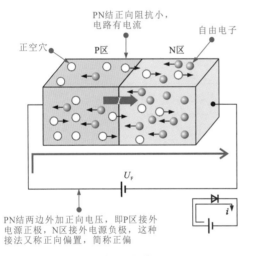

PN结正向阻抗小，电路有电流

自由电子

正空穴 P区 N区

PN结两边外加正向电压，即P区接外电源正极，N区接外电源负极，这种接法又称正向偏置，简称正偏

U_F

i

加正向电压的情况

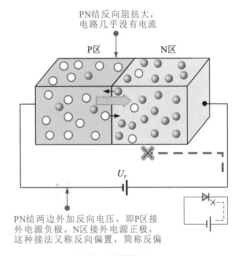

PN结反向阻抗大，电路几乎没有电流

P区 N区

PN结两边外加反向电压，即P区接外电源负极，N区接外电源正极，这种接法又称反向偏置，简称反偏

U_F

加反向电压的情况

电流方向与电子的运动方向相反，与正电荷运动方向相同，在一定条件下，可以将P区中正空穴看作是带正电的电荷，因此在PN结内正空穴和自由电子运动方向相反。

图1-37 二极管单向导电特性示意图

提示说明

当PN结外加正向电压时，其内部的电流方向与电源提供的电流方向相同，电流很容易通过PN结形成电流回路。此时PN结呈低阻状态（正偏状态的阻抗较小），此时电路为导通状态。

当PN结外加反向电压时，其内部的电流方向与电源提供的电流方向相反，电流不易通过PN结形成回路。此时PN结呈高阻状态，这种情况电路为截止状态。

二极管的伏安特性通常用来描述二极管的性能。二极管的伏安特性是指加在二极管两端的电压和流过二极管的电流之间的关系曲线，如图1-38所示。

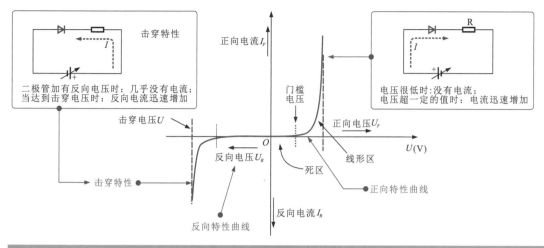

图1-38　二极管的伏安特性曲线

不同种类的二极管，根据其自身功能特性，具有不同的功能应用。例如整流二极管的整流功能、稳压二极管的稳压功能等。

1　整流二极管的整流功能

整流二极管根据自身特性可构成整流电路，将原本交变的交流电压信号整流成同相脉动的直流电压信号，变换后的波形小于变换前的波形，如图1-39所示。

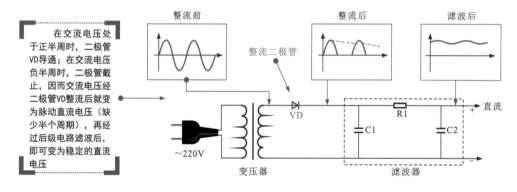

图1-39　整流二极管的整流功能应用

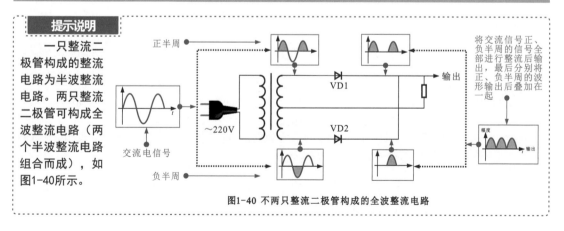

图1-40　不两只整流二极管构成的全波整流电路

2 稳压二极管的稳压功能

稳压二极管的稳压功能是指能够将电路中的某一点的电压稳定的维持在一个固定值的功能。图1-41为稳压二极管构成的稳压电路。

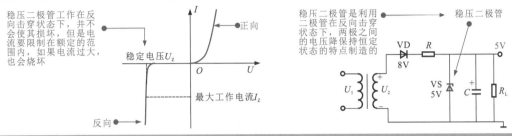

图1-41　稳压二极管构成的稳压电路

提示说明

稳压二极管VDZ的负极接外加电压的高端，正极接外加电压的低端。当稳压二极管VDZ反向电压接近稳压二极管VDZ的击穿电压（5V）时，电流急剧增大，稳压二极管VDZ呈击穿状态，在该状态下，稳压二极管两端的电压保持不变（5V），从而实现稳定直流电压的功能。因此，市场上有各种不同稳压值的稳压二极管。

1.4.3　二极管的参数标识

通常，二极管的型号参数都采用直标法标注命名。但具体命名规格根据国家、地区及生产厂商的不同而有所不同。

1 国产二极管的参数标识

图1-42为国产二极管的参数标识方法。根据国家标注规定，二极管的型号命名由5个部分构成，将二极管的类别、材料及其他主要参数的数值标注在二极管表面上。

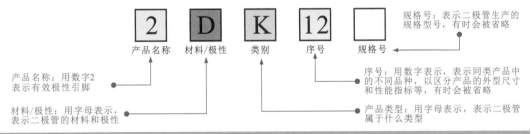

图1-42　国产二极管的参数标识方法

提示说明

国产二极管参数标识中的类型、材料/极性含义对照见表1-11、表1-12。

表1-11　国产二极管"类型"含义对照表

类型符号	含义	类型符号	含义	类型符号	含义	类型符号	含义
P	普通管	Z	整流管	U	光电管	H	恒流管
V	微波管	L	整流堆	K	开关管	B	变容管
W	稳压管	S	隧道管	JD	激光管	BF	发光二极管
C	参量管	N	阻尼管	CM	磁敏管		

提示说明

表1-12　国产二极管"材料/极性符号"含义对照表

材料/极性符号	含义	材料/极性符号	含义	材料/极性符号	含义
A	N型锗材料	C	N型硅材料	E	化合物材料
B	P型锗材料	D	P型硅材料		

2　美国产二极管的参数标识

美国生产的二极管命名方式一般也由5个部分构成，但实际标注中只标出有效极性、代号、顺序号三部分，如图1-43所示。

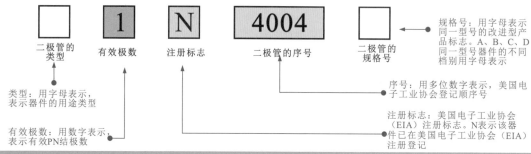

图1-43　美产二极管的参数标识

提示说明

常用的型号为1N4XXX的二极管可对照参数含义见表1-13。

表1-13　常用的型号为1N4XXX的二极管参数

型号	1N4001	1N4002	1N4003	1N4004	1N4005	1N4006
耐压（V）	50	100	200	400	600	800
型号	1N4007	1N4728	1N4729	1N4730	1N4732	1N4733
耐压（V）	1000	3.3	3.6	3.9	4.7	5.1
型号	1N4734	1N4735	1N4744	1N4750	1N4751	1N4761
耐压（V）	5.6	6.2	15	27	30	75

3　日产二极管的参数标识

日本生产的二极管命名方式由5个部分构成，包括有效极性、代号、材料/类型、顺序号和规格号，如图1-44所示。

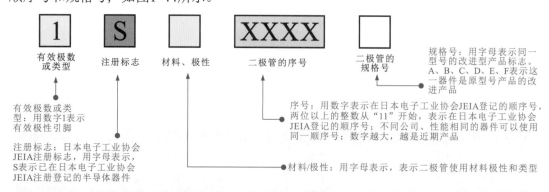

图1-44　日产二极管的参数标识

1.5 三极管的种类特点和参数标识

1.5.1 三极管的种类

三极管是一种具有放大功能的半导体器件，它实际上是在一块半导体基片上制作两个距离很近的PN结，这两个PN结把整块半导体分成三部分，中间部分为基极（b），两侧部分为集电极（c）和发射极（e），排列方式有NPN和PNP两种，如图1-45所示。

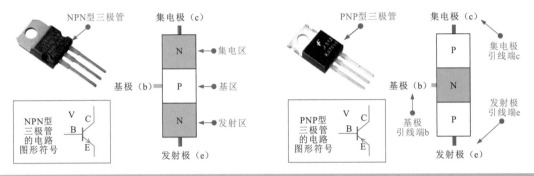

图1-45 三极管的内部结构

如图1-46所示，三极管的种类很多，按其型号可分为小功率、中功率、大功率三极管；按其封装形式可分为塑料封装三极管和金属封装三极管；按材料可分为硅三极管和锗三极管；按其安装方式可分为直插式和贴片式，此外还有一些特殊三极管，如达林顿三极管、光敏三极管等。不同种类和型号的三极管都有其特殊的功能和作用。

小功率三极管的功率一般小于0.3W，中功率三极管的功率一般为0.3～1W，大功率三极管的功率一般在1W以上

低频三极管的特征频率小于3MHz，多用于低频放大电路，高频三极管的特征频率大于3MHz，多用于高频放大电路等电路

锗材料制作的PN结正向导通电压为0.2～0.3V，硅材料制作的PN结正向导通电压为0.6～0.7V

普通分立式三极管采用插装焊接形式；贴片式三极管在电路板上采用表面贴装形式

光敏晶体管是一种具有放大能力的光-电转换器件，相比光敏二极管它具有更高的灵敏度

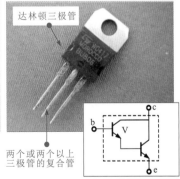

两个或两个以上三极管的复合管

图1-46 三极管的类型

1.5.2 | 三极管的功能应用

在电子电路中，三极管通常起到电流放大和电子开关作用。

1 三极管的电流放大功能

三极管是一种电流放大器件，可制成交流或直流信号放大器，由基极输入一个很小的电流从而控制集电极很大的电流输出，如图1-47所示。

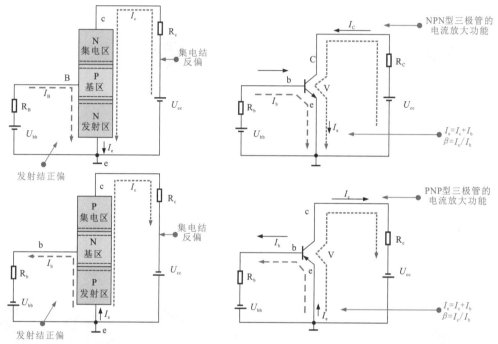

三极管基极（b）电流最小，且远小于另两个引脚的电流；发射极（e）电流最大（等于集电极电流和基极电流之和）；集电极（c）电流与基极（b）电流之比即为三极管的放大倍数。

图1-47　三极管的电流放大功能

提示说明

三极管具有放大功能的基本条件是保证基极和发射极之间加正向电压（发射结正偏），基极与集电极之间加反向电压（集电结反偏）。基极相对于发射极为正极性电压，基极相对于集电极则为负极性电压，可从三极管的半导体工作特性来理解，如图1-48所示。

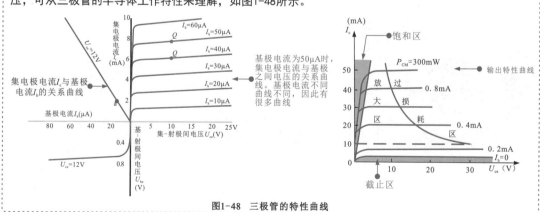

图1-48　三极管的特性曲线

提示说明

　　根据三极管不同的工作状态，输出特性曲线分为3个工作区。

　　◇ 截止区：I_b=0曲线以下的区域称为截止区。I_b=0时，I_c=I_{CEO}，该电流称为穿透电流，其值极小，通常忽略不计，故认为此时I_c=0，三极管无电流输出，说明三极管已截止。对于NPN型硅管，当U_{be}<0.5 V，即在死区电压以下时，三极管就已经开始截止。为了可靠截止，常使U_{ce}<0。这样，发射结和集电结都处于反偏状态。此时的U_{ce}近似等于集电极（c）电源电压U_c，意味着集电极（c）与发射极（e）之间开路，相当于集电极（c）与发射极（e）之间的开关断开。

　　◇ 放大区：在放大区内，三极管发射结正偏，集电结反偏；I_c=βI_b，集电极（c）电流与基极（b）电流成正比。因此，放大区又称为线性区。

　　◇ 饱和区：特性曲线上升和弯曲部分的区域称为饱和区，即U_{ce0}，集电极与发射极之间的电压趋近零。I_b对I_c的控制作用已达最大值，三极管的放大作用消失，这种状态称为临界饱和；若U_{ce}<U_{be}，则发射结和集电结都处于正偏状态，这时三极管为过饱和状态。在过饱和状态下，因为U_{be}本身小于1V，而U_{ce}比U_{be}更小，于是可以认为U_{ce}近似为零。这样集电极与发射极短路，相当于c与e之间的开关接通。

2　三极管的开关功能

　　三极管集电极电流在一定范围内随基极电流呈线性变化，这就是放大特性。但当基极电流高过此范围时，三极管集电极电流会达到饱和值，基极电流低于此范围，三极管会进入截止状态，利用导通或截止特性，还可起到开关作用，如图1-49所示。

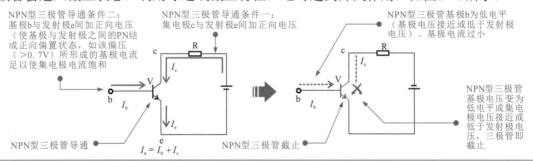

图1-49　三极管的开关功能

1.5.3　三极管的参数标识

　　各个国家生产的三极管的参数标识原则都不相同，具体的识读方法也不一样。

1　国产三极管的参数标识方法

　　图1-50为国产三极管的参数标识方法。

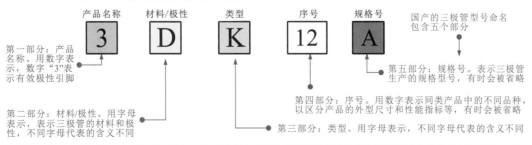

图1-50　国产三极管参数标识方法

提示说明

国产三极管型号中不同字母或数字的含义见表1-14所列。

表1-14 国产三极管型号中不同字母或数字的含义

材料的极性符号	含义	材料的极性符号	含义
A	锗材料、PNP型	D	硅材料、NPN型
B	锗材料、NPN型	E	化合物材料
C	硅材料、PNP型		
类型符号	含义	类型符号	含义
G	高频小功率管	V	微波管
X	低频小功率管	B	雪崩管
A	高频大功率管	J	阶跃恢复管
D	低频大功率管	U	光敏管（光电管）
T	闸流管	J	结型场效应晶体管
K	开关管		

2 日本产三极管的参数标识方法

图1-51为日本产三极管的参数标识方法。

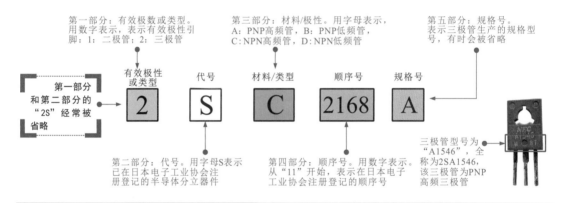

图1-51 日本产三极管参数标识方法

3 美国产三极管的参数标识方法

图1-52为美国产三极管的参数标识方法。

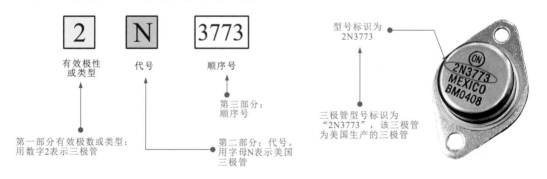

图1-52 美国产三极管参数标识方法

1.6　场效应晶体管的种类特点和参数标识

1.6.1　场效应晶体管的种类

场效应晶体管是电压控制器件，具有输入阻抗高、噪声小、热稳定性好、便于集成等特点，容易被静电击穿。根据结构的不同，场效应晶体管可分为两大类：结型场效应晶体管（JFET）和绝缘栅型场效应晶体管（MOSFET）。

1　结型场效应晶体管（JFET）

结型场效应晶体管（JFET）是在一块N型（或P型）半导体材料两边制作P型（或N型）区，从而形成PN结所构成的，根据导电沟道的不同可分为N沟道和P沟道两种。结型场效应晶体管的外形特点如图1-53所示。

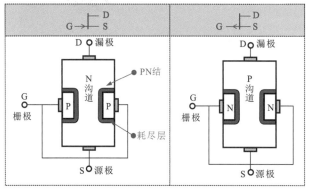

结型N沟道场效应晶体管　　结型P沟道场效应晶体管

图1-53　结型场效应晶体管的外形特点

> **提示说明**
>
> 图1-54为结型场效应晶体管（N沟道）的特性曲线。
>
>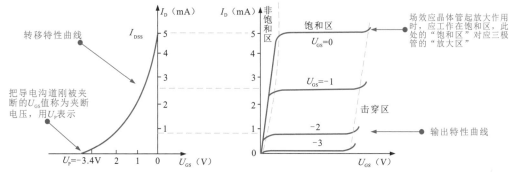
>
> **图1-54　结型场效应晶体管（N沟道）的特性曲线**
>
> N沟道结型场效应管的特性曲线：当场效应晶体管的栅极电压U_{GS}取不同的电压值时，漏极电流I_D将随之改变；当$I_D=0$时，U_{GS}的值为场效应晶体管的夹断电压U_P；当$U_{GS}=0$时，I_D的值为场效应晶体管的饱和漏极电流I_{DSS}。
>
> 在U_{GS}一定时，反映I_D与U_{DS}之间的关系曲线为场效应晶体管的输出特性曲线，分为3个区：饱和区、击穿区和非饱和区。

2 绝缘栅型场效应晶体管（MOSFET）

绝缘栅型场效应晶体管（MOSFET）简称MOS场效应晶体管，由金属、氧化物、半导体材料制成，因其栅极与其他电极完全绝缘而得名。

绝缘栅型场效应晶体管除有N沟道和P沟道之分外，还可分别根据工作方式的不同分为增强型与耗尽型，绝缘栅型场效应晶体管的外形特点如图1-55所示。

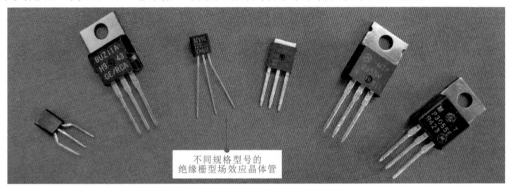

不同规格型号的
绝缘栅型场效应晶体管

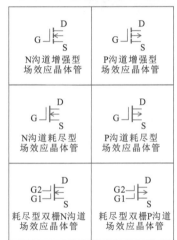

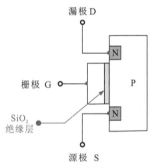

N沟道增强型MOS场效应晶体管　　　　　P沟道增强型MOS场效应晶体管

增强型MOS场效应晶体管是以P型（N型）硅片作为衬底，在衬底上制作两个含有杂质的N型（P型）材料，其上覆盖很薄的二氧化硅（SiO₂）绝缘层，在两个N型（P型）材料上引出两个铝电极，分别称为漏极（D）和源极（S），在两极中间的二氧化硅绝缘层上制作一层铝质导电层，该导电层为栅极（G）

图1-55　绝缘栅型场效应晶体管的外形特点

提示说明

图1-56为绝缘栅型场效应晶体管（N沟道增强型）的基本特性曲线。

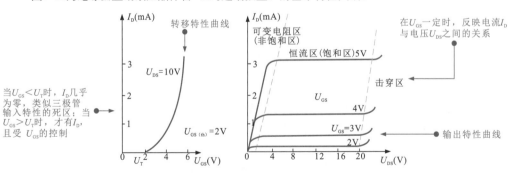

图1-56 绝缘栅型场效应晶体管（N沟道增强型）的基本特性曲线

1.6.2 场效应晶体管的功能应用

场效应晶体管是一种电压控制器件，栅极不需要控制电流，只需要有一个控制电压就可以控制漏极和源极之间的电流，在电路中常作为放大器件使用。

1 结型场效应晶体管的功能特点

结型场效应晶体管是利用沟道两边的耗尽层宽窄，改变沟道导电特性来控制漏极电流实现放大功能的，如图1-57所示。

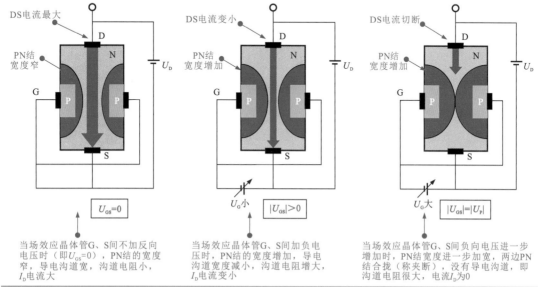

图1-57 结型场效应晶体管的功能应用

结型场效应晶体管常被用于音频放大器的差分输入电路及调制、电压放大、阻抗变换、稳流、限流、自动保护等电路中。图1-58为采用结型场效应晶体管构成的电压放大电路，在该电路中结型场效应晶体管可实现对输入信号的放大。

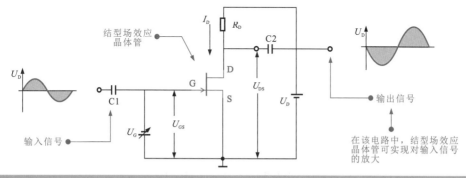

图1-58 结型场效应晶体管在收音机电路中的放大功能

2 绝缘栅型场效应晶体管的功能特点

绝缘栅型场效应晶体管是利用PN结之间感应电荷的多少，改变沟道导电特性来控制漏极电流实现放大功能的，如图1-59所示。

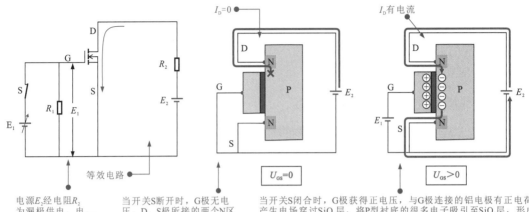

电源E_1经电阻R_2为漏极供电，电源E_1经开关S为栅极提供偏压

当开关S断开时，G极无电压，D、S极所接的两个N区之间没有导电沟道，所以无法导通，D极电流为零

当开关S闭合时，G极获得正电压，与G极连接的铝电极有正电荷，产生电场穿过SiO_2层，将P型衬底的很多电子吸引至SiO_2层，形成N型导电沟道（导电沟道的宽窄与电流量的大小成正比），使S、D极之间产生正向电压，电流通过该场效应晶体管

图1-59　绝缘栅型场效应晶体管的放大原理

　　绝缘栅型场效应晶体管常被用于音频功率放大，开关电源、逆变器、电源转换器、镇流器、充电器、电动机驱动、继电器驱动等电路中。

　　图1-60为绝缘栅型场效应晶体管在收音机高频放大电路中的应用。

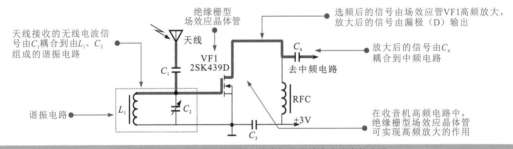

图1-60　绝缘栅型场效应晶体管在收音机高频放大电路中的应用

1.6.3　场效应晶体管的参数标识

　　场效应晶体管的类型、参数等是通过直标法标注在外壳上的，识读场效应晶体管就需要了解不同国家、地区及生产厂商的命名规则。

1　国产场效应晶体管的参数标识方法

　　国产场效应晶体管的命名方式主要有两种，这两种命名方式包含的信息不同。国产场效应晶体管的参数标识方法如图1-61所示。

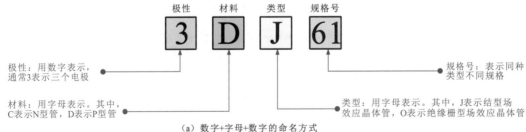

（a）数字+字母+数字的命名方式

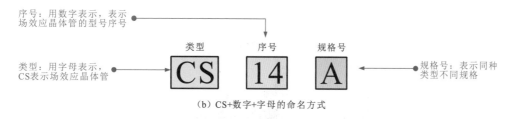

序号：用数字表示，表示
场效应晶体管的型号序号

类型　　　　　　　　序号　　　　　规格号

CS　　**14**　　**A**

类型：用字母表示，
CS表示场效应晶体管

规格号：表示同种
类型不同规格

（b）CS+数字+字母的命名方式

图1-61　国产场效应晶体管的参数标识方法

2　日产场效应晶体管的参数标识方法

日产场效应晶体管的命名方式与国产场效应晶体管有所不同，如图1-62所示。日产场效应晶体管一般由5个部分构成，包括名称、类型、顺序号等。

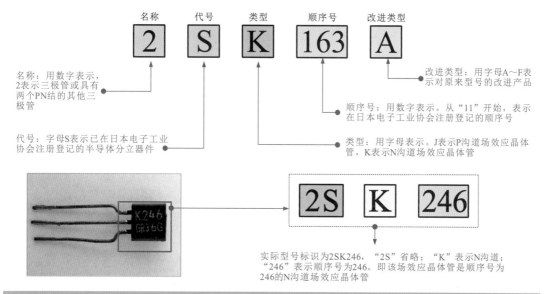

名称　　代号　　类型　　顺序号　　改进类型

2　**S**　**K**　**163**　**A**

名称：用数字表示，
2表示三极管或具有
两个PN结的其他三
极管

代号：字母S表示已在日本电子工业
协会注册登记的半导体分立器件

改进类型：用字母A~F表
示对原来型号的改进产品

顺序号：用数字表示。从"11"开始，表示
在日本电子工业协会注册登记的顺序号

类型：用字母表示。J表示P沟道场效应晶体
管，K表示N沟道场效应晶体管

2S　**K**　**246**

实际型号标识为2SK246，"2S"省略；"K"表示N沟道；
"246"表示顺序号为246。即该场效应晶体管是顺序号为
246的N沟道场效应晶体管

图1-62　日产场效应晶体管的参数识读

1.7　晶闸管的种类特点和参数标识

1.7.1　晶闸管的种类

晶闸管是晶体闸流管的简称，是一种可控整流器件。

晶闸管的类型较多，分类方式也多种多样，以单向晶闸管、双向晶闸管和其他几种常见晶闸管为例介绍。

1　单向晶闸管

单向晶闸管（SCR）是指触发后只允许一个方向的电流流过的半导体器件，相当于一个可控的整流二极管。它是由P-N-P-N共4层3个PN结组成的，被广泛应用于可控整流、交流调压、逆变器和开关电源电路中。

单向晶闸管的实物外形及基本特性如图1-63所示。

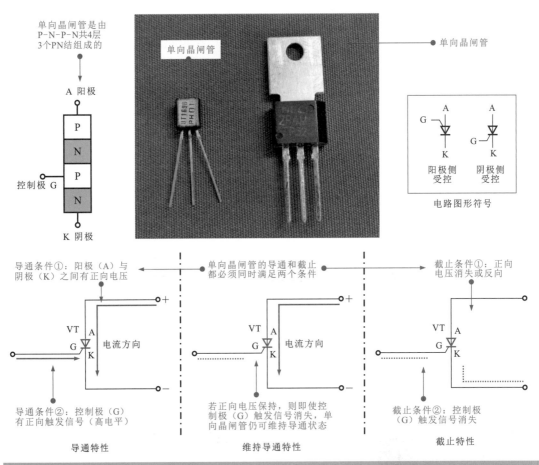

图1-63 单向晶闸管的实物外形及基本特性

提示说明

　　可以将单向晶闸管等效地看成一个PNP型三极管和一个NPN型三极管的交错结构，如图1-64所示。当给单向晶闸管的阳极（A）加正向电压时，三极管V1和V2都承受正向电压，V2发射极正偏，V1集电极反偏。如果这时在控制极（G）加上较小的正向控制电压U_g（触发信号），则有控制电流I_g送入V1的基极。经过放大，V1的集电极便有$I_{C1}=\beta_1 I_g$的电流流进。此电流送入V2的基极，经V2放大，V2的集电极便有$I_{C2}=\beta_1\beta_2 I_g$的电流流过。该电流又送入V1的基极，如此反复，两个三极管便很快导通。晶闸管导通后，V1的基极始终有比I_g大得多的电流流过，因而即使触发信号消失，单向晶闸管仍能保持导通状态。

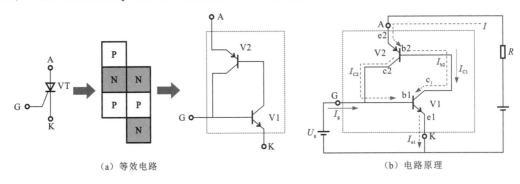

（a）等效电路　　　　　　　　　（b）电路原理

图1-64 单向晶闸管的内部结构及等效电路原理

2 双向晶闸管

　　双向晶闸管，属于N-P-N-P-N共5层半导体器件，有第一电极（T1）、第二电极（T2）、控制极（G）3个电极，在结构上相当于两个单向晶闸管反极性并联，常用在交流电路调节电压、电流，或用作交流无触点开关。

　　双向晶闸管的实物外形及基本特性如图1-65所示。

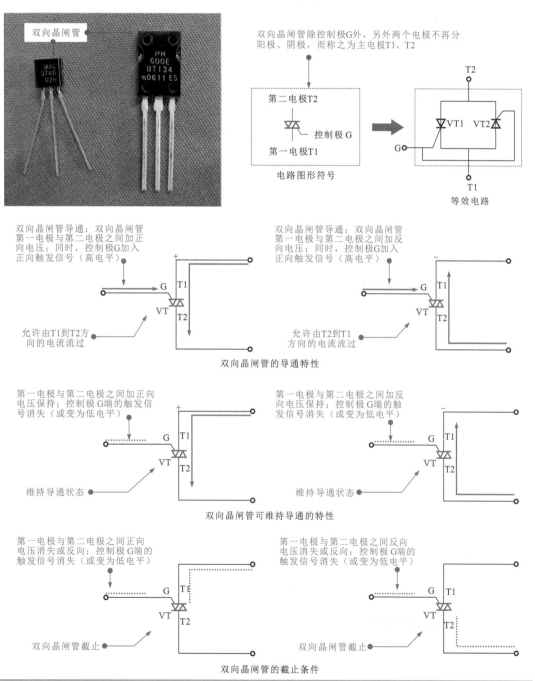

图1-65　双向晶闸管的实物外形及基本特性

3　其他常见的几种晶闸管

在电子电路中，除单向晶闸管、双向晶闸管外，常见的晶闸管还有单结晶闸管、可关断晶闸管、快速晶闸管、螺栓型晶闸管等，图1-66为这几种晶闸管的实物外形。

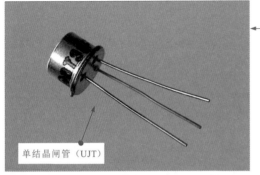

单结晶闸管（UJT）

单结晶闸管（UJT）也称双基极二极管。从结构功能上类似晶闸管，它是由一个PN结和两个内电阻构成的三端半导体器件，有一个PN结和两个基极，广泛用于振荡、定时、双稳电路及晶闸管触发等电路中

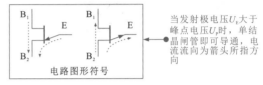

电路图形符号

当发射极电压 U_E 大于峰点电压 U_p 时，单结晶闸管即可导通，电流流向为箭头所指方向

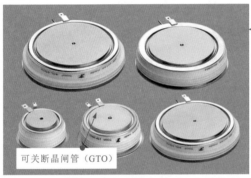

可关断晶闸管（GTO）

可关断晶闸管GTO（Gate Turn-Off Thyristor）俗称门控晶闸管，其主要特点是当门极加负向触发信号时，能自行关断

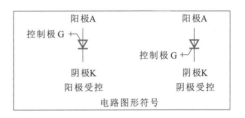

阳极A　　　　　　　阳极A
控制极G　　　　　　　控制极G
阴极K　　　　　　　阴极K
阳极受控　　　　　阴极受控
电路图形符号

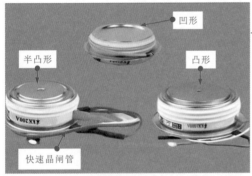

凹形
半凸形　　　凸形
快速晶闸管

快速晶闸管是一个P-N-P-N四层三端器件，其符号与普通晶闸管一样，主要用于较高频率的整流、斩波、逆变和变频电路

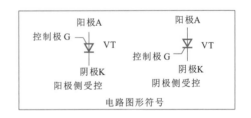

阳极A　　　　　　　阳极A
控制极G　　VT　　　控制极G　　VT
阴极K　　　　　　　阴极K
阳极侧受控　　　　阴极侧受控
电路图形符号

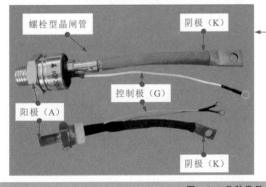

螺栓型晶闸管　　　　阴极（K）
控制极（G）
阳极（A）
阴极（K）

螺栓型晶闸管与普通单向晶闸管相同，只是封装形式不同。这种结构只是便于安装在散热片上，工作电流较大的晶闸管多采用这种结构形式

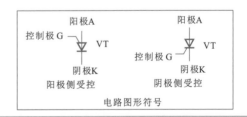

阳极A　　　　　　　阳极A
控制极G　　VT　　　控制极G　　VT
阴极K　　　　　　　阴极K
阳极侧受控　　　　阴极侧受控
电路图形符号

图1-66　几种常见晶闸管的实物外形

1.7.2 晶闸管的功能应用

晶闸管是一种非常重要的功率器件，主要特点是通过小电流实现高电压、高电流的控制，在实际应用中主要作为可控整流器件和可控电子开关。

1 晶闸管的可控整流功能

晶闸管可与整流器件构成调压电路，使整流电路输出电压具有可调性。图1-67为晶闸管构成的典型调压电路。

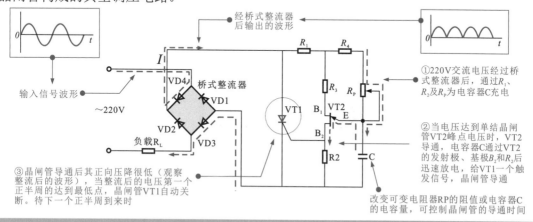

图1-67 晶闸管构成的典型调压电路

2 晶闸管的可控电子开关功能

在很多电子或电器产品电路中，晶闸管在大多情况下起到可控电子开关的作用，即在电路中由其自身的导通和截止来控制电路接通、断开。

图1-68为晶闸管作为可控电子开关在电路中的应用。

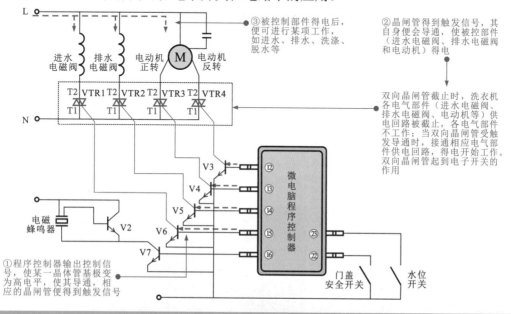

图1-68 晶闸管作为可控电子开关在电路中的应用

1.7.3 晶闸管的参数标识

晶闸管类型、参数等是通过直标法标注在外壳上的，识读晶闸管就需要了解不同国家、地区及生产厂商的命名规则。

1 国产晶闸管的参数标识

国产晶闸管通常会将晶闸管的名称、类型、额定通态电流值及重复峰值电压级数等信息标注在晶闸管的表面。

根据国家规定，国产晶闸管的参数标识由4部分构成，如图1-69所示。

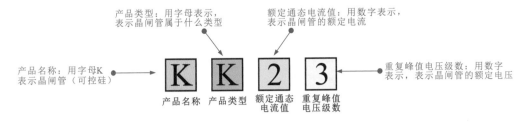

图1-69　国产晶闸管的参数标识方法

2 日产晶闸管的参数标识

日产晶闸管的型号命名由3个部分构成，只将晶闸管的额定通态电流值、类型及重复峰值电压级数等信息标注在晶闸管的表面，如图1-70所示。

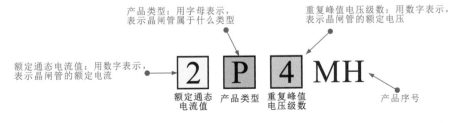

图1-70　日产晶闸管的参数标识方法

提示说明

晶闸管类型、额定通态电流、重复峰值电压级数的表示符号见表1-15。

表1-15 晶闸管类型、额定通态电流、重复峰值电压级数的表示符号

额定通态电流表示数字	含义	额定通态电流表示数字	含义	重复峰值电压级数	含义	重复峰值电压级数	含义	类型字母	含义
1	1A	50	50A	1	100V	7	700V	P	普通反向阻断型
2	2A	100	100A	2	200V	8	800V		
5	5A	200	200A	3	300V	9	900V	K	快速反向阻断型
10	10A	300	300A	4	400V	10	1000V		
20	20A	400	400A	5	500V	12	1200V	S	双向型
30	30A	500	500A	6	600V	14	1400V		

第2章 数字电路器件的特点

2.1 门电路的特点与应用

2.1.1 门电路的种类

门电路是数字电路中最基本的逻辑单元，它可以使输出信号与输入信号之间产生一定的逻辑关系。在数字电路中，信号大都是用电位（电平）高低两种状态表示，利用门电路的逻辑关系即可实现对信号的转换。最基本的门电路有与门（AND）电路、或门（OR）电路和非门（NOT）电路等。

1 与门电路

与门电路是指只有在一件事情所有的条件都具备时，事情才会发生。与门电路的基本结构、逻辑符号和真值表，如图2-1所示。

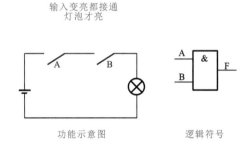

输入变量		输出变量
A	B	F
0	0	0
0	1	0
1	0	0
1	1	1

功能示意图　　　　逻辑符号　　　　与门电路真值表

图2-1　与门电路的基本结构、逻辑符号和真值表

可以看到，只有在开关A和B都处于闭合状态时，灯（F）才会亮，若开关A和B任意一个处于开路状态，条件不满足，灯（F）不会亮，其逻辑式为$F=A \cdot B=AB$。

一般情况下，最简单的与门电路可以用二极管和电阻器组成，由二极管和电阻器构成的与门电路，如图2-2所示。

> A、B为两个输入变量，F为输出变量。当A、B均为高电平时，F才为高电平；A、B只要有一个是低电平，F为低电平

图2-2　由二极管和电阻器构成的与门电路

2 或门电路

或门电路是指只要有一个或一个以上条件满足时，事情就会发生。或门电路的基本结构、逻辑符号和真值表，如图2-3所示。

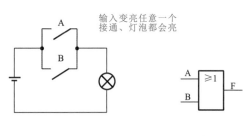

输入变量		输入变量
A	B	F
0	0	0
0	1	1
1	0	1
1	1	1

功能示意图   逻辑符号   或门电路真值表

图2-3 或门电路的基本结构、逻辑符号和真值表

可以看到，只要开关A和B有一个处于闭合状态，电流通过开关进入灯（F），灯（F）亮。只有在开关都断开的情况下，灯（F）才不会亮，其逻辑式为$F=A+B$。

同与门电路一样，最简单的或门电路也是有二极管和电阻器构成的，由二极管和电阻器构成的或门电路，如图2-4所示。

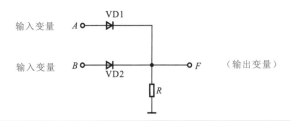

A、B为两个输入变量，F为输出变量。当A、B均为低电平时，F才为低电平；A、B只要有一个为高电平或两个都为高电平，则F为高电平

图2-4 由二极管和电阻器构成的或门电路

3 非门电路

非门电路又叫"否"运算，也称求"反"运算，因此非门电路又称为反相器。非门电路的基本结构、逻辑符号和真值表，如图2-5所示。

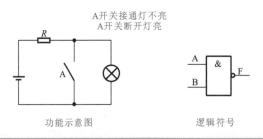

输入变量	输出变量
A	F
0	1
1	0

功能示意图   逻辑符号   非门电路真值表

图2-5 非门电路的基本结构、逻辑符号和真值表

在非门电路功能示意图中，当开关A处于闭合状态下，电路处于短路状态，灯（F）不亮，若开关A处于断开状态下，灯（F）亮。

最基本的非门电路是利用晶体管的开关特性组成的，可以实现非逻辑关系。由晶体三极管和外围元件组成的非门电路，如图2-6所示。

A为输入变量，Y为输出变量，利用晶体管的反相放大特性，当为A输入低电平时（0 V），晶体管截止，输出端Y电压为高电平（5 V）；当输入为高点平时，则在元件参数选择适当的情况下，晶体管处于饱和区，输出端Y为低电平

图2-6　由晶体三极管和外围元件组成的非门电路

提示说明

除与门、或门和非门外，与非门和或非门分别是由与门与非门、或门和非门组合而成的，也是在数字电路中比较常用的基本电路。

与非门的功能是：若输入均为高电平，则输出为低电平；若输入中有低电平，则输出为高电平。

或非门的功能：当任一输入端为高电平，输出就是低电平；只有当所有输入端都是低电平时，输出才是高电平。

2.1.2　门电路的应用

在实际应用中，门电路一般是由几个组合起来一起使用，用来实现不同的功能。

1　由门电路构成的警笛信号发生器电路

图2-7为由六个非门电路组成的警笛信号发生器电路。警笛信号发生器电路一般用于报警电路中，通过高音和低音的交换鸣声，起到报警警示的作用。

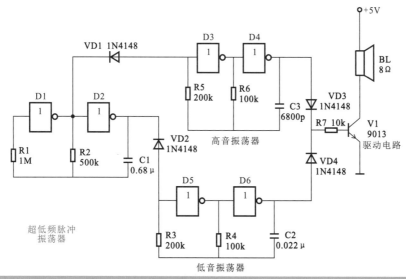

图2-7　由六个非门电路组成的警笛信号发生器电路

可以看到，在该警笛信号发生器电路中，非门D1、D2组成超低频脉冲振荡器，非门D3、D4组成高音振荡器，非门D5、D6组成低音振荡器。超低频脉冲振荡器的输出通过二极管VD1、VD2控制高、低音振荡器轮流振荡，振荡信号分别经VD3、VD4由半导体三极管V1放大后推动扬声器发出的警笛声响。

2 由门电路构成的触摸键控电路

触摸键控电路是一种利用人手触摸金属触摸键，从而起到控制电路通断的作用。图2-8为典型的由门电路构成的触摸键控电路。

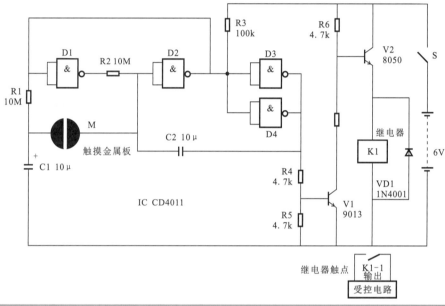

图2-8　由门电路构成的触摸键控电路

该电路主要是由触摸金属板M、与非门电路（D1～D4），继电器K1、电池等部分构成的。

其中，触摸键金属板用于输入指令（启动电路指令）；4个与非门电路则用于将输入的指令进行识别和处理；继电器则为指令输出端负载，用于实现指令的输出。

在该触摸开关电路中，当用手触摸金属板M时，C1上的充电电荷将通过人体电阻加到与非门D2的输入端使其称为高电平，最终导致与非门D3、D4输出高电平，使V1、V2导通，继电器K1吸合，及触点K1-1闭合，可控制负载工作。由于与非门D1和与非门D2之间通过电阻R2相连，所以由C1提供给与非门2输入端的高电平将保持下去，即使手离开了M，电路仍会保持这一状态，直到M受到再次触摸为止。

当继电器维持吸合状态时，与非门D1的输入端为低电平，C1将通过R1及与非门1放电到0V左右。

当M再次受到触摸时，C1上的0V电压经人体电阻加到与非门D2的输入端，使电路又恢复到原先的状态，即V1、V2截止，继电器K1释放，K1-1触点断开。

2.2 触发器的特点与应用

2.2.1 触发器的种类

触发器是由基本的门电路组合而成的，常用的触发器类型有基本RS触发器、同步式RS触发器、T触发器、D触发器、JK触发器等。

1 基本RS触发器

基本RS触发器是由两个门电路构成的，这两个门电路可以是与非门，也可以是两个异或门。图2-9为基本RS触发器的电路结构。

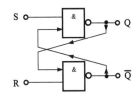 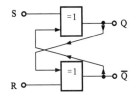

（a）两个与非门构成的基本RS触发器　　（b）两个异或门构成的基本RS触发器

图2-9　基本RS触发器的电路结构

> **提示说明**
>
> 基本RS触发器的R为复位端（REST），S为置位端，输出Q和Q相反。因此，这种触发器也称为非同步触发器。

如图2-10所示为基本RS触发器的工作原理。当开关既不在R端，也不在S端时，触发器的输出端是不确定的。当开关置向一侧时，就决定了触发器的输出。例如当开关置于S端时，S端为低电平（地），R端则为高电平，与非门D1的输入为低电平，与非门D2的输入为高电平。这样就使触发器的Q端输出为高电平，Q的输出为低电平。

如果输入开关置于R端，则触发器会反转，Q端变成低电平，Q端变成高电平。

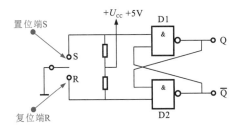

图2-10　基本RS触发器的工作原理

从而可见，输入端R、S即不可能同时为高电平，也不可能同时为低电平，只有两种状况，其中一个为高电平另一个为低电平，则触发器Q和Q两端也必然输出状态相反的信号。

2 同步式RS触发器

基本RS触发器（RS-FF）属于非同步触发器，不能与系统中的时钟信号同步。而同步式RS触发器附加了同步功能，可以与时钟信号同步工作。图2-11为同步式RS触发器的电路结构。

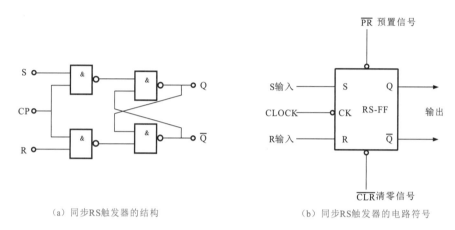

（a）同步RS触发器的结构　　　　　　　（b）同步RS触发器的电路符号

图2-11　同步式RS触发器的电路结构

同步式RS触发器的两个输入端用了两个与非门，另外还增加了一个时钟脉冲输入端（CP），这样便可以使触发器的输出与时钟信号同步。

3 T触发器

T触发器（T-FF）是一种触发式双稳态电路，它的T端是信号触发端，当触发端的短信号发生变化时，双稳态电路输出也会同时发生变化。图2-12为T触发器的电路结构。

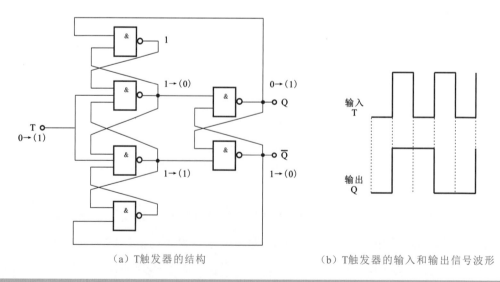

（a）T触发器的结构　　　　　　　（b）T触发器的输入和输出信号波形

图2-12　T触发器的工作原理

4　D触发器

D触发器（D-FF）中的"D"是英文延迟的缩写，因此D触发器是一种延时电路。图2-13为典型D触发器的基本结构与信号输入输出关系。

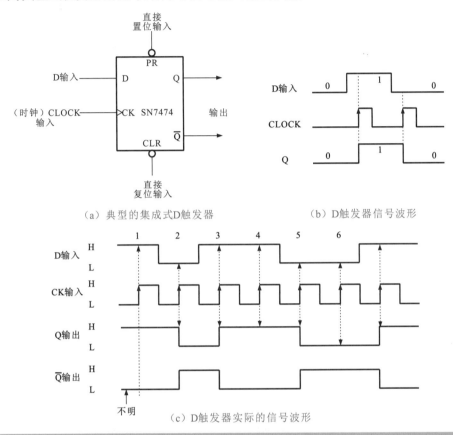

（a）典型的集成式D触发器　　　　　　（b）D触发器信号波形

（c）D触发器实际的信号波形

图2-13　典型D触发器的基本结构与信号输入输出关系

可以看到，集成式D触发器实际上是由一个同步式RS触发器和一个D触发器组成的，若D触发器如果没有时钟信号，D触发端不管输入"1"还是输入"0"，触发器都不动作，只有当有时钟信号输入时，才会动作。图2-14为SN7474型D触发器的电路符号。

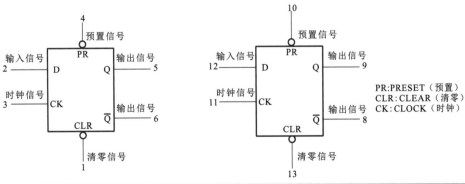

图2-14　SN7474型D触发器的电路符号

图2-15为SN7474型D触发器的真值表和信号波形。

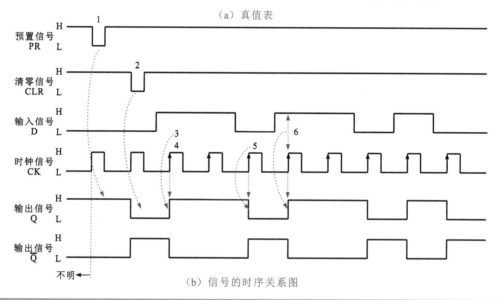

引脚	输入				输出	
	PR	CLR	D	CK	Q	$\overline{Q}$
1	L	H			H	L
2	H	L			L	H
3	L	L			H	H
4	H	H	H	↑	H	L
5	H	H	L	↑	L	H
6	H	H		↓	L	

（a）真值表

（b）信号的时序关系图

图2-15　SN7474型D触发器的真值表和信号波形

4 JK触发器

JK触发器（JK-FF）是主从触发器，它有2个输入端J、K，被称为主从触发信号。图2-16为典型JK触发器的电路结构。

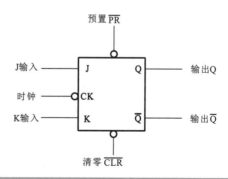

图2-16　JK触发器的电路结构

图2-17为JK触发器的输出信号波形时序图。

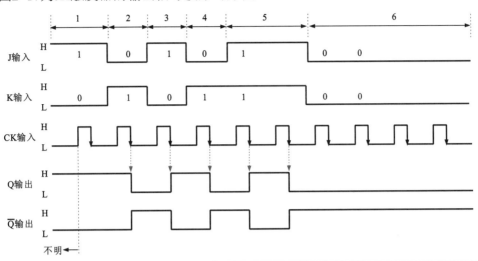

图2-17 JK触发器输出信号波形时序图

JK触发器是数字电路触发器中的一种电路单元。JK触发器具有置0、置1、保持和翻转功能，在各类集成触发器中，JK触发器的功能最为齐全。在实际应用中，它不仅有很强的通用性，而且能灵活地转换其他类型的触发器。

2.2.2 │ 触发器的应用

实际的应用中，T触发器、D触发器、RS触发器、JK触发器等通过简单的连接和变换可以进行变换和组合，完成所需要的功能。

1 触摸式开关电路

图2-18为触摸式双稳态开关电路。

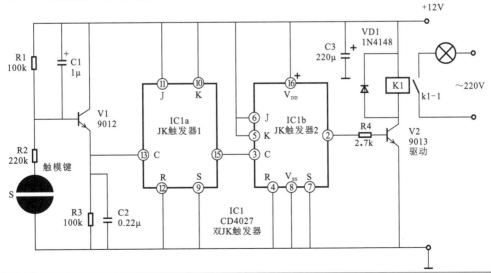

图2-18 触摸式双稳态开关电路

可以看到，该电路采用了一只JK触发器CD4027，这是一个双JK触发器，当人手接触到触摸键时，触摸信号放大器V1（晶体三极管）有输出信号，V1的发射极输出的信号经两极JK触发器后去驱动V2，V2导通则继电器K1动作，其动合触点闭合，接通220 V电压，灯被点亮。

2 八路轻触式电子互锁开关

图2-19为八路轻触式电子互锁开关电路。该电路具有电路简捷、体积小、操作舒适等特点，可以输出八路信号进行控制。

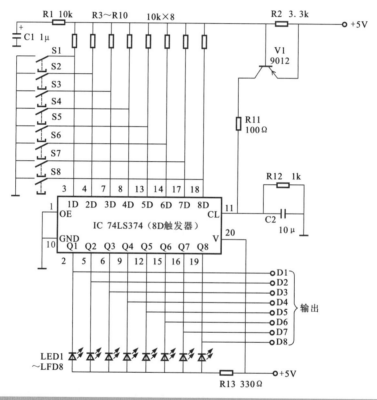

图2-19 八路轻触式电子互锁开关电路

该电路主要由三态同相8位的D触发器74LS374构成。电路中S1～S8为八个轻触按钮开关。LED1～LED8为对应的开关状态指示灯。按动S1～S8之一，V1的基极将通过R3～R10中的某个电阻及所按开关连接到地，使C1放电，V1导通，+5 V电源经V1和R11向C2充电，在IC1脚形成一个正脉冲，经整形后送往各D触发器，由于所按下的按钮对应的D端接地，且①脚接地为低电平，其对应的Q端也跳变为低电平并锁存。此时相应的LED指示灯被点亮，并输出信号至功能选择电路。若下次再按动其他按钮开关，电路将重复上述过程。

C2和R12可提供一个约10 ms的延迟时间，可在换挡时防止误动作。C1主要起开机复位作用。

2.3 组合逻辑电路的特点与应用

2.3.1 组合逻辑电路的种类

组合逻辑电路是由多个门电路或触发器等单元电路组合的电路，其特点是指在任何时刻，输出的状态仅仅取决与同一时刻各输入状态的组合，而与原来的状态无关。

1 编码器

一位二进制码有"0、1"两种状态，则n位二进制码则有2^n中不同的组合，这就是二进制编码。编码器是指将二进制码按一定的规律编排，使其每组代码都具有特定的含义。常用的编码器有二一十进制编码器、优先编码器等。

图2-20为8位—3位编码器的结构、真值表、逻辑表达式及逻辑电路。

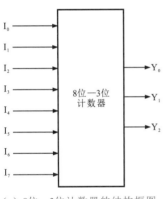

(a) 8位—3位计数器的结构框图

输入								输出		
I_0	I_1	I_2	I_3	I_4	I_5	I_6	I_7	Y_2	Y_1	Y_0
1	0	0	0	0	0	0	0	0	0	0
0	1	0	0	0	0	0	0	0	0	1
0	0	1	0	0	0	0	0	0	1	0
0	0	0	1	0	0	0	0	0	1	1
0	0	0	0	1	0	0	0	1	0	0
0	0	0	0	0	1	0	0	1	0	1
0	0	0	0	0	0	1	0	1	1	0
0	0	0	0	0	0	0	1	1	1	1

(b) 8位—3位计数器的真值表

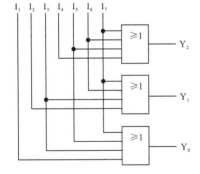

(d) 8位—3位计数器逻辑电路图

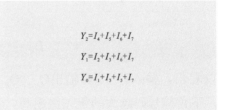

$$Y_2=I_4+I_5+I_6+I_7$$

$$Y_1=I_2+I_3+I_6+I_7$$

$$Y_0=I_1+I_3+I_5+I_7$$

(c) 8位—3位计数器逻辑表达式

图2-20 8位—3位编码器电路

它的输入是I_0~I_7共8个高电平信号，输出是3位二进制代码Y_2、Y_1、Y_0。因此，它被称为8位—3位编码器。输入I_0~I_7当中只允许一个取值为1。

在二一十进制编码器中，若多个输入端同时为"1"，则输出会混乱。因此在数字系统中常要求编码器同时多个输入为"1"时，输出不能混乱，且应按事先编排好的优先顺序输出，当几个输入信号同时为"1"时，只对其中优先权最高的一个进行编码。

图2-21为优先编码器74LS148的外形结构、逻辑符号及真值表。

图中，$I_0 \sim I_7$为8个输入端，Q_A、Q_B和Q_C为3位二进制码输出，因此，该电路被称为8位—3位优先编码器。

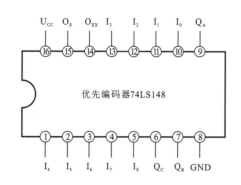

（a）优先编码器74LS148的外形与引脚分布

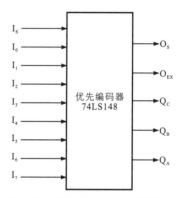

（b）优先编码器74LS148的逻辑符号

输入									输出				
I_S	I_0	I_1	I_2	I_3	I_4	I_5	I_6	I_7	Q_C	Q_B	Q_A	O_{EX}	O_S
1	X	X	X	X	X	X	X	X	1	1	1	1	1
0	1	1	1	1	1	1	1	1	1	1	1	1	0
0	X	X	X	X	X	X	X	0	0	0	0	0	1
0	X	X	X	X	X	X	0	1	0	0	1	0	1
0	X	X	X	X	X	0	1	1	0	1	0	0	1
0	X	X	X	X	0	1	1	1	0	1	1	0	1
0	X	X	X	0	1	1	1	1	1	0	0	0	1
0	X	X	0	1	1	1	1	1	1	0	1	0	1
0	X	0	1	1	1	1	1	1	1	1	0	0	1
0	0	1	1	1	1	1	1	1	1	1	1	0	1

（c）优先编码器74LS148的真值表

图2-21　典型优先编码器74LS148的外形结构、逻辑符号和真值表

可以看出，输入$I_0 \sim I_7$和输出Q_A、Q_B、Q_C的有效工作电平均为低电平。在$I_0 \sim I_7$输入端中，下角标号码越大的优先级越高。输入I_S和输出O_S、O_{EX}在容量扩展时使用。I_S为工作状态选择端，当$I_S=0$时，编码器工作，反之不进行编码工作；O_S为允许输出端，当允许编码（即$I_S=0$）而无信号输入时，O_S为0。O_{EX}为编码群输出端，当不允许编码（即$I_S=1$），或者虽允许编码（$I_S=0$）但无信号输入（即$I_0 \sim I_7$均为1）时，O_{EX}为1。

2　译码器

译码是编码的逆过程，即把二进制信号还原为操作时的信息符号（字符、数字等），通俗的讲就是对具有特定含义的输入代码进行翻译，将其转换为相应的输出信号。常见的译码器有二进制译码器、二—十进制译码器和数字显示译码器等。

图2-22为典型的二进制译码器电路及真值表。

二进制译码器的输入是一组二进制代码，输出是一组与输入代码一一相对的高、低电平信号，该译码器具有能将n个输入变量变换成2^n个输出函数的特点。

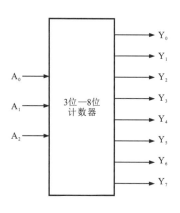

（a）3位—8位计数器的结构框图

输入			输出							
A_1	A_1	A_0	Y_7	Y_6	Y_5	Y_4	Y_3	Y_2	Y_1	Y_0
0	0	0	0	0	0	0	0	0	0	1
0	0	1	0	0	0	0	0	0	1	0
0	1	0	0	0	0	0	0	1	0	0
0	1	1	0	0	0	0	1	0	0	0
1	0	0	0	0	0	1	0	0	0	0
1	0	1	0	0	1	0	0	0	0	0
1	1	0	0	1	0	0	0	0	0	0
1	1	1	1	0	0	0	0	0	0	0

（b）3位—8位计数器的真值表

图2-22　典型的二进制译码器电路及真值表

提示说明

该译码器电路输入的3位二进制数代码共有8种状态，译码器将每个输入代码译成对应的一根输出线上的高、低电平信号，因此该译码器被称为3位（线）—8位（线）译码器。此外，常用二进制译码器还有2位—4位（2输入4输出）译码器和4位—16位（4输入16输出）译码器等。

在数字系统中，常常需要将译码后的数直接以十进制数字的形式显示出来。

图2-23为常见的七段数码显示管及译码器电路。

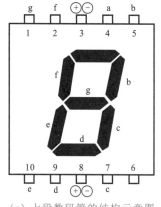

（a）七段数码管的结构示意图

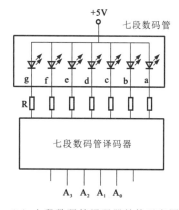

（b）七段数码管译码器结构示意图

图2-23　常见的七段数码显示管及译码器电路

可以看到，七段数码显示管译码器电路（简称七段显示译码器）由a～g等7段可发光的线段拼合而成，通过控制各段的亮或灭，就可以显示不同的字符或数字。七段数码显示器有半导体数码显示器和液晶显示器两种。

七段显示译码器的功能是把二—十进制代码译成对应于数码管的七个字段信号，驱动数码管，显示出相应的十进制代码。

2.3.2 ｜ 组合逻辑电路的应用

在实际应用中，组合逻辑电路和周围的一些元件组合起来一起使用，用来实现不同的功能。

1 键控脉冲编码器

图2-24为键控脉冲编码器电路。该电路是由10线—4线优先编码器CD40147、4位比较器CD4585及二进制计数器CD4518等组成的。

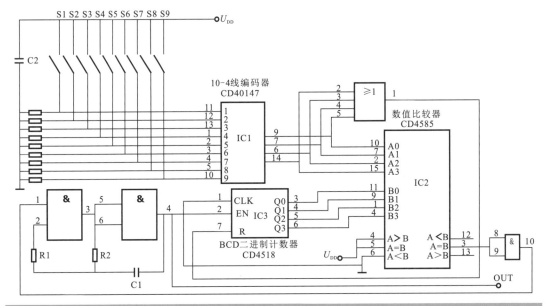

图2-24　键控脉冲编码器电路

2 多路脉冲编码器电路

图2-25为多路脉冲编码器电路。该电路主要用来输出脉冲时钟信号，主要是由16路时序编码器CD4520B及二进制加法计算器CD4514B等组成的。

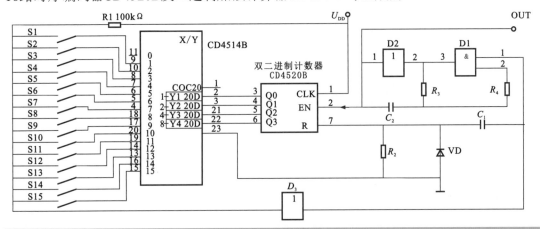

图2-25　多路脉冲编码器电路

2.4 时序逻辑电路的特点与应用

2.4.1 时序逻辑电路的种类

时序逻辑电路与组合逻辑电路同属于逻辑电路中的一种，它与组合逻辑电路的功能特点不同，时序所及电路的输出状态不仅与该时刻的输入状态有关，还与电路的原有状态有关，所以时序逻辑电路具有记忆功能。常用的时序逻辑电路有寄存器、计数器等。

1 寄存器

寄存器是数字电路中比较重要的一种单元电路，主要用来暂存数据、指令等信息，一般情况下，寄存器是由触发器和门电路组成的，触发器主要用来存储二进制代码，一个触发器可以存储一位二进制代码，n个触发器可以存储n位二进制代码。

如图2-26所示，由四个D触发器组成的四位数码寄存器逻辑图。图中四个触发器FF0～FF3的时钟输入端连接在一起，它们受时钟脉冲的同步控制，D_0～D_3端是寄存器的并行数据输入端，可输入四位二进制的数码；Q_0～Q_3端是寄存器并行输出端，输出四位二进制数码。

若要将四位二进制数码存入寄存器中，只要在时钟脉冲CP端输入时钟脉冲信号即可，例如输入$D_0D_1D_2D_3$=1010，当CP沿上升沿出现时，则输出端$Q_0Q_1Q_2Q_3$=1010，四位二进制数码便同时存入四个触发器中，当外部电路需要这组数据时，便可以从输出（Q_0、Q_1、Q_2、Q_3）端读出。

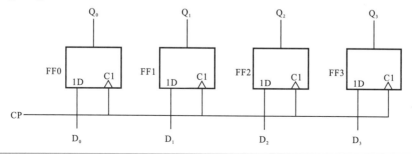

图2-26 由四个D触发器组成的四位数码寄存器逻辑图

如图2-27所示，由四个边沿D触发器组成的四位移位寄存器逻辑图。

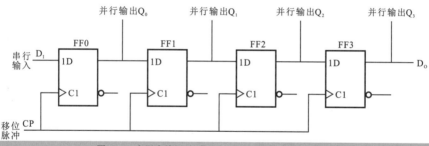

图2-27 由四个边沿D触发器组成的四位移位寄存器逻辑图

2 计数器

如图2-28所示为典型的下降沿触发的异步二进制减法计数器。若将T型触发器按照二进制减法规则进行连接，便构成了二进制减法计数器，当低位触发器已经为0时，再输入一个减法计数脉冲后翻转为1，同时向高位发出借位信号，使高位翻转。

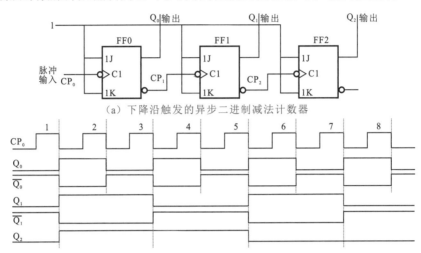

（a）下降沿触发的异步二进制减法计数器

（b）下降沿触发的异步二进制减法计数器的时序图

图2-28　典型的下降沿触发的异步二进制减法计数器

由于异步二进制计数器在进位信号的传送时是逐步的，因此它的计数速度是受限制的。为了提高计数速度，可以使全部触发器的状态转换与输入脉冲同步，这便是同步二进制计数器。在实际的应用中，同步二进制计数器都做成了中规模的集成式计数器。图2-29为典型同步二进制计数器74LS193的逻辑符号和引脚功能。

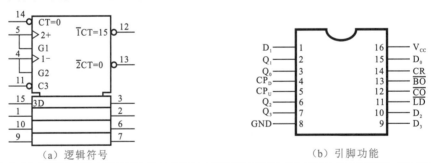

（a）逻辑符号　　　　　　　　　　　　　（b）引脚功能

输入								输出			
CR	$\overline{LD}$	CP_U	CP_D	D_0	D_1	D_2	D_3	Q_0	Q_2	Q_2	Q_3
1	X	X	X	X	X	X	X	0	0	0	0
0	0	X	X	d0	d1	d2	d3	d0	d1	d2	d3
0	1	上升	1	X	X	X	X	加法计数			
0	1	1	上升	X	X	X	X	减法计数			

（C）74LS193的功能表

图2-29　同步二级制计数器74LS193的逻辑符号和引脚功能

2.4.2　时序逻辑电路的应用

　　在实际应用中，时序逻辑电路一般是由几个组合起来一起或与外围元器件一起组合使用的，用来实现不同的功能。

　　图2-30为典型数显计数器电路。该电路的最高计数值为"1999"，电路中的计数显示电路是由CD4553、CD4511以及三只共阴极LED数码管组成，其中CD4553用来计数，CD4511用来译码。

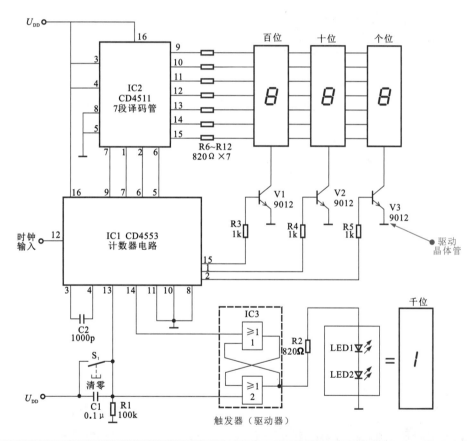

图2-30　数显计数器电路

　　电路加电时，由于C1、R1复位电路的作用，使或非门2输出端为低电平LED1和LED2均不发光，由它们组成的千位"1"不亮。当电路计数由"999"变为"000"时，CD4553的⑭脚输出一正脉冲，该脉冲使或非门1输出低电平，或非门2的输出端变为高电平将LED1和LED2点亮，使计数显示为"1000"。

2.5 集成电路的特点与应用

2.5.1 集成电路的种类

集成电路是一种将多种基本电子元件按照一定的规律集成到一起的电路，单个的集成电路称为集成芯片。

1 金属封装型集成电路

如图2-31所示为金属封装型集成电路的实物外形。金属封装型集成电路的功能较为单一，其引脚数较少，通常作为具有某一特定功能的电子器件应用在电路中，如彩色电视机电路板中的声表面波滤波器等。

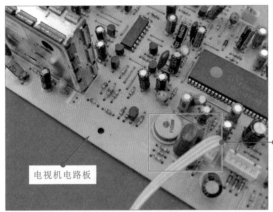
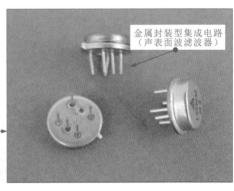

图2-31 金属封装型集成电路

2 单列直插型集成电路

单列直插式集成块内部电路相对比较简单，通常它的引脚数较少（3至16只），只有一排引脚。一般小型的集成电路多采用这种封装形式，电子产品中较常见的有彩色电视机中的场输出集成电路、功能较单一的音频功放芯片、电磁炉中的门控管驱动电路等大都采用单列直插型集成电路。图2-32为金属封装型集成电路的实物外形。

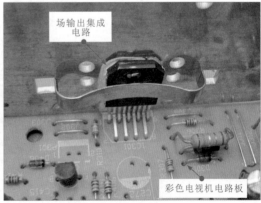

图2-32 单列直插式集成电路

3 双列直插型集成电路

双列直插型集成电路多为长方形结构，两排引脚分别由两侧引出，在家用电子产品中十分常见。图2-33为双列直插型集成电路的实物外形。

图2-33　双列直插型集成电路

4 扁平封装型集成电路

如图2-34所示为扁平封装型集成电路的实物外形。这种集成电路的引脚数目较多，且引脚之间的间隙很小，在数码产品中十分常见。

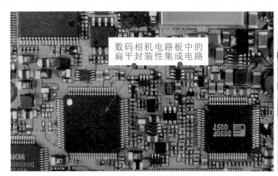

图2-34　扁平封装型集成电路

5 针脚插入型集成电路

如图2-35所示为针脚插入型集成电路的实物外形。这种集成电路多应用于高智能化的数字产品中。如计算机中的中央处理器（CPU）多采用针脚插入型封装形式。

图2-35　针脚插入型集成电路

6 **球栅阵列型集成电路**

如图2-36所示为球栅阵列型集成电路的实物外形。球栅阵列型集成电路体积小、引脚在集成电路的下方（因此在集成电路四周看不见引脚），形状为球形，采用表面贴片焊装技术，广泛的应用在小型数码产品之中，如新型手机以及数码相机、摄录一体机等数码产品中很多集成电路采用该类形式。

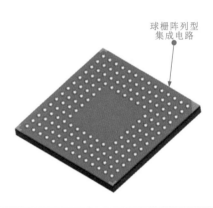

球栅阵列型
集成电路

数码摄录一体机中采用
球栅阵列型的集成电路

图2-36　球栅阵列型集成电路

2.5.2 **集成电路的应用**

集成电路具有体积小、质量轻、电路稳定、集成度高等特点，常作为控制器件对电路进行控制。图2-37为集成电路在电路中的控制应用。

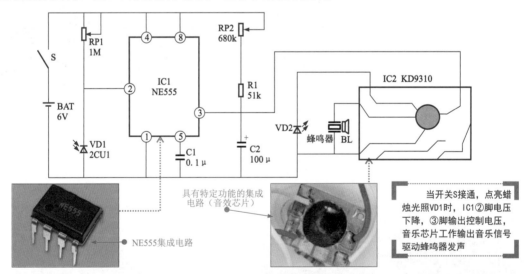

当开关S接通，点亮蜡
烛光照VD1时，IC1②脚电压
下降，③脚输出控制电压，
音乐芯片工作输出音乐信号
驱动蜂鸣器发声

具有特定功能的集成
电路（音效芯片）

NE555集成电路

图2-37　集成电路在电路中的控制应用

图2-37中IC1是音乐芯片，它就是一种典型的具有特定功能的电路，被制作在一个小芯片中，可以作为一个独立的器件应用到各种各样需要发出声音的电路中，除此之外，该电路中还应用到了一个NE555集成电路，该集成电路内部集成由门电路、逻辑电路等，其应用十分广泛。

第3章 电子电路基础

3.1   电流和电压

3.1.1 | 电路中的电流

在导体的两端加上电压，导体的电子就会在电场的作用下做定向运动，形成电子流，称之为"电流"。在分析和检测电路时，规定"正电荷的移动方向为电流的正方向"。但应指出金属导体中的电流实际上是"电子"的定向运动，因而规定的电流的方向与实际电子运动的方向相反。这里可以理解为，正电荷和负电荷的运动方向是相对的。犹如火车和铁道之间的关系，如坐在火车上看铁道，好像铁道是向相反的方向运动的。电流的形成如图3-1所示。

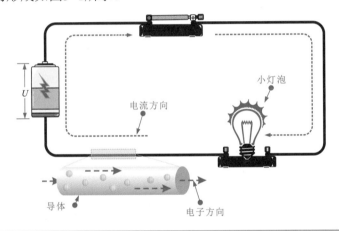

图3-1 电流的形成

提示说明

电流的大小用"电流强度"来表示，用大写字母"I"或小写字母"i"来表示，指的是单位时间内通过导体横截面积的电荷量。若在t秒内通过导体横截面积的电荷量是Q库伦，则电流强度可用$I=Q/t$计算。

如果在1s内通过导体截面积的电荷量是1C，那么导体中的电流强度为1A。电流强度的单位为"安培"，简称"安"，用大写字母A表示。根据不同的需要，还可以用"千安"（kA）、"毫安"（mA）和"微安"（μA）来表示。其换算关系为

$$1kA=1000A$$
$$1A=10^3mA$$
$$1A=10^6\mu A$$

为了方便，常常将电流强度简称"电流"，可见电流不仅表示一种物理现象，而且也代表一个物理量。

电流有直流和交流之分，如图3-2所示。

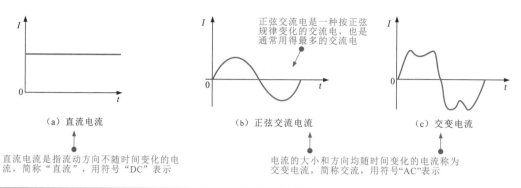

（a）直流电流　　　　　　　　（b）正弦交流电流　　　　　　　（c）交变电流

直流电流是指流动方向不随时间变化的电流，简称"直流"，用符号"DC"表示

电流的大小和方向均随时间变化的电流称为交变电流，简称交流，用符号"AC"表示

图3-2　直流和交流的波形图线

3.1.2 | 电路中的电压

电压是表征信号能量的三个基本参数之一。在电子电路中，电路的工作状态如谐振、平衡、截止、饱和以及工作点的动态范围，通常都以电压的形式表现出来。

图3-3是电源、电器元件和开关组成的电路，图中的a和b表示电池的正、负极。正极带正电荷，负极带负电荷。根据物理学的知识，在电池的a、b之间要产生电场，如果用导体将电池的正极和负极连接起来，则在电场的作用下，正电荷就要从正极经连接导体流向负极，这说明电场对电荷做了功。为了衡量电场力对电荷做功的能力，便引入"电压"这一物理量，用符号"U"（或小写u）表示，它在数值上等于电场力把单位正电荷从a点移动到b点所做的功。用W表示电场所做的功，q表示电荷量，则

$$U_{ab}=W/q$$

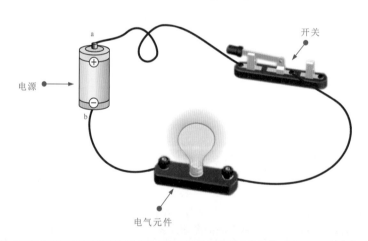

图3-3　由电源、电气元件和开关组成的电路

通常两点间的电压也称为两点间的电位差，即

$$U_{ab}=U_a-U_b$$

上面公式中的U_a表示a点的电位，U_b表示b点的电位。电位可认为是某点与零电位点之间的电位差。在图3-3中，以b点为基准零电位，则a点相对于b点的电位为1.5V，即电池的输出电压。

所谓电压就是带正电体A与带负电体B之间的电势差（电压）。也就是说，由电引起的压力使原子内的电子移动，形成电流，该电流流动的压力就是电压。

图3-4为电压的演示模型。

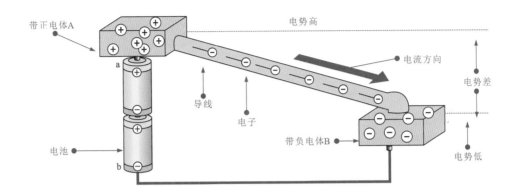

图3-4　电压的演示模型

提示说明

从图3-4中可以看出，正电荷在电场的作用下从高电位向低电位流动。这样随着电池的消耗（电池内阻会增加），电能下降，正极a因此而使电位逐渐降低。其结果使a和b两电极的电位差逐渐减小，则电路中供给灯泡的电流也相应减小。

为了维持电流不断地在灯泡中流通，并保持恒定，也就是要使负极b上所增加的正电荷能回到正极a。但由于电场力的作用，负极b上的正电荷不能逆电场而上，因此必须要有另一种力能克服电场力而使负极b上的正电荷流向正极a，这就是电源力。充电电池就是根据这个原理开发的。电源力对电荷做功的能力通常用电动势Eba来衡量，它在数值上等于电源力把单位正电荷从电源的低电位端（负极）b经电源内部移到高电位端（正极）a所做的功，即

$$Eba = W/Q$$

电压和电动势都有方向（但不是矢量），电压方向规定为由高电位端指向低电位端，即电位降低的方向；而电动势的方向规定为在电源内部由低电位端指向高电位端，即电位升高的方向，如图3-5所示。在外电路中电流的方向是从正极流向负极的。

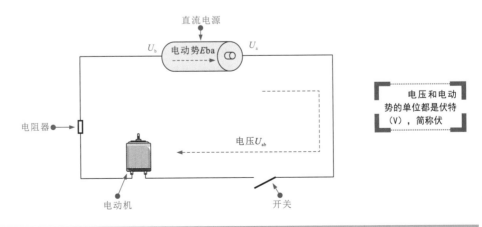

图3-5　电压和电动势的方向

3.2 欧姆定律

3.2.1 欧姆定律的概念

在电路中，流过电阻器的电流与电阻器两端的电压成正比，这就是欧姆定律的基本概念，它是电路中最基本的定律之一。

欧姆定律有两种形式，即部分电路中的欧姆定律和全电路中的欧姆定律。

1 部分电路的欧姆定律

如图3-6所示，当在电阻器两端加上电压时，电阻器中就有电流通过。通过实验可知：流过电阻器的电流I与电阻器两端的电压U成正比，与电阻值R成反比。这一结论称为部分电路的欧姆定律。用公式表示为

$$I = \frac{U}{R}$$

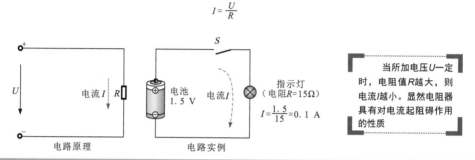

当所加电压U一定时，电阻值R越大，则电流I越小。显然电阻器具有对电流起阻碍作用的性质

图3-6 部分电路中的欧姆定律

提示说明

欧姆定律表示电压（U）与电流（I）及电阻（R）之间的关系，即电路中的电流（I）与电路中所加的电压（U）成正比，与电路中的负载电阻（R）成反比，如图3-7所示。

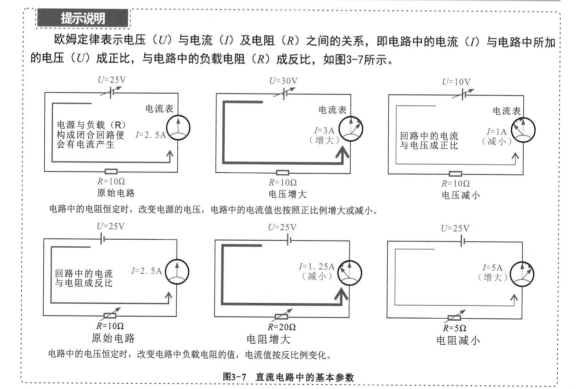

图3-7 直流电路中的基本参数

　　根据在电路上所选电压和电流正方向的不同，欧姆定律的表达式中可带有正号或负号，如图3-8所示。当电压和电流的正方向一致时，则

$$U = IR$$

当两者的正方向相反时，则

$$U = -IR$$

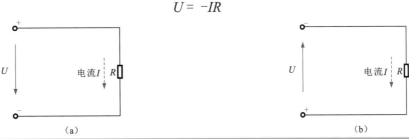

（a）　　　　　　　　　　　　　　　　　　　　　（b）

图3-8　电压和电流的正方向相反

　　表达式中的正负号是根据电压和电流正方向得出的。对于图3-8（a）来说，假定上端为"+"（高电位端），下端为"-"（低电位端），而电流（I）的方向则由高电位端流向低电位端，这时电压U和电流I均为正值；而对于图3-8（b）来说，电流由低电位端流向高电位端，因而I为负值。

　　如果以电压为纵坐标，电流为横坐标，可以画出电阻器的U-I关系曲线，称为电阻元件的伏安特性曲线，如图3-9所示。由图可见，电阻器的伏安特性曲线是一条直线，所以电阻元件是线性元件。

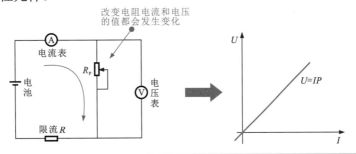

图3-9　电流与电压和电阻的关系

2 全电路的欧姆定律

　　含有电源的闭合电路称为全电路。如图3-10所示，在全电路中，电流与电源的电动势成正比，与电路中的内电阻（电源的电阻）和外电阻之和成反比，这个规律称为全电路的欧姆定律。

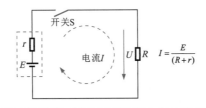

图3-10　全电路中的欧姆定律

电路闭合时，电源端电压应为$U = E - Ir$。该式表明了电压随负载电流变化的关系，这种关系称为电源的外特性，用曲线表示电源的外特性称为电源的外特性曲线，如图3-11所示。从外特性曲线中可以看出，电源的端电压随着电流的变化而变化，当电路接小电阻器时，电流增大，端电压就下降；否则，端电压就上升。

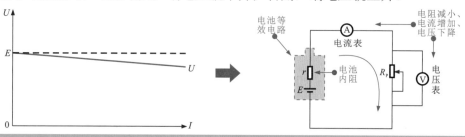

图3-11　电源的外特性曲线

3.2.2　欧姆定律的应用

根据欧姆定律可计算出电路中的各种物理量；利用欧姆定律，可对电路测量结果进行分析和判别。

1 电路中各个物理量的计算

在电路中已知电阻（R）、电流（I）和电压（U）三个值中的任意两个值，即可求出第三个值，如图3-12所示。

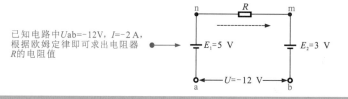

已知电路中$U_{ab}=-12V$，$I=-2$ A，根据欧姆定律即可求出电阻器R的电阻值

a点的电位比b点的电位低12V，n点的电位比b点的电位低12-5=7V，m点的电位比b点的电位高3V，则n点的电位比m点的电位低7+3=10 V即$U_{nm}=-10V$
由欧姆定律可得出
$$R = \frac{U_{nm}}{I} = \frac{-10}{-2} = 5\Omega$$

图3-12　简单电路

2 判断电路中电阻器的好坏

如图3-13所示，已知该电路中R_1和R_2是同型号的电阻器，但电阻的标称值等已经看不清。当该电路出现故障时，可利用欧姆定律分别检测电阻器R_1和R_2两端的电压来判别电阻器是否出现故障。

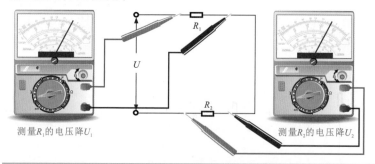

根据欧姆定律可知，此电路中电流处处相等，而电阻器R_1和R_2属同型号的电阻器，则R_1与R_2两端的电压应相等。若测得R_1与R_2的电压值U_1与U_2相等，则R_1与R_2均正常；如果其中1个电阻器两端的电压值等于电源电压，而另一个电压值为0，则前者有断路情况

测量R_1的电压降U_1　　　　测量R_2的电压降U_2

图3-13　利用欧姆定律检测电路中的电阻器

3.3　直流电路

3.3.1　电路的工作状态

直流电路的工作状态可分为有载工作状态、开路状态和短路状态三种。

1　有载工作状态

如图3-14所示，直流电路的有载状态是指该电路可以构成电流的通路，可为负载提供电源，使其能够正常工作的一种状态。

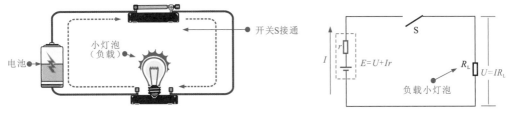

若开关S闭合，即将照明灯和电池接通，则此电路就处于有载工作状态。通常电池的电压和内阻是一定的，因此负载小灯泡的电阻值R_L越小，电流I越大。R_L表示照明灯的电阻，r表示电池的内阻，E表示电源电动势。

图3-14　直流电路的有载状态

2　开路状态

直流电路的开路状态是指该电路中没有闭合，电路处于断开的一种状态，此时没有电流流过，如图3-15所示。

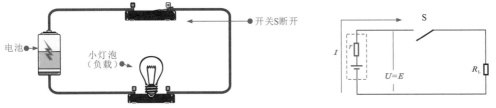

将开关S断开，电路处于开路（也称空载）状态。开路时，电路的电阻对电源来说为无穷大，因此电路中的电流为零，这时电源的端电压U（称为开路电压或空载电压）等于电源电动势E

图3-15　开关断开后的开路状态

3　短路状态

直流电路的短路状态是指该电路中没有任何负载，电源线直接相连，该情况通常会造成电器损坏或火灾的情况，如图3-16所示。

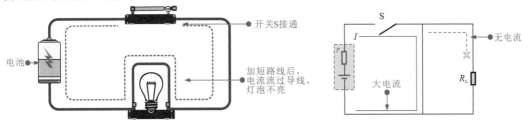

在电路中将负载短路，电源的负载几乎为零，根据欧姆定律$I=U/R$，理论上电流会无穷大，电池或导线因过大的电流而损坏

图3-16　电路中的短路状态

3.3.2 电路的连接状态

在实际应用电路中，只接一个负载的情况很少。由于在实际的电路中不可能为每个晶体管和电子器件都配备一个电源，因此，在实际应用中总是根据具体的情况把负载按适当的方式连接起来，达到合理利用电源或供电设备的目的。电路中常见的连接形式有串联、并联和混联三种。

1 串联电路

常见的串联电路有电阻器的串联、电容器的串联、电感器的串联。

（1）电阻器的串联。把两个或两个以上的电阻器依次首尾连接起来的方式称为串联。图3-17为电阻器的串联电路。

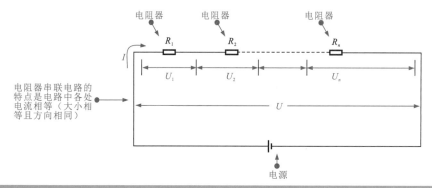

图3-17　电阻器的串联电路

提示说明

如果电阻器串联到电源两极，则电路中各处电流相等，有
$$U_1 = IR_1 \ , \ U_2 = IR_2 \ , \ U_n = IR_n$$
而 $U = U_1 + U_2 + \cdots\cdots + U_n$，所以有 $U = I(R_1 + R_2 + \cdots\cdots R_n)$，因而串联后的总电阻R为 $R = U/I = R_1 + R_2 + \cdots\cdots + R_n$，即串联后的总电阻为各电阻之和。

（1）电容器的串联。电容器是由两片极板组成的，具有存储电荷的功能。电容器所存的电荷量（Q）与电容器的容量和电容器两极板上所加的电压成正比。

图3-18为电容器上电量与电压的关系。

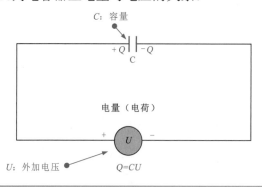

串联电路中各点的电流相等。当外加电压为 U 时，各电容器上的电压分别为 U_1、U_2、U_3，三个电容器上的电压之和等于总电压

图3-18　电容器上电量与电压的关系

图3-19为三个电容器串联的电路示意图及计算方法。串联电容器的合成电容量的倒数等于各电容器电容量的倒数之和。

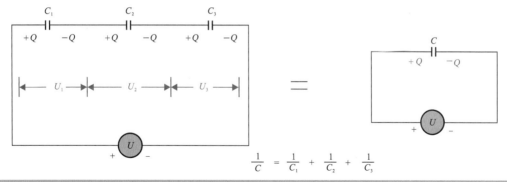

$$\frac{1}{C} = \frac{1}{C_1} + \frac{1}{C_2} + \frac{1}{C_3}$$

图3-19 三个电容器串联的电路示意图及计算方法

提示说明

如果电容器上的电荷量都为同一值Q，则

$$U_1 = \frac{Q}{C_1} \ , \ U_2 = \frac{Q}{C_2} \ , \ U_3 = \frac{Q}{C_3}$$

将串联的三个电容器视为1个电容器C，则

$$\frac{Q}{C} = \frac{Q}{C_1} + \frac{Q}{C_2} + \frac{Q}{C_3}$$

即

$$\frac{1}{C} = \frac{1}{C_1} + \frac{1}{C_2} + \frac{1}{C_3}$$

当电容器串联代用时，如果它们的电容量不相同，则电容量小的电容器分得的电压高。所以，在串联代用时，最好选用电容量与耐压均相同的电容器，否则电容量小的电容器有可能由于分得的电压过高而被击穿。

（3）电感器的串联。图3-20为三个电感器串联的电路示意图及计算方法，串联电路的电流都相等，电感量与线圈的匝数成正比。

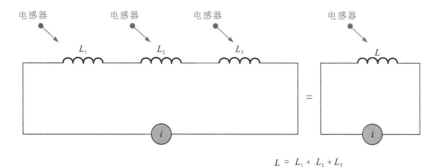

$$L = L_1 + L_2 + L_3$$

图3-20 三个电感器串联的电路示意图及计算方法

提示说明

电感器串联电路中，总电感量的计算方法与电阻器串联电路计算总电阻值的方法相同，即

$$L=L_1+L_2+L_3$$

2 并联电路

根据电路元器件的类型不同，并联电路又可以分为电阻器的并联、电容器的并联、电感器的并联等几种。

（1）电阻器的并联。把两个或两个以上的电阻器（或负载）按首首和尾尾连接起来的方式称为电阻器的并联。图3-21为电阻器的并联电路。在并联电路中，各并联电阻器两端的电压是相等的。

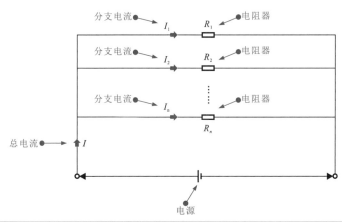

图3-21　电阻器的并联电路

提示说明

由图3-21可见，假定将并联电路接到电源上，由于并联电路各并联电阻器两端的电压相同，因而根据欧姆定律有$I_1=U/R_1$，$I_2=U/R_2$，……$I_n=U/R_n$，而$I=I_1+I_2+……+I_n$，所以有

$$I = U\left(\frac{1}{R_1} + \frac{1}{R_2} + \cdots\cdots \frac{1}{R_n} \right)$$

电路的总电阻（R）与电压（U）和总电流（I）也应满足欧姆定律，即I=U/R，因而可得

$$\frac{1}{R} = \frac{1}{R_1} + \frac{1}{R_2} + \cdots\cdots \frac{1}{R_n}$$

说明并联电路总电阻的倒数等于各并联支路各电阻的倒数之和。通常把电阻的倒数定义为电导，用字母G表示。电导的单位是西门子，用S表示。

规定

$$\frac{1}{1\Omega} = 1S$$

因而电导式就可改写成

$$G=G_1+G_2+……+G_n$$

式中

$$G = \frac{1}{R} ，\quad G_1 = \frac{1}{R_1} ，\quad G_2 = \frac{1}{R_2} ，\quad \cdots\cdots G_n = \frac{1}{R_n}$$

可见，并联电阻器的总电导等于各并联支路电导之和。

电阻器并联电路的主要作用是分流。当几个电阻器并联到一个电源电压两端时，通过每个电阻器的电流与其电阻值成反比。在同一个并联电路中，电阻值越小，流过的电流越大；相同值的电阻，流过的电流相等。

（2）电容器并联。图3-22为三个电容器并联的电路示意图及计算方法，总电流等于各分支电流之和。给三个电容器加上电压U，各电容器上所储存的电荷量分别为$Q_1=C_1 U$、$Q_2=C_2 U$和$Q_3=C_3 U$。

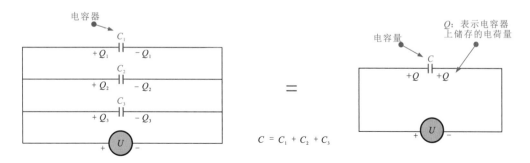

$$C = C_1 + C_2 + C_3$$

图3-22　三个电容器并联的电路示意图及计算方法

（3）电感器并联。图3-23为三个电感器并联的电路示意图及计算方法，并联电感的倒数等于三个电感的倒数之和。即

$$\frac{1}{L} = \frac{1}{L_1} + \frac{1}{L_2} + \frac{1}{L_3}$$

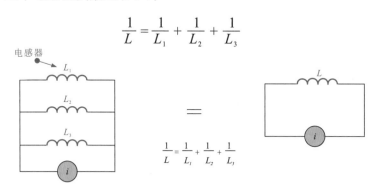

$$\frac{1}{L} = \frac{1}{L_1} + \frac{1}{L_2} + \frac{1}{L_3}$$

图3-23　三个电感器并联的电路示意图及计算方法

3　混联电路

　　在一个电路中，把既有电阻器串联又有电阻器并联的电路称为混联电路，图3-24是简单的电阻器混联电路。

　　电路中，电阻器R_2和R_3并联连接，R_1和R_2、R_3并联后的电路串联连接，该电路中总电阻值为三只电阻器混联计算后的电阻值。

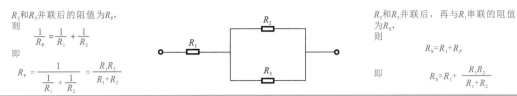

R_2和R_3并联后的阻值为R_P，则

$$\frac{1}{R_P} = \frac{1}{R_1} + \frac{1}{R_2}$$

即

$$R_P = \frac{1}{\frac{1}{R_1} + \frac{1}{R_2}} = \frac{R_1 R_2}{R_1 + R_2}$$

R_2和R_3并联后，再与R_1串联的阻值为R_S，则

$$R_S = R_1 + R_P$$

即

$$R_S = R_1 + \frac{R_1 R_2}{R_1 + R_2}$$

图3-24 简单的电阻器混联电路

分析混联电路可采用下面的两种方法。

（1）利用电流的流向及电流的分合将电路分解成局部串联和并联的方法。图3-25为电阻器的混联电路，分析电路，计算出A、B两端的等效电阻值。

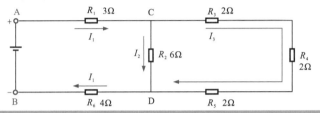

图3-25 混联电路

（2）利用电路中等电位点分析混联电路。图3-26为利用电路中等电位点分析混联电路。

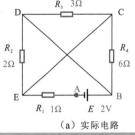 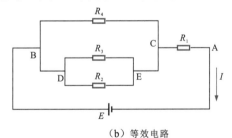

（a）实际电路 （b）等效电路

图3-26 利用电路中等电位点分析混联电路。

第4章 组合电路与放大电路

4.1 简单组合电路

4.1.1 RC电路

　　RC电路是一种由电阻器和电容器按照一定的方式进行连接的电路。根据不同的应用场合和功能，RC电路通常有三种结构形式，一种是RC串联电路，一种是RC并联电路，另一种是RC串并混联电路，如图4-1所示。

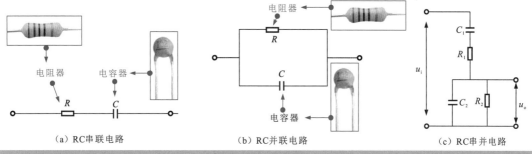

（a）RC串联电路　　　　　（b）RC并联电路　　　　　（c）RC串并电路

图4-1　RC电路的结构形式

1　RC串联电路特点

　　电阻器和电容器串联连接后的组合再与交流电源连接，称为RC串联电路。图4-2为典型的RC串联电路。

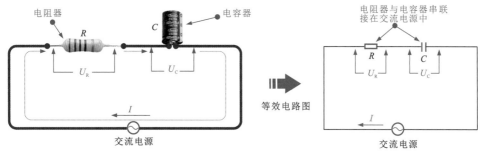

RC串联电路中的电流引起电容器和电阻器上的电压降，这些电压降与电路中的电流及各自的电阻值或容抗值成比例。电阻器电压U_R和电容器电压U_C用欧姆定律表示为$U_R=I \times R$、$U_C=I \times X_C$（X_C为容抗）

图4-2　典型的RC串联电路

> **提示说明**
>
> 　　在纯电容器电路中，电压和电流相互之间的相位差为90°。在纯电阻器电路中，电压和电流的相位相同。在同时包含电阻器和电容器的电路中，电压和电流之间的相位差在0和90°之间。当RC串联电路连接于一个交流电源时，电压和电流的相位差在0～90°之间。相位差的大小取决于电阻和电容的比例，相位差均用角度表示。

在一些通信类的电子产品中，经常使用RC串联后构成滤波电路。滤波器可以过滤掉特定频率的信号或允许特定频率的信号通过。滤波电路可以将所需信号和不需要的信号分离开来，阻止干扰信号，提高所需要信号的质量。

由RC串联电路构成滤波器主要分为低通和高通滤波器两种。电容器在电路中的位置决定了滤波器是低通还是高通。

（1）RC串联电路构成的低通滤波器。低通滤波器的特性是从零到一个特定频率的所有信号可以自由的通过并传输到负载，高频信号被阻止或削弱。图4-3为典型RC串联组成的低通滤波器及其频率响应曲线。

（a）低通滤波器电路　　　　　　（b）低通滤波器的频率响应曲线

图4-3 典型RC串联组成的低通滤波器及其频率响应曲线

提示说明

图4-3（a）输入电压加在串联的电阻器和电容器上，信号从电容器两端输出。电阻与电容组成一个分压电路，其输出的分压比例和电阻值（R）与容抗值（X_c）有关。当输入信号的频率变化时，电阻的值不会变化，但电容的阻抗（X_c）会随频率的升高而减小。在低频时，X_c大于R，大部分输入信号可以出现在输出端，在很高的频率时，X_c远小于R，输出的信号会很小。

图4-3（b）为低通滤波器的频率响应曲线。曲线给出了输出的电压值和频率的关系。当频率为0Hz或输入为直流时，电容的阻碍作用最大，而且输出电压等于输入电压。随着频率增加，X_c开始减小，并且输出电压也开始下降。在截止频率（f_0）处，输出电压大约等于输入电压的70%。在达到截止频率后，输出电压以恒定的斜率下降。

（2）RC串联电路构成的高通滤波器。高通滤波器用于阻止从零到一特定频率的所有信号，但该特定频率以上的高频信号可自由通过。图4-4为典型RC串联电路组成的高通滤波器及频率响应曲线。

（a）高通滤波器电路　　　　　　（b）高通滤波器的频率响应曲线

图4-4 典型RC串联电路组成的高通滤波器及频率响应曲线

提示说明

图4-4中，滤波器是由电容器C和电阻器R组成的分压电路。输出信号取自电阻器的两端。输入低频信号时，电容器的阻抗（容抗X_c）很大，输出信号的幅度很小；随着频率升高，容抗变小，输出信号的幅度逐渐增加。当输入频率很高时，容抗值非常低。因此，对于更高的频率，电容器相当于短路，输出几乎等于输入。

2 RC并联电路特点

电阻器和电容器并联连接于交流电源的组合称为RC并联电路，如图4-5所示。

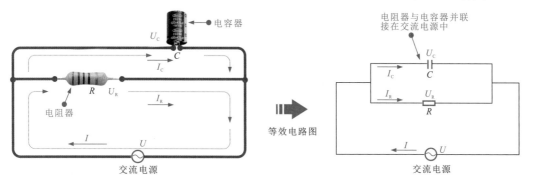

与所有并联电路相似，在RC并联电路中，电压U直接加在各个支路上，因此各支路的电压相等，都等于电源电压，即$U=U_R=U_C$，并且三者之间的相位相同

图4-5 典型RC并联电路

3 RC串、并混联电路特点

RC串并混联电路是指既包含RC串联又包含RC并联的电路，该电路同时具备RC串联和并联电路的特点，如图4-6所示。

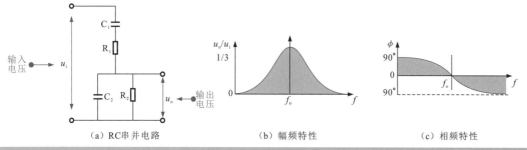

（a）RC串并电路　　　　　（b）幅频特性　　　　　（c）相频特性

图4-6 RC串、并混联电路及频率特性

提示说明

　　图4-6（b）的幅频特性表明RC串并联电路具有选频能力，这是因为电容的容抗是频率的函数。因而，当u_i的幅度固定，仅改变信号频率时，u_o的幅度也随频率的改变而不同。当$f=0$时，C_1相当于开路，$u_o=0$；f增大，C_1容抗减小，电流i增加，u_o的输出增加，且随f进一步增大，u_o也增大。但由于C_2的容抗也随f升高而减小。因此，当f增大到某个值后，若继续增大f，这时u_o反而下降；当f增加到一定程度时，u_o趋近于0。显然，频率f从0到某值时，u_o的幅度经历了一个从小到大，再从大到小的过程。这中间存在一个幅度最大的频率点，这个频率就是谐振频率f_0，它近似为

$$f_0 = \frac{1}{2\pi\sqrt{R_1 C_1 R_2 C_2}}$$

当$R_1=R_2=R$，$C_1=C_2=C$时，上式可简化为

$$f_0 = \frac{1}{2\pi RC}$$

　　图4-6（c）的相频特性说明：当u_i的频率为零时，u_o超前u_i 90°；当u_i的频率趋于无穷大时，u_o滞后u_i 90°；只有当$f=f_0$时，u_o与u_i同相。综上所述，RC串并联电路在特殊频率点上具有输出与输入同相且输出幅度最大（等于输入幅度的1/3）的特点。

RC串、并联电路可用于构成RC正弦波振荡电路（RC振荡器），用来产生频率在200 kHz以下的低频正弦信号，电路结构简单，易于调节，因此应用比较广泛。

常见的RC正弦波振荡电路有桥式、移相式和双T式等几种，如图4-7所示。

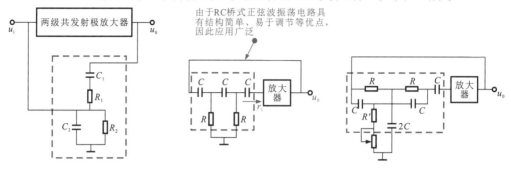

（a）RC桥式正弦波振荡电路方框图　　（b）RC移相振荡电路方框图　　（c）双T选频网络振荡电路

图4-7　典型RC正弦波振荡电路方框图

RC正弦波振荡电路利用电阻器和电容器的充放电特性构成的。RC的值选定后它们的充放电的时间（周期）就固定为一个常数，也就是说它有一个固定的谐振频率。

（1）RC桥式正弦波振荡电路。RC桥式振荡电路是指采用桥接形式产生正弦波的一种振荡器，一般只能用于两级共射极放大电路中。

图4-8为RC桥式振荡电路的结构和简化电路。图中当$R=R_1=R_2$，$C=C_1=C_2$时，振荡频率计算公式为$f_0=\pi RC/2$。

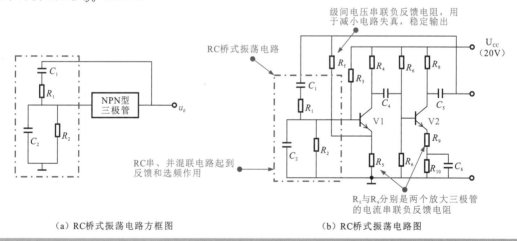

（a）RC桥式振荡电路方框图　　　　（b）RC桥式振荡电路图

图4-8　RC桥式振荡电路

（2）RC移相振荡电路。RC移相振荡电路由一级基本放大电路和三节RC移相电路组成。图4-9为RC移相振荡电路方框图和电路图。

在RC移相振荡电路中，C_1和R_1、C_2和R_2构成两级RC网络，第三级RC网络由C_3、R_{b1}和三极管V放大电路的输入电阻R_i组成，而且在图中通常选取$C_1=C_2=C_3=C$，$R_1=R_2=R$。因为基本放大电路在其通频带范围内 $\phi_A=180°$，若要求满足相位平衡条件，反馈网络还必须使通过它的某一特定频率的正弦电压再移相180°。

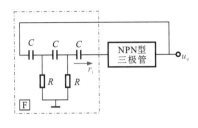

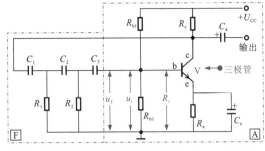

（a）RC移相振荡电路方框图   （b）RC移相振荡电路图

图4-9   RC移相振荡电路方框图和电路图

图4-9中的RC电路有超前移相的作用。一级RC电路的最大移相不超过90°，不能满足振荡的相位条件；两级RC电路的最大相移可以达到180°，但在接近180°时，超前移相RC网络的频率必然很低，此时输出电压已接近于零，也不能满足振荡的幅值条件，所以实际上至少要用三级RC电路来移相使之达180°，才能满足相位平衡条件。

> **提示说明**
>
> 移相振荡器的振荡频率不仅与每节的R、C元件的取值有关，而且还与放大电路的负载电阻器R_c和输入电阻器R_i有关。通常为了设计的方便，使每级的R、C元件的取值完全一样，且令$R_c=R$，$R>>R_i$。当满足这些条件后，移相振荡器的振荡频率为
>
> $$f_0 = \frac{1}{2\sqrt{6}\pi RC}$$
>
> 为了满足起振要求，三极管的β值应大于或等于29（这个条件很容易满足）。β越大，起振越容易。
>
> 在电路中，为了减小负载对振荡电路的影响，通常在输出端加一级射极输出器，在分析振荡频率和振荡条件时，可暂不考虑它的作用。
>
> RC移相振荡电路具有结构简单、经济、方便等优点；缺点是选频性能较差，频率调节不方便，由于没有负反馈，因此输出幅度不够稳定，输出波形较差，一般用于振荡频率固定且稳定性要求不高的场合，其频率范围为几赫到几十千赫。

（3）双T选频网络振荡电路。双T选频网络振荡电路是指由RC电路组成两个类似"T"型的振荡电路，该振荡电路实现选频功能。图4-10为RC双T选频网络振荡电路，当满足关系$R_3<R/2$时，振荡频率计算公式为$f_0=1/5RC$。

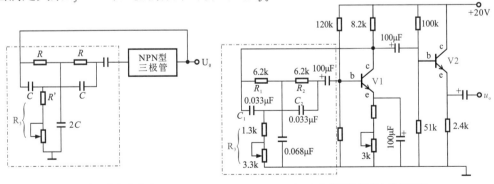

（a）双T选频网络振荡电路   （b）双T选频网络振荡电路原理图

图4-10   RC双T选频网络振荡电路

由于RC双T网络比RC串并联网络具有更好的选频特性，其缺点是频率调节比较困难，因此比较适用于产生单一频率的振荡电路。

提示说明

　　RC振荡电路的振荡频率均与R、C乘积成反比，如果需要振荡频率高的话，势必要求R或C值较小。这在制作上将有困难，因此RC振荡器一般来产生几赫至几百千赫的低频信号，若要产生更高频率的信号，则应采用LC正弦波振荡器。

4.1.2 LC电路

　　LC电路是一种由电容器和电感器按照一定的方式进行连接的电路。在电容器和电感器构成的LC电路中，根据电容器和电感器连接方式不同分为LC串联电路和LC并联电路，如图4-11所示。

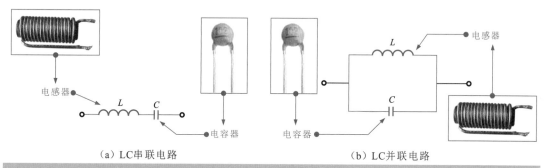

（a）LC串联电路　　　　　　　　　　　　（b）LC并联电路

图4-11　LC电路的结构形式

　　LC串联电路和LC并联电路中，感抗和容抗相等时，电路成为谐振状态，该电路称为LC谐振电路。LC谐振电路又可分为LC串联谐振电路和LC并联谐振电路两种。

1　LC串联谐振电路

　　LC串联谐振电路是指将电感器和电容器串联后形成的，且为谐振状态（关系曲线具有相同的谐振点）的电路。图4-12为LC串联谐振电路的结构及电流和频率的关系曲线。在串联谐振电路中，当信号接近特定的频率时，电路中的电流达到最大，这个频率称为谐振频率。

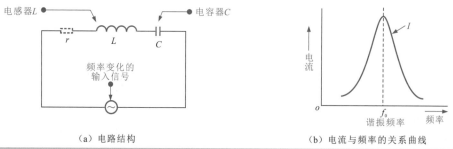

（a）电路结构　　　　　　　　　　　（b）电流与频率的关系曲线

图4-12　LC串联谐振电路的结构及电流和频率的关系曲线

　　图4-13为不同频率信号通过LC串联谐振电路后的情况示意图。当输入信号经过LC串联谐振电路时，根据电感和电容器的阻抗特性，频率较高的信号难于通过电感，而频率较低的通过电容器。在LC串联谐振电路中，在谐振频率f_0处阻抗最小，此频率的信号很容易通过电容器和电感器输出。此时LC串联谐振电路起到选频的作用。

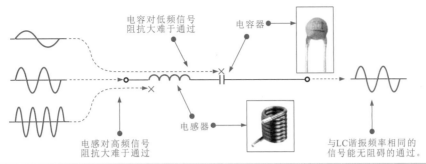

图4-13 不同频率信号通过LC串联谐振电路后的情况示意图

2 LC并联谐振电路

LC并联谐振电路是指将电感器和电容器并联后形成的，且为谐振状态（关系曲线具有相同的谐振点）的电路。图4-14为LC并联谐振电路的结构及电流和频率关系曲线。

在并联谐振电路中，如果线圈中的电流与电容中的电流相等，则电路就达到了并联谐振状态。在该电路中，除了LC并联部分以外，其他部分的阻抗变化几乎对能量消耗没有影响。因此，这种电路的稳定性好，比串联谐振电路应用的更多。

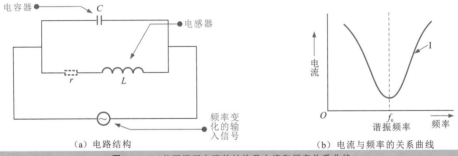

（a）电路结构　　　　　　　　（b）电流与频率的关系曲线

图4-14 LC并联谐振电路的结构及电流和频率关系曲线

图4-15为不同频率的信号通过LC并联谐振电路时的情况示意图。当输入信号经过LC并联谐振电路时，同样根据电感器和电容器的阻抗特性，较高频率的信号则容易通过电容器到达输出端，较低频率的信号则容易通过电感器到达输出端。由于LC回路在谐振频率f_0处的阻抗最大，谐振频率点的信号不能通过LC并联的振荡电路。

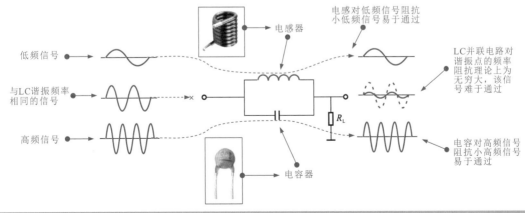

图4-15 不同频率的信号通过LC并联谐振电路时的情况示意图

提示说明

表4-1为串联谐振电路和并联电路的特性。

表4-1 串联谐振电路和并联电路的特性

参数	串联谐振电路	并联谐振电路
谐振频率（Hz）	$f_0 = \dfrac{1}{2\pi\sqrt{LC}}$	$f_0 = \dfrac{1}{2\pi\sqrt{LC}}$
电路中的电流	最大	最小
电源的负载	只有线圈的电阻	与电源同相，电抗很大
LC元件上的电流	等于电源电流	L和C中的电流反相、等值，大于电源电流，也大于非谐振状态的电流
LC元件上的电压	L和C的两端电压反相、等值，一般比电源电压高一些	电源电压

3 LC谐振电路的功能

根据LC串、并联谐振电路的谐振特性，其在电子电路中主要构成LC滤波器和振荡器两种。

（1）LC滤波器。根据输入信号传送到输出信号的频率分量，滤波器可以分为4种：低通、高通、带通和带阻。

在低通滤波器中，从零到某一个特定截止频率的所有信号可以自由地通过并传输到负载，高频信号被阻止或削弱。

高通滤波器可阻止从零到某一个特定频率的所有信号，但可让所有高频信号自由通过。

带通滤波器允许两个限制频率之间所有频率的信号通过，而高于上限或低于下限的频率的信号将被阻止。带通滤波器的简单电路形式及频率响应曲线如图4-16所示。

（a）串联谐振带通滤波器　　　　（b）串联谐振带通滤波器的频率响应曲线

图4-16 带通滤波器简单电路及频率响应曲线

带阻滤波器（陷波器）可阻止特定频率带的信号传输到负载。它用于滤除特定限制频率间的所有频率的信号，而高于上限频率或低于下限频率的信号将自由通过。带阻滤波器（陷波器）的简单电路形式及频率响应曲线如图4-17所示。

（a）带阻滤波器　　　　　　（b）带阻滤波器的频率响应曲线

图4-17 带阻滤波器（陷波器）的简单电路形式及频率响应曲线

图4-18为包含LC滤波器的稳压电源电路。

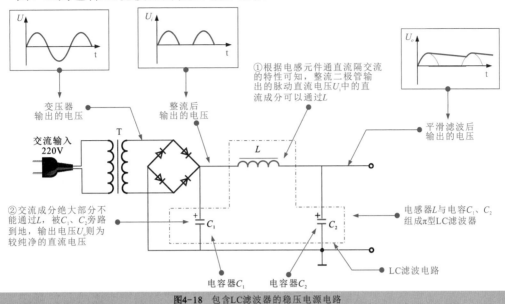

图4-18　包含LC滤波器的稳压电源电路

（2）LC振荡器。利用LC电路的谐振特性，在电路中常作为振荡器使用。LC振荡器按反馈信号的耦合方式可分为3类：变压器反馈式LC振荡器、电感反馈振荡器、电容反馈振荡器。

1）变压器反馈式LC振荡器又称互感耦合振荡器，由谐振放大器和反馈网络两部分组成。图4-19为变压器反馈式LC振荡器电路图，采用共发射极放大器，以LC并联谐振电路作为集电极交流负载。

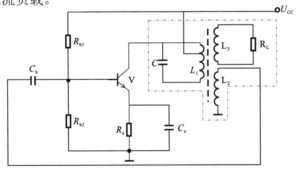

图4-19　变压器反馈式LC振荡器

当接上电源时，电流流过L_1和三极管V集电极，L_2会有感应电流，该电流会反馈到三极管的基极，由于三极管的放大作用而形成正反馈，由于L_1、C具有选频功能，会形成谐振，振荡频率等于L_1、C的谐振频率，振荡信号再通过L_1与L_3的互感耦合，在负载R_L上输出正弦波信号。

2）电感反馈振荡器又称为电感三点式振荡电路或哈特莱振荡器。图4-20为电感反馈振荡器及等效电路。电路中，放大器采用共基极接法，R_{b1}、R_{b2}和R_e构成直流偏置电路。C_b为交流旁路电容。C_e用于隔直流，避免发射极e的直流电位经电感接到电源，从而与集电极为等电位，使三极管截止而无法起振。

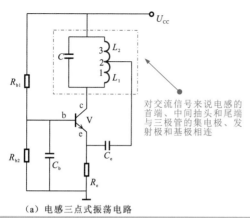
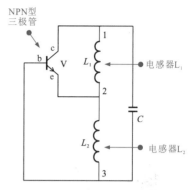

（a）电感三点式振荡电路　　　　　　　　　　　（b）电感三点式交流等效电路

图4-20 电感反馈振荡器及等效电路

图4-20电路中的LC并联谐振电路中的电感器有首端、中间抽头和尾端3个端点，其交流通路分别与电路的集电极、发射极和基极相连。反馈信号取自电感上的电压，因此，习惯上将这种电路称为电感三点式振荡电路或电感反馈式振荡电路。

提示说明

电感反馈振荡器的优点是容易起振，输出电压幅度较大，改变C的容量可以使振荡频率在较大范围内连续可调，在需要改变频率的场合应用较广。缺点是反馈电压取自L_2，它对高次谐波的阻抗大，因而引起振荡回路输出谐波部分增大，输出波形失真度较大。这种电路适用于波形要求不高的场合。

3）电容反馈振荡器又称为电容三点式振荡电路或考毕兹振荡器，电容三点式振荡电路又可以分为串联型改进电容三点式振荡器（克拉泼振荡器）和并联型改进电容三点式振荡器（西勒振荡器）。图4-21为电容反馈振荡器及等效电路。

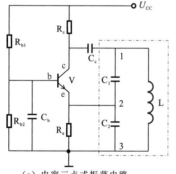
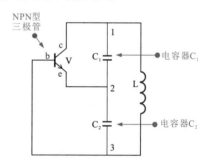

（a）电容三点式振荡电路　　　　　　　　　　　（b）电容三点式交流等效电路

图4-21 电容反馈振荡器及等效电路

图4-21中采用的振荡管为三极管，R_{b1}、R_{b2}和R_e构成稳定偏置电路；电容器C_b用于交流旁路；C_e用于隔直流，避免集电极直流电位经电感接到地。由于三极管的3个电极分别与C_1、C_2的3个引出点相连接（交流电路），故称为电容三点式振荡器。和电感三点式一样，电容三点式振荡电路也有L_C并联谐振回路。

提示说明

电容反馈振荡器的优点是：由于反馈电压取自C_2的两端，它对高次谐波的阻抗小，因而可将高次谐波滤除掉，所以输出波形好，振荡频率最高可达100MHz。其缺点是：通过调节电容可调频率，但同时也影响到起振条件，为了保持反馈系数不变，必须同时调节电容C_1和C_2，较为不便。该电路适用于对波形要求较高而振荡频率固定的场合。

4.2 基本放大电路

基本放大电路是电子电路中的基本构成元素，电子产品中为了满足电路中不同元器件对信号幅度以及电流的要求，需要对电路中的信号、电流等进行放大，用来确保设备的正常工作。在这个过程中，完成对信号放大的电路被称为基本的放大电路。

三极管主要有NPN型和PNP型两种。由这两种三极管构成的基本放大电路各有三种，即共射极（e）放大电路、共基极（b）放大电路和共集电极（c）放大电路。

4.2.1 共射极放大电路

共射极放大电路是三极管放大电路的一种。共射极放大电路是指将三极管的发射极作为公共接地端的电路。

1 共射极放大电路的结构

图4-22为共射极放大电路的基本结构，该电路主要是由三极管V、偏置电阻器R_{b1}、R_{b2}、负载电阻R_L和耦合电容C_1、C_2等组成的。

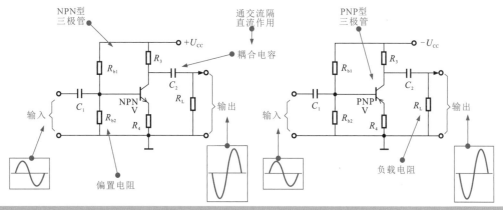

图4-22 共射极（e）放大电路的基本结构

输入信号加到三极管基极（b）和发射极（e）之间，而输出信号又取自三极管的集电极（c）和发射极（e）之间，由此可见发射极（e）为输入信号和输出信号的公共接地端。

> **提示说明**
>
> NPN型与PNP型三极管放大电路的最大不同之处在于供电电源的极性：
> 采用NPN型三极管的放大电路，供电电源是正电源送入三极管的集电极（c）；
> 采用PNP型三极管的放大电路，供电电源是负电源送入三极管的集电极（c）。

2 共射极放大电路的基本功能

共射极放大电路常作为电压放大器来使用，在各种电子设备当中广泛使用。它的最大特色是具有较高的电压增益，由于输出阻抗比较高，因此这种电压放大器的带负载能力比较低，不能直接驱动扬声器等低阻抗的负载。

图4-23为共射极放大电路的功能示意图。

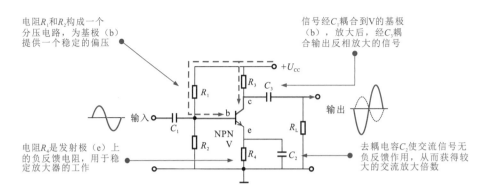

电阻R_1和R_2构成一个分压电路，为基极（b）提供一个稳定的偏压

信号经C_1耦合到V的基极（b），放大后，经C_3耦合输出反相放大的信号

电阻R_4是发射极（e）上的负反馈电阻，用于稳定放大器的工作

去耦电容C_2使交流信号无负反馈作用，从而获得较大的交流放大倍数

图4-23 共射极放大电路的功能示意图

提示说明

图4-23中，$+U_{cc}$是电压源；电阻R_1和R_2构成一个分压电路，通过分压给基极（b）提供一个稳定的偏压；电阻R_3是集电极负载电阻，交流输出信号经电容C_3输出加到负载电阻上；电阻R_4是发射极（e）上的负反馈电阻，用于稳定放大器工作，该电阻值越大，整个放大器的放大倍数越小；电容C_1是输入耦合电容；电容C_3是输出耦合电容；与电阻R_4并联的电容C_2是去耦电容，相当于将发射极（e）交流短路，使交流信号无负反馈作用，从而获得较大的交流放大倍数。

共射极放大电路在工作时，既有直流分量又有交流分量，为了便于分析，一般将直流分量和交流分量分开识读，因此将放大电路划分为直流通路和交流通路。所谓直流通路，是放大电路未加输入信号时，放大电路在直流电源U_{cc}的作用下，直流分量所流过的路径。

（1）直流通路。所谓直流通路，是放大电路未加输入信号时，放大电路在直流电源U_{cc}的作用下，直流所流过的路径。由于电容对于直流电压可视为开路，可将电压放大器中的电容省去，如图4-24所示。

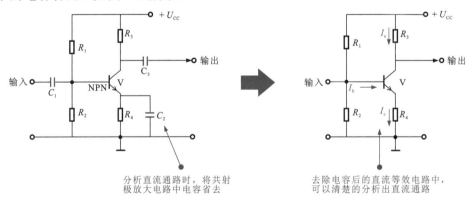

分析直流通路时，将共射极放大电路中电容省去

去除电容后的直流等效电路中，可以清楚的分析出直流通路

图4-24 共射极放大电路的直流通路

（2）交流通路。在交流电路分析中，由于直流供电电压源的内阻很小，对于交流信号来说相当于短路。对于交流信号来说电源供电端和电源接地端可视为同一点（电源端与地端短路）。发射极（e）通过电容C_2交流接地，如图4-25所示。

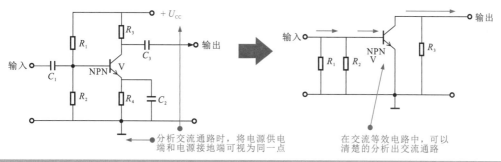

分析交流通路时，将电源供电端和电源接地端可视为同一点

在交流等效电路中，可以清楚的分析出交流通路

图4-25 共射极放大电路的交流通路

提示说明

NP三极管的放大作用可以理解为一个水闸。水闸上方储存有水，存在水压，相当于集电极上的电压。水闸侧面流入的水流称为基极电流I_b。当I_b有水流流过，冲击闸门时，闸门便会开启，这样水闸侧面很小的水流流量（相当于电流I_b）与水闸上方的大水流流量（相当于电流I_c）就汇集到一起流下（相当于发射极e的电流I_e），发射极便产生放大的电流。这就相当于三极管的放大作用，如图4-26所示。

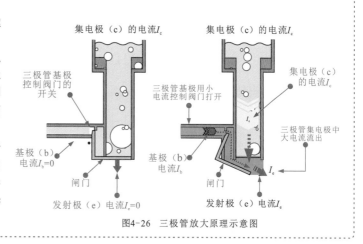

图4-26 三极管放大原理示意图

图4-27为共射极放大电路在宽频带放大器中的应用，该电路主要由三极管V1、V2、V3及分压电阻器、耦合电容器等组成，可完成信号的两级放大。

① 输入、输出和极间耦合均采用电容方式，C4、C8为发射极去耦电容，用于消除交流负反馈，增强交流信号的放大能力

V3为射极跟随器，可提高电流的输出能力

② 接在-15V电源中的电感（10μH）和R6、C3、R11、C7、C2等均为滤波器，用于滤除电源中的波纹

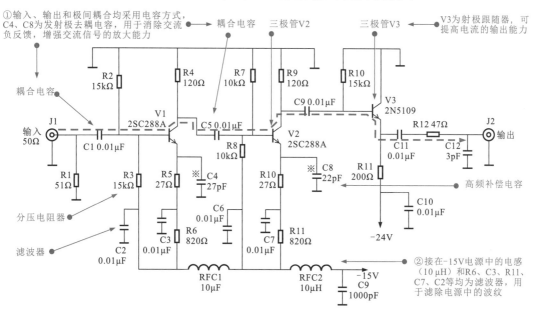

图4-27 共射极放大电路在宽频带放大器中的应用

4.2.2 共基极放大电路

共基极放大电路是指将三极管的基极作为公共接地端的电路，也是常用的基本放大电路之一，具有频带宽的特点，常用作三极管宽带电压放大器。

1 共基极放大电路的结构

图4-28为共基极放大电路的基本结构，可以看到，该电路主要是由三极管V、偏置电阻器R_{b1}、R_{b2}、R_e、负载电阻R_C、R_L和耦合电容C_1、C_2等组成的。

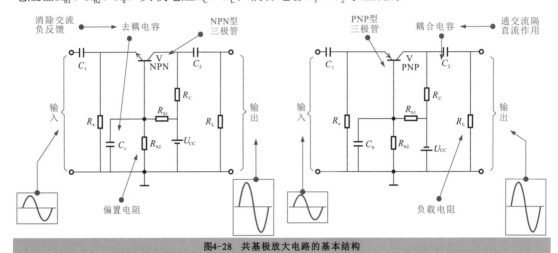

图4-28 共基极放大电路的基本结构

电路中的5个电阻都是为了建立静态工作点而设置的，其中R_C是集电极（c）的负载电阻；R_L是负载端的电阻；C_1和C_2是耦合电容，起到通交流隔直流作用；去耦电容C_b是为了使基极（b）的交流直接接地，起到去耦合的作用，即起消除交流负反馈的作用。

2 共基极放大电路的基本功能

在共基极放大电路中，信号由发射极（e）输入，放大后由集电极（c）输出，输出信号与输入信号同相。它的最大特点是频带宽，常用作三极管宽频带电压放大器使用，图4-29为共基极放大电路的功能示意图。

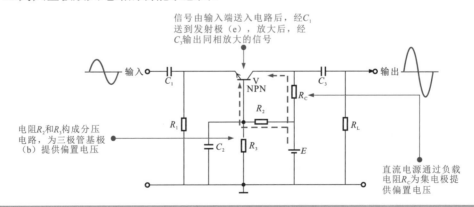

图4-29 共基极放大电路的功能示意图

提示说明

在图4-29所示电路中，直流电源通过负载电阻R_c为集电极提供偏置电压。同时，偏置电阻R_2和R_3构成分压电路为三极管基极（b）提供偏置电压。信号由输入端送入电路后，经C_1送入到三极管的发射极（e），由三极管放大后，经C_3输出同相放大的信号，负载电阻R_c两端的电压随输入信号的变化而变化，而输出端信号取自集电极（c）和基极（b）之间，对于交流信号，直流电源相当于短路，因此输出信号相当于取自负载电阻R_c的两端，因而输出信号和输入信号相位相同。

图4-30为调频（FM）收音机高频放大电路。天线接收的高频信号（约为100MHz）由放大器放大。该电路具有高频特性好、在高频范围工作比较稳定的特点。

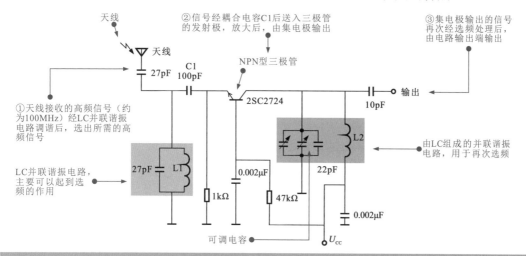

图4-30 调频（FM）收音机高频放大电路

4.2.3 共集电极放大电路

共集电极放大电路是从发射极输出信号的，信号波形与相位基本与输入相同，因而又称射极输出器或射极跟随器，简称射随器，常用作缓冲放大器。

1 共集电极放大电路的结构

图4-31为共集电极放大电路的基本结构。

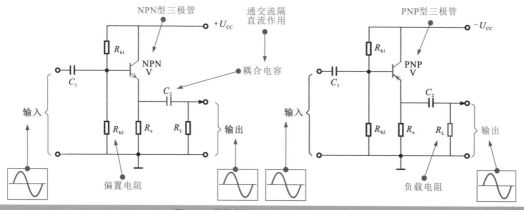

图4-31 共集电极放大电路的基本结构

提示说明

　　共集电极放大电路的结构与共射极放大电路基本相同，不同之处有两点：其一是将集电极电阻R_c移到了发射极（用R_e表示），其二是输出信号不再取自集电极而是取自发射极。

　　图4-31中，两个偏置电阻R_{b1}和R_{b2}是通过电源给三极管基极（b）供电；R_e是三极管发射极（e）的负载电阻；两个电容都是起到通交流隔直流作用的耦合电容；电阻R_L则是负载电阻。

　　由于三极管放大电路的供电电源的内阻很小，对于交流信号来说正负极间相当于短路。交流地等效于电源，也就是说三极管集电极（c）相当于接地。输入信号是加载到三极管基极（b）和发射极（e）与负载电阻R_e之间，也就相当于加载到三极管基极（b）和集电极（c）之间，输出信号取自三极管的发射极（e），相当于取自三极管发射极（e）和集电极（c）之间，因此集电极（c）为输入信号和输出信号的公共端。

2 共集电极放大电路的基本功能

　　共集电极三极管常作为电流放大器使用，它的特点是高输入阻抗，电流增益大，但是电压输出的幅度几乎没有放大，也就是输出电压接近输入电压，而由于输入阻抗高而输出阻抗低的特性，也可用作阻抗变换器使用。

　　图4-32为共集电极放大电路的功能示意图。

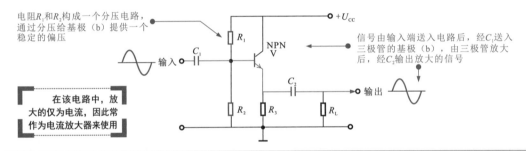

图4-32　共集电极放大电路的功能示意图

　　输入信号首先经电容C_1耦合后送入三极管V的基极，经三极管V放大后由电容C_2耦合输出。

　　分析共集电极放大电路时，也可分为直流和交流两条通路，如图4-33所示。

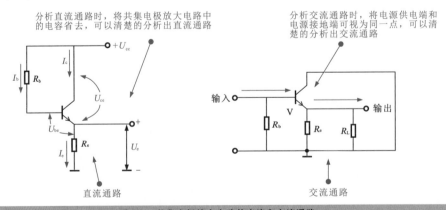

图4-33　共集电极放大电路的直流和交流通路

图4-33中，电路的直流通路是由电源经电阻为三极管提供直流偏压的电路，三极管工作在放大状态还是开关状态，主要由它的偏压确定，这种电路也是为三极管提供能源的电路。

交流通路是对交流信号起作用的电路，电容对交流信号可视为短路，电源的内阻对交流信号也视为短路。

提示说明

共射极、共基极和共集电极放大电路是单管放大器中三种最基本的单元电路，所有其他放大电路都可以看成是它们的变形或组合。所以掌握这三种基本放大电路的性质是非常必要的。

三种放大电路的特点比较见表4-1。

表4-1 三种基本放大电路的特点比较

参数	共射极电路	共集电极电路	共基极电路
输入电阻R_i	1kΩ左右	几十～几百kΩ	几十Ω
输出电阻R_o	几kΩ～几十kΩ	几十Ω	几kΩ～几百kΩ
电流增益A_i	几十～100左右	几十～100左右	略小于1
电压增益A_u	几十～几百	略小于1	几十～几百
u_i与u_o之间的关系	反相（放大）	同相（几乎相等）	同相放大（放大）

图4-34为高输入阻抗缓冲放大器。该电路采用典型的共集电极放大电路结构，主要是由场效应晶体管VF1、三极管V2等组成的。

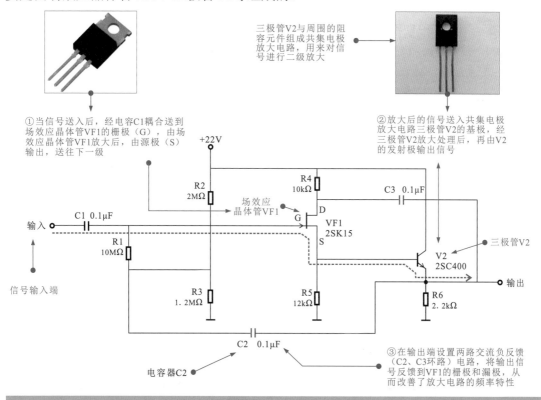

三极管V2与周围的阻容元件组成共集电极放大电路，用来对信号进行二级放大

①当信号送入后，经电容C1耦合送到场效应晶体管VF1的栅极（G），由场效应晶体管VF1放大后，由源极（S）输出，送往下一级

②放大后的信号送入共集电极放大电路三极管V2的基极，经三极管V2放大处理后，再由V2的发射极输出信号

③在输出端设置两路交流负反馈（C2、C3环路）电路，将输出信号反馈到VF1的栅极和漏极，从而改善了放大电路的频率特性

图4-33　共集电极放大电路的直流和交流通路

第5章 脉冲电路

5.1 脉冲电路

5.1.1 基本脉冲产生电路

脉冲信号产生电路是产生脉冲信号的电路，常见的脉冲信号产生电路有方波脉冲产生电路、锯齿波信号产生电路、三角波信号产生电路等。它为脉冲信号处理和变换电路提供信号源。

图5-1为一种简单的脉冲信号产生电路，它主要是由两只三极管V1、V2构成的，V2输出的脉冲信号可以驱动发光二极管（LED）闪光。

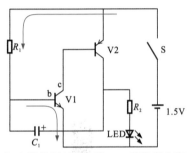

（a）电源接通时的电流，V1基极有电流

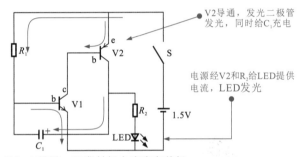

（b）V1导通，V2发射极电流流向基极

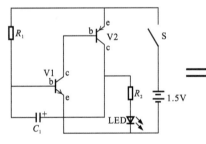

（c）电解电容C_1充电后，其极性左为负右为正等于电源电压后，V1、V2截止

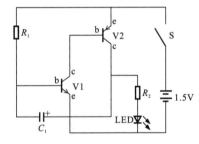

（d）电解电容开始放电，经R_2继续为LED供电

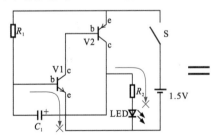

（e）放电后LED无电流，熄灭

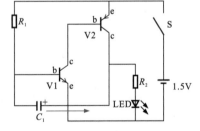

（f）电路恢复初始状态又重新开始下一个周期的工作过程

图5-1 三极管脉冲产生电路的结构和工作过程

提示说明

（a）当电源开关S接通时，电池经电阻器R1为V1基极提供高压使V1导通。

（b）V1导通后，为V2的基极电流提供通路，同时使V2基极电压下降，使V2导通。V2导通经R2为LED提供电流，使LED发光，同时为电容器C1充电。

（c）当电容器C1充电的电压接近电源电压时，其极性左负右正，分别使V1、V2截止。

（d）V2截止后，电容器C1（C1相当于电池）开始经R2，为LED供电，LED仍然维持发光状态。

（e）电容器C1放电结束，LED无电流，熄灭。

（f）电路恢复原状，下一次振荡开始。

图5-2为采用反相器集成电路（μPD4069UBC）构成的脉冲信号振荡电路，这是一种实用电路，它具有结构简单、工作可靠的特点，在数字电路中有广泛的应用，反相放大器A、B、C互相连接起来，附加正反馈电路RC就构成了脉冲信号产生电路，它所产生的振荡脉冲经反相器C输出。

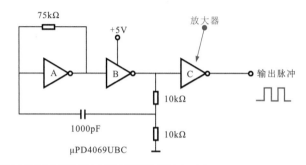

图5-2 采用反相器集成电路构成的脉冲信号振荡电路

图5-3为一种由两个三极管V1、V2构成的方波脉冲信号产生电路，该电路实际上是一个多谐振荡器，它所产生的脉冲信号经VF2放大后输出。多谐振荡器就是利用两个性能相同的三极管放大器的集电极输出与对方晶体管的基极之间互相形成正反馈电路，V1集电极的输出经电容器C3反馈到V2的基极，V2集电极的输出经电容器C4反馈到V1的基极，这样使两晶体管交替导通、截止。每个晶体管的集电极可以得到相位相反的脉冲信号。

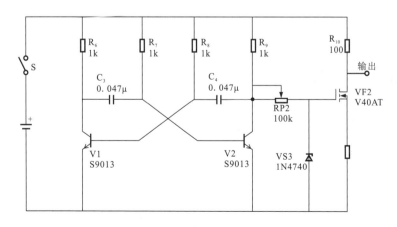

图5-3 由两个三极管构成的方波脉冲信号产生电路

5.1.2 基本脉冲转换电路

在实际电路中往往由于元器件的性能引起信号的变形，根据电路的要求也需要采取一些措施，改善电路的性能。

图5-4为一个反相器电路，当输入一个方波脉冲信号加到反相器输入，反相器输出会有反相脉冲输出，一个共发射极晶体管放大器就是一个典型的反相器，输入信号加到基极，集电极会有反相信号输出。输出波形可用示波器测得。比较两信号会发现，输出信号与输入信号相比，脉冲的前后沿都有变形和延迟。

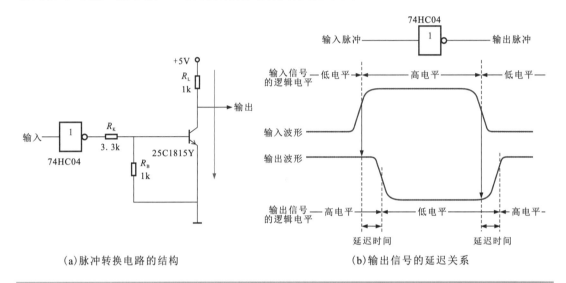

（a）脉冲转换电路的结构　　　　　　　　（b）输出信号的延迟关系

图5-4　脉冲转换电路的延迟特性

引起信号延迟的原因是输入电容的积分效应，输入信号脉冲经耦合电阻器R_K加到三极管基极，三极管基极对地存在着一个小电容器C_B，由于电容器的充电作用使送入三极管的基极电流延迟，于是引起了信号波形的变形。

为了减少波形的延迟，在信号输入电阻器R_K上并联一个加速电容器C_K，这样使脉冲沿变尖，可以减少输入电容的影响，如图5-5所示。

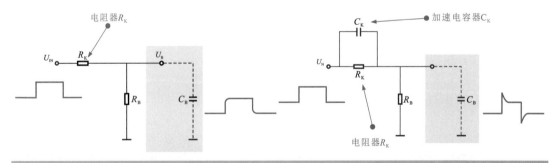

图5-5　输入电容引起信号的延迟及解决

加速电容的选择，在电路工作时，用示波器同时检测输入和输出信号的波形，改变C_K的值，比较信号波形的变化情况确认最佳电容参数，如图5-6所示。

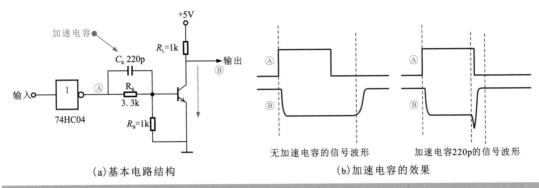

(a)基本电路结构   (b)加速电容的效果

图5-6　加速电容的选择方法

5.2　实用脉冲电路

5.2.1　时钟振荡器电路

时钟振荡器通常用于数字信号处理电路以及微处理器电路中（微处理器也是数字信号处理电路）。数字信号的传送、处理都需要时钟信号，它是系统中的节拍信号，也是时间信号，同时是识别数据信号的同步信号。常见的时钟振荡器为晶体振荡器。

图5-7为数码产品中的电路提供时钟信号的电路结构。它是由石英晶体X101和三个反相放大器（7074中的A、B、C）构成的。在两级放大器的输出与输入信号端之间，接入石英晶体，由于晶体是一种谐振器件，就形成了具有固定频率的振荡电路。

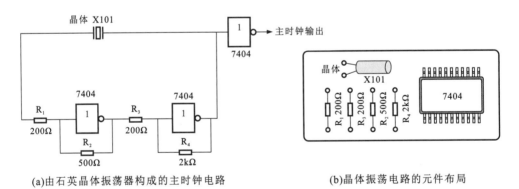

(a)由石英晶体振荡器构成的主时钟电路   (b)晶体振荡电路的元件布局

图5-7　CPU时钟电路的外部电路结构

1 　32 kHz晶体时钟振荡器

在数字电路中，时钟电路是不可缺少的，图5-8为32kHz晶体时钟振荡器，是为数字电路提供时间基准信号的电路，它采用CMOS集成电路CD4007作振荡信号放大器。

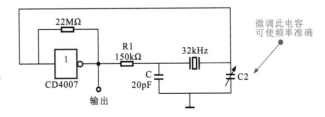

图5-8　32 kHz晶体管时钟振荡器

2 由DTL集成电路构成的晶体振荡器

图5-9为DTL集成电路构成的晶体振荡器，其振荡频率为100kHz和1MHz。它是由门电路构成，为DTL电路系统提供晶振信号。

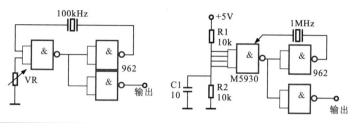

图5-9　DTL集成电路构成的晶体振荡器

3 由TTL集成电路构成的晶体振荡器

图5-10为TTL集成电路构成的晶体振荡器，图中分别为10 MHz和20 MHz两种振荡频率的振荡电路。

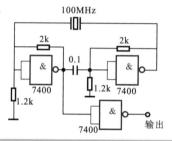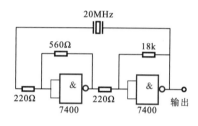

图5-10　TTL集成电路构成的晶体振荡器

5.2.2 方波脉冲信号产生电路

图5-11为脉冲信号产生电路，图中是利用C-MOS集成电路4584构成的脉冲信号产生电路。4584电路是一个施密特触发反相电路，采用图5-11中（a）的结构，可以得到图中5-11（b）所示的方波脉冲，采用图中5-11（c）的电路结构，可得到脉冲宽度可变的信号，它可以改变脉冲信号的占空比。②脚的输入端设有一个充电电容器，①脚和②脚之间有一个反馈电阻，当开机时，①脚输出高电平，②脚则为低电平（这也是反相放大器的特性），①脚经电阻器R为②脚充电，②脚的电压开始上升，当②脚上升的电压达到一定值时，放大器（整形电路）输出翻转，由高电平变成低电平，此时电容上的电荷经电阻器R放电，②脚的电压又开始下降，当②脚的电压下降到一定值时，反相器输出又翻转，于是就形成了振荡。

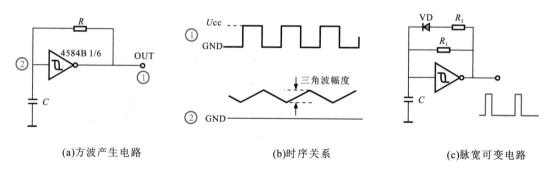

(a)方波产生电路　　　　　　(b)时序关系　　　　　　(c)脉宽可变电路

图5-11　脉冲信号产生电路的结构

图5-12为可控脉冲信号产生电路，当①脚输入启动脉冲信号时（输入高电平），电路开始工作输出脉冲信号；当①脚输入停止信号（低电平）时，电路停止工作，无脉冲信号输出。

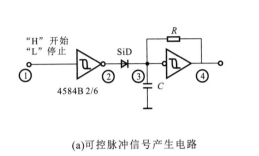

(a)可控脉冲信号产生电路

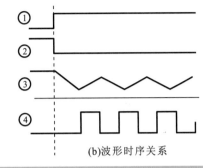

(b)波形时序关系

图5-12　可控脉冲信号产生电路

1 1kHz方波信号产生电路（CD4060）

图5-13为一种采用CD4060组成的标准方波信号源电路。CD4060的⑩脚、⑪脚外接的晶体X1及补偿电容C1、C2等与芯片内部振荡电路构成晶体振荡器，其中R1为反馈电阻，以确定CD4060内部门电路的工作点。C2为频率调节电容，调节C2可将振荡频率调整到准确值。振荡信号经IC内部一级放大后，直接由IC内部的固定分频器（1/4096）分频，然后从IC的①脚输出，因此从①脚得到的输出频率为4.096 MHz/4096=1 kHz。从⑨脚输出的信号，则输出频率为4.096 MHz。

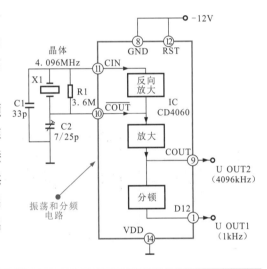

图5-13　1kHz方波信号源电路

2 1kHz方波信号发生器（NE555）

图5-14为时基电路NE555外加时间常数电路（47 kΩ 0.015 μF）构成的1 kHz方波信号产生器。时基电路内设有振荡电路、振荡频率与⑦脚外的RC时间常数有关。

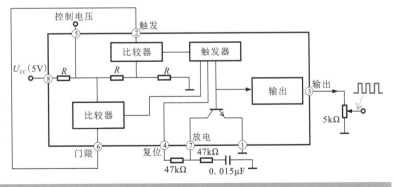

图5-14　1kHz方波信号发生器

3 可调频率的方波信号发生器（74LS00）

图5-15为一种采用与非门集成电路74LS00组成的方波发生器电路。其中与非门1、2与外部RC时间常数元件组成振荡电路，与非门3为缓冲输出级。只要改变C的容量，便可获得不同频率的方波输出。

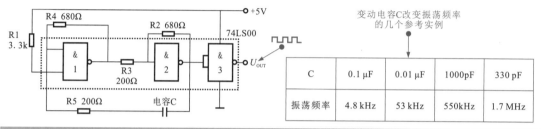

C	0.1 μF	0.01 μF	1000pF	330 pF
振荡频率	4.8 kHz	53 kHz	550kHz	1.7 MHz

图5-15 采用与非门集成电路74LS00组成的方波发生器电路

5.2.3 键控脉冲信号产生电路

图5-16为利用键盘输入电路的脉冲信号产生电路。按下开关S，即可输出一串脉冲信号。按动一下开关S，反相器A的①脚会形成启动脉冲，②脚的电容被充电形成积分信号，②脚的充电电压达到一定电压值时，反相器控制脉冲信号产生电路C开机振荡，③脚输出脉冲信号，同时①脚的信号经反相器D后，加到与非门E，⑤脚输出键控信号。

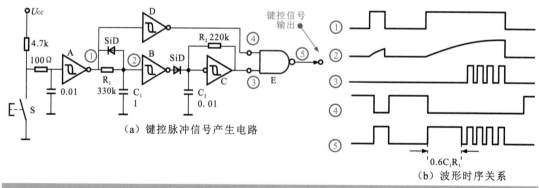

（a）键控脉冲信号产生电路

（b）波形时序关系

图5-16 键控脉冲信号产生电路

键控信号产生电路是产生单个脉冲的电路，每按动一次按键可产生一个脉冲信号。键控单脉冲产生电路如图5-17所示。它由反向器电路、积分电路及施密特触发电路等组成。反相电路由施密特触发器1组成，积分电路由R2、R3及C组成，而施密特触发电路则由施密特触发器2、3组成。在理想的情况下，每按动一次按键开关S，在反相器的输出产生一个脉冲，但实际上在按动按键的过程中，由于开关触点的颤动，产生的脉冲则不止一个，波形会发生抖动（波形a）。为了消除这种抖动，在电路中专门增加了积分电路，将窄脉冲平滑掉，使抖动波形变成一个缓慢变化的波形（波形b）。电路中的R3及C确定时间常数，决定积分电路输出的波形，R2是C的泄放电阻。缓慢变换的积分信号经施密特触发电路整形后，可在输出端得到一个可消除开关抖动的单个脉冲。电路中的R4、R5、VD1是施密特触发电路必要的延迟反馈元件。

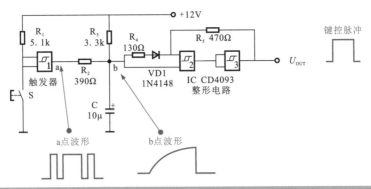

图5-17　单个脉冲发生电路

5.2.4 脉冲信号整形电路

在数字电路中，数字信号经过远距离传输或各种变换后，噪声有可能会增加，信号质量会下降。如果脉冲信号波形不良，会使整个电路功能失常，因而需要对脉冲信号进行整形，使脉冲信号前沿和后沿整齐，形成矩形波。图5-18为利用集成放大器制作的整形电路，它实质上是由反相放大器构成的。

图5-18　利用集成放大器制作的整形电路

除了利用集成放在器制作脉冲信号整形电路外，还可利用施密特整形集成电路构成的脉冲整形电路，如图5-19所示。

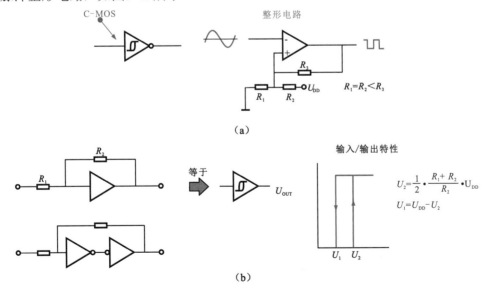

图5-19　利用施密特整形集成电路构成的脉冲整形电路

5.2.5 单脉冲信号产生电路

图5-20为单脉冲信号产生电路及输入、输出信号波形，如利用开关触点之类的信号对数字信号进行复位操作时，或是要形成停机信号时，可采用这种单脉冲产生电路。可以避免手动开关，因手抖动而产生的不规则信号，这种电路是一种非同步微分电路。图中给出了多种连接形式及单脉冲信号产生电路输入和输出的信号波形。

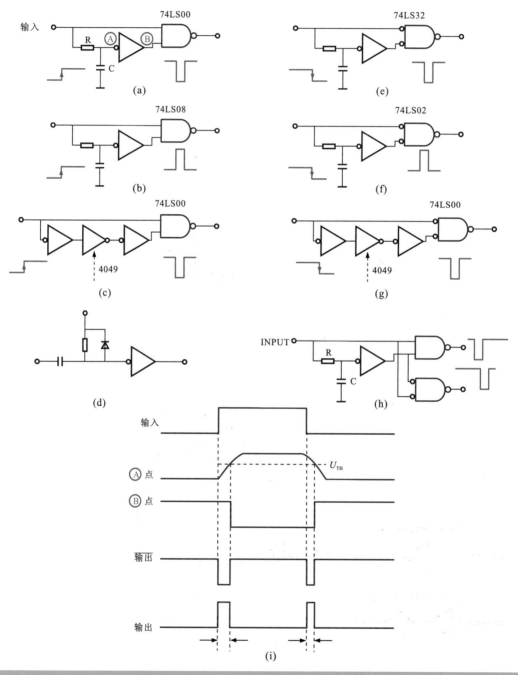

图5-20 单脉冲信号产生电路及输入、输出的信号波形

5.2.6 | 脉冲升压电路

当需要脉冲幅度升高时，可采用脉冲升压电路，其结构如图5-21所示，图中5-21（a）的电路可使输出脉冲幅度为输入幅度的2倍，图5-21（b）的电路可得到负极性2倍幅度的脉冲。

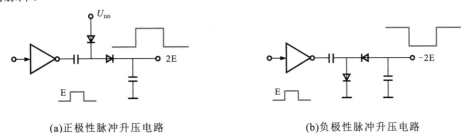

(a)正极性脉冲升压电路　　　　　　(b)负极性脉冲升压电路

图5-20　脉冲升压电路

5.2.7 | 脉冲延迟电路

图5-22为典型脉冲延迟电路的结构，该电路由两个反相器A1、A2和RC积分电路构成。

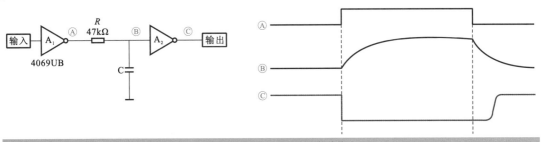

图5-22　典型脉冲延迟电路的结构

5.2.8 | 窄脉冲信号形成电路

图5-23为一种窄脉冲形成电路。该电路使用微分电路的方法，利用正脉冲输入的上升沿产生的尖峰脉冲进行整形，即可得到一个窄脉冲。输出脉冲的宽度由微分电路的时间常数与门电路的阈值电压来决定。

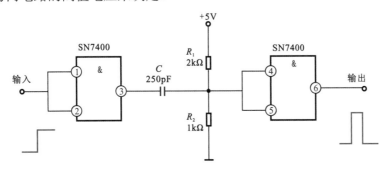

图5-23　窄脉冲形成电路

5.2.9 时序脉冲信号发生器电路

如图5-24是一个采用双4位静态移位寄存器CD4015组成的时序脉冲发生器电路。移位寄存器除了可接收、存储和传递数据外，还有数据移位的功能。

时钟脉冲从IC1的ICP端加入，或非门IC2将CD4015的1Q 2、1Q 1、1Q 0输出信号反馈至IC1的ICP端。这样在时钟脉冲信号的作用下，可获得图5-24中的时序脉冲。输出信号的频率和脉冲宽度相同，只是相位不同

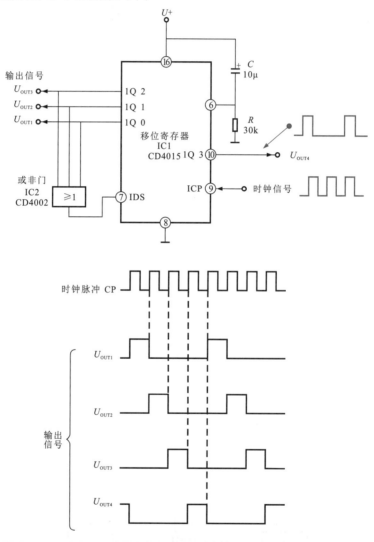

图5-24　时序脉冲发生器电路及波形图

5.2.10 锯齿波信号产生电路

锯齿波信号产生器实际上就是张弛振荡器的延伸与运用，图5-25为典型的张弛振荡器。如果运算放大器的输入端在+/-电压之间切换，则输出端会有三角波信号，利用这个特点可以组成所需要的振荡电路。

当开关切换在位置1时，施加的是负电压，此时输出的是正相斜坡电压；当开关切换在位置2时，此时输出的是负相斜坡电压。如果开关以固定的时间间隔来回切换，则输出是由交替的正相和负相斜坡电压所组成的三角波。

（a）典型张弛振荡器　　　　　　　　　（b）开关以固定时间间隔切换所形成的输出电压

图5-25　典型张弛振荡器及其输出电压波形

张弛振荡器的一种实际应用是使用电压比较器来执行切换功能，图5-26为使用了2个运算器组成的三角波振荡器。假设比较器的输出电压为负电位最大值，此时输出经由R1接到张弛振荡器的反相输入端，在张弛振荡器的输出端产生正相斜坡电压。

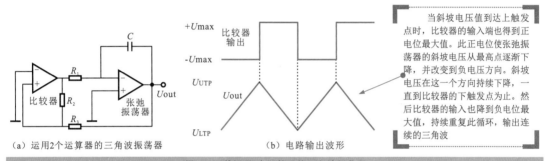

（a）运用2个运算器的三角波振荡器　　　　（b）电路输出波形

当斜坡电压值到达上触发点时，比较器的输入端也得到正电位最大值。此正电位使张弛振荡器的斜坡电压从最高点逐渐下降，并改变到负电压方向。斜坡电压在这一个方向持续下降，一直到比较器的下触发点为止。然后比较器的输入也降到负电位最大值，持续重复此循环，输出连续的三角波

图5-26　使用了2个运算器的三角波振荡器

当张弛振荡器的输入端采用可调的直流控制电压时，三角波振荡器就成了锯齿波振荡器。如果输入信号端采用单向晶闸管VS与反馈电容并联的方式，以便使每个斜坡电压截止在指定的电平上，如图5-27所示。锯齿波振荡器一开始负直流电压（$-U_{in}$）加在反相输入端，于是在输出端产生正斜坡。当单向晶闸管的阳极电压超过栅极电压0.7 V，单向晶闸管便会触发导通。栅极电压的设定值约略等于预期的锯齿波峰值电压。当VS导通后，电容快速放电，如图5-27（b）所示。因为单向晶闸管VS正向压降VF存在，电容器并不会完全放电到零。放电过程一直持续到VS的电流低于保持电流。此时单向晶闸管会截止，此时电容器再度开始充电，于是产生新的斜坡电压输出。不断重复这种循环，输出的信号就是一个重复的锯齿状波形。

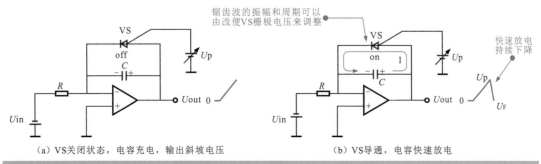

（a）VS关闭状态，电容充电，输出斜坡电压　　　（b）VS导通，电容快速放电

图5-27　使用了2个运算器的三角波振荡器

第6章　转换电路

6.1　光电转换电路

6.1.1　光敏二极管控制的振荡电路

光敏二极管又称为光电二极管，它的电路符号为""。光敏二极管的特点是当受到光照射时，二极管反向阻抗会随之变化（随着光照射的增强，反向阻抗会由大到小），利用这一特性，光敏二极管常用作光电传感器件使用。

如图6-1所示为电子玩具"晨鸟"的电路，它是光控振荡电路。将其放在窗口，天亮时就发出阵阵悦耳的鸟鸣声。

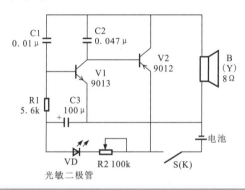

图6-1　电子玩具"晨鸟"的电路

图6-1中V1和V2构成互补自激振荡电路，利用RC的充放电模拟鸟儿的鸣叫声。由于在V1的偏置电路中接入一个光敏元件，使鸣叫声受光控制。无光照射，光敏元件电阻很大，V1截止而电路不工作；有光照时光敏元件电阻减小，V1工作，喇叭发声。R2可调节光控灵敏度、鸣叫的音调和间隔时间。

电路中的电容值大小关系至鸣叫的音调。C1和C2值减小，声音变尖，间隔缩短；C1、C2值变大，则音调降低，间隔变长；适当增大C3，可使鸣叫间隔变长。

6.1.2　光控衰减电路

光敏三极管也叫光敏晶体管，它也是比较常用的一种光敏器件，其特点与光敏电阻器和光敏二极管相同，可以根据光线的强弱来调整自身阻抗的大小。它广泛的应用于光电耦合器以及一些特殊的电路中。如图6-2所示为光控衰减电路，图6-2（a）中光耦中的光敏晶体管与500 kΩ电阻构成串联分压电路，光敏晶体管的阻抗变小则电路的衰减量增大。图6-2（b）中调换固定电阻和光敏器件的位置，光敏晶体管阻抗变小，衰减量则减小。图6-2（c）是图6-2（b）的实用电路。

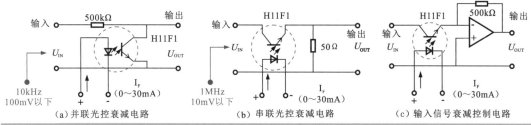

（a）并联光控衰减电路　　（b）串联光控衰减电路　　（c）输入信号衰减控制电路

图6-2　光控衰减电路

6.1.3　光控电路

光电器件一般是由发光二极管和光敏晶体管组成的，又可以称为光电耦合器。图6-3为应用光电检测器的输出控制电路，这是一个最基本的由光电器件组成的电路。R_1、R_2的分压点可以设门限电平。该电路的发光二极管和光敏晶体管之间的距离可在0～5 mm的范围内，可检测直射光或反射光。将有光无光（或遮光）的状态变成电信号输出，加到负载R_L上。

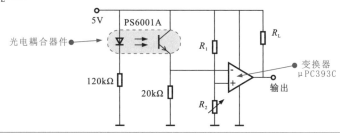

图6-3　光电控制电路

6.1.4　光驱动电路

图6-4为光电驱动电路，图中的负载是一种强电路（2A）高压（交流220V）器件，可以利用光电转换方式对它进行控制，这样比较安全可靠。双向晶闸管设在交流高压的供电电路中，只要该管导通便会使220V交流高压加到负载上。控制信号通过IC1驱动光电耦合器中的发光二极管，通过光耦中的光敏晶体管控制IC2，IC2输出控制晶闸管的触发电压，从而实现对负载的控制。

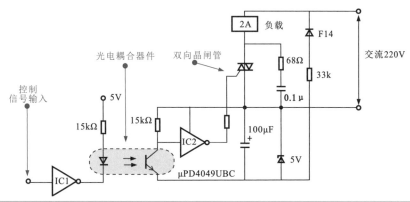

图6-4　光电驱动电路

6.1.5 小信号对大电流器件的的控制电路

如图6-5所示为小信号对大电流的光电控制电路，它是一种光电控制电路的应用实例，图中的双向晶闸管被称之为固态继电器，它为负载提供交流供电通路。用小信号（小电流）实现对大电流的控制。

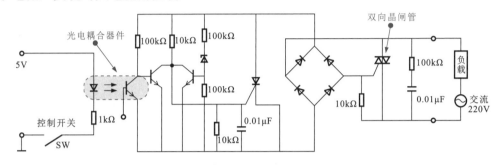

图6-5　小信号对大电流的光电控制电路

6.1.6 光控振荡器

图6-6为光电耦合器控制的振荡器电路，由光电耦合器驱动晶体管工作。

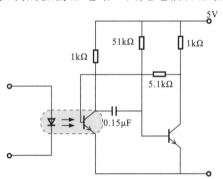

图6-6　光电耦合器控制的振荡器电路

6.1.7 光控触发器

图6-7为光电控制R-S触发器的应用实例。

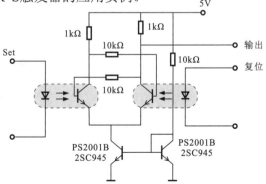

图6-7　光电控制R-S触发器的应用实例

6.1.8 光耦稳压电路

如图6-8所示为光电耦合器在开关电源电路中的应用例。开关电源电路中VT1是开关晶体管，驱动器为其

提供驱动脉冲，开关变压器二次侧输出经整流滤波为负载R_L提供直流稳压电源。光电耦合器为驱动器提供负反馈信号，使开关电源实现自动稳压控制。

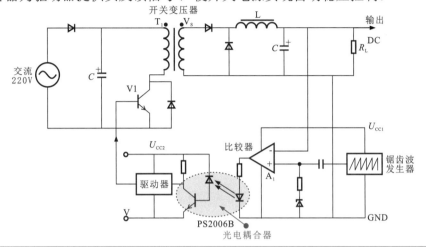

图6-8 光电耦合器在开关电源电路中的应用例

6.1.9 光信号转换放大电路

如图6-9所示为由光敏二极管构成的光信号放大电路。该电路是一种最基本的光信号处理电路，在该电路的后级控制部分可根据实际需要设计各种各样的电路，构成自动光控电路。

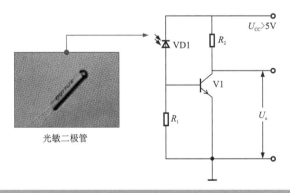

图6-9 光敏二极管构成的光信号放大电路

该电路中的主要元件为光敏二极管VD1和晶体三极管V1。光敏二极管VD1将接收的光信号直接转换为电信号并加到晶体三极管V1的基极上。光照强度不同，其输出的电流也不相同。通常，光敏二极管随光照强度的增加，呈低阻状态，即光照强度越大，光敏二极管加到V1基极的电流越大，V1的集电极电流也越大，则输出端的电压U_o越低。

6.1.10　相机自动曝光灯电路

　　图6-10为照相用自动曝光灯的驱动电路结构图。图中的光敏晶体管PH102是检测环境光的传感器件，电源通过光敏晶体管给0.022μF电容充电。放电时，电流经晶闸管和变压器的一次侧级，于是二次侧级产生放电管所需的偏压。

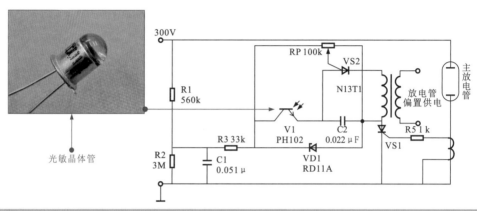

图6-10　照相用自动曝光灯的驱动电路结构图

6.1.11　光控数码管显示电路

　　图6-11所示为一种简单的光控数码管显示电路，该电路主要是由普通光敏晶体管来感知光线的变化，LM317为三端稳压器。

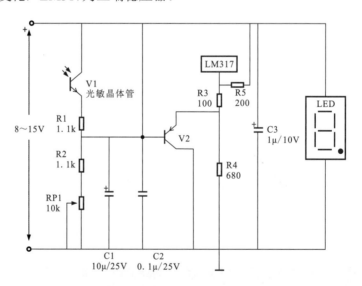

图6-11　简单的光控数码管显示电路

　　当晶体管V1检测到外界光线强度发生变化时，其自身的阻值也发生变化，进而引起晶体管V2基极电压发生改变，其发射极的电压相应的发生变化，而V2的发射极接在三端稳压器的控制端，由该端控制其输出输出端的电压发生变化，由此来控制数码管的显示器状态。

6.1.12　激光发送器及电路

由于光纤具有传送信号距离远，传输损耗小的特点，因而近年来用光纤代替同轴电缆进行电视信号及数据信号的传输。在传输的发送端设有激光发送器，将要传输的电信号变成激光信号，激光信号经光纤进行传输，在信号接收端再经光接收机将光信号再变成电信号恢复，图6-12所示为典型的激光发送器及发送电路。

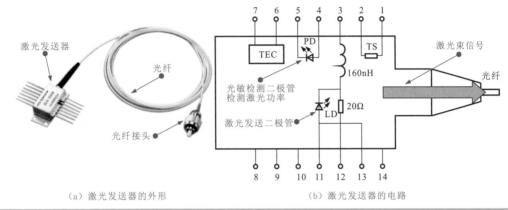

（a）激光发送器的外形　　　　　　　　　（b）激光发送器的电路

图6-12　典型的激光发送器及发送电路

从图6-12中可见，激光发送二极管制作在金属壳内，其光经光纤传送出去。在组件中还设有光敏检测二极管，它的功能是检测发出的激光功率，以便对激光发射器进行控制。

6.1.13　光开关电路

图6-13所示由光敏电阻器等元件构成的光控开关电路。当光照强度下降到光敏电阻的设定值时，光敏电阻R_c的阻值升高使V1导通，V2的激励电流使继电器K的动合触点闭合，动断触点断开，从而实现对外电路的控制。

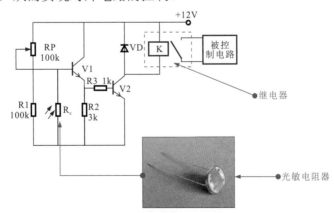

图6-13　光控开关电路

光敏电阻器的阻值随光照强度的变化而变化，当光照强度增强时，光敏电阻器的阻值会明显的减小；当光照强度减弱时，其阻值会显著增大。

6.1.14　跑马灯电路

图6-14所示为一种简单的跑马灯电路，该电路中，交流220V经整流后变成直流电压，为多组灯供电，在每一组灯的供电电路中设有一个晶闸管，每个晶闸管受SH9043的控制，便可以有规律的控制灯的发光。

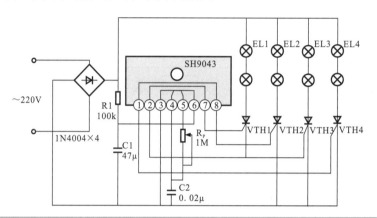

图6-14　跑马灯电路

6.1.15　双向晶闸管调光电路

图6-15所示为一种双向晶闸管调光电路，由电位器可调整触发双向晶闸管的触发相位，从而可调整灯泡的发光亮度。

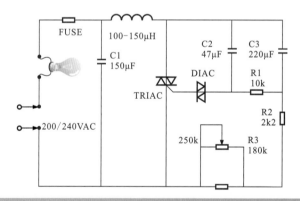

图6-15　双向晶闸管调光电路

6.2　电流-电压转换电路

6.2.1　电流-电压转换电路

如图6-16所示为典型电流–电压转换电路，在输入信号选择电路中，从0.1 Ω～900 Ω选用高精度标准电阻器（线绕电阻器或金属膜电阻器）。由两个开关进行测量范围选择，电流从输入端输入，经选择电路选择完相应的电阻器后，由范围选择开关输入到μA741A中，经μA741A的变频处理，然后输出与输入电流成比例的电压值。

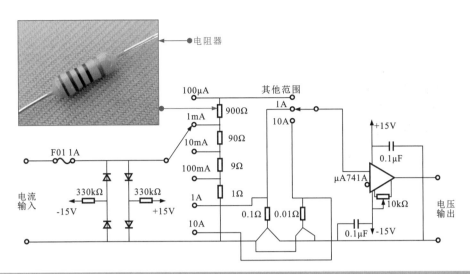

图6-16　典型电流—电压转换电路

6.2.2　低输入阻抗电流检测电路

为了降低电流—电压变换电路的输入阻抗，而采用图6-17所示的电路，将基准电阻R_s接在电路的反馈环路之中，使输入阻抗可以接近于0 Ω。电流信号经场效应晶体管颤动放大器和LM301A运算放大器将电流信号转换为电压信号输出。该电路具有变换精度高的特点。

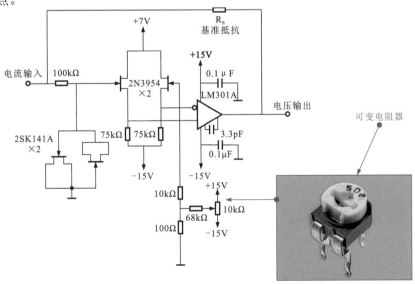

图6-17　降低输入阻抗的电流—电压变换电路

6.2.3　变频空调器中的电流检测电路

如图6-18所示为电流—电压变换电路在变频空调器中的应用，实际上它是一个电流检测电路。

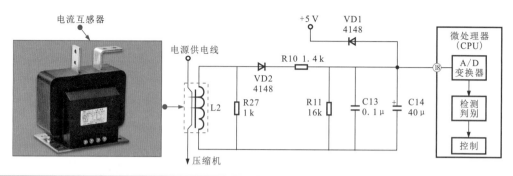

图6-18 电流—电压变换电路在变频空调器中的应用

　　该电路设在交流供电电路中，线圈L2紧靠交流220 V电源的供电导线，导线中流过交流电流，会在线圈中感应出交流电压，电流越大感应出的交流电压越高，线圈L2的输出经VD2整流和RC滤波变成直流电压，然后加到微处理器（CPU）的 脚，整流电路输出的电压与电源供电线路中的电流成正比，如果脚的直流电压过高，表明交流电源的负载中有过流的情况（交流负载通常为压缩机电动机、电风扇电动电机）。如电动机的启动电容器漏电就会使输入电流过大，CPU脚的电压经A/D变换器变成数字信号，该信号经检测和判别后，如超过允许值，CPU通过控制电路，断开交流供电继电器，进行停机保护。

　　电流—电压变换电路经常应用于电流检测电路中，如图6-19所示为变频空调器中的电流检测电路，该电路主要是用来检测压缩机电动机供电电流的大小。当电流过大时，可能会损坏压缩机中的电动机，甚至会烧毁电动机线圈，利用电流检测电路对供电电流进行检测，如发现供电电流异常，空调器将会自动显示故障代码并立即进行保护。

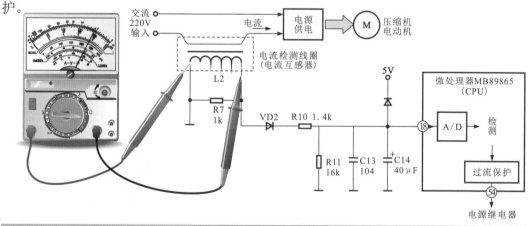

图6-19 变频空调器中的电流检测电路

　　当交流220V电源为压缩机供电时，电流互感器L2感应出电流信号，然后经VD2整流、R10和R11分压以及C13滤波之后，输入到MB89865的⑱脚。电流互感器和整流二极管VD2将压缩机的耗电电流转换成指流电压送到CPU的⑱脚，在CPU中进行A/D变换和检测，如电压升高，会进行保护。二极管VD1作为钳位二极管，当VD2的输出电压高过5 V电压时，VD1将直流电压钳位在5V。

6.3 电压-电流转换电路

6.3.1 电压-电流转换电路

如图6-20所示为一种电压—电流转换电路，它可以将±10 V的直流电压变换成±1mA的电流。输入电压加到LM301A的输入端，经放大后由复合晶体管输出，经运算放大器TL080放大后，再经复合晶体管输出电流信号。在工作时，±10 V稳压电源经限流电阻为输入端提供偏流（2 mA），输出端的偏流则是由运算放大器和复合晶体管提供的。

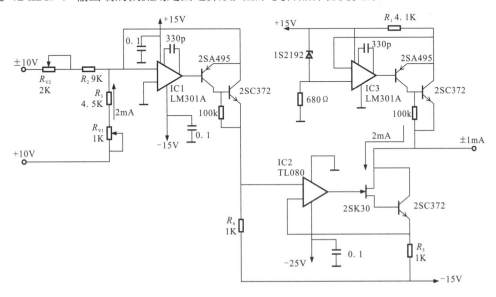

图6-20　电压—电流转换电路

检测方法：用直流电源将直流电压加到输入端，并在±10 V范围内微调同时检测输出端的电流应在±1 mA之间线性变化。

6.3.2 空调器中的电压检测电路

如图6-21所示为电压检测电路在空调器中的应用。

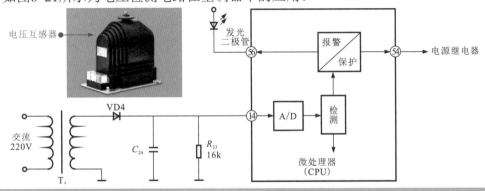

图6-21　电压检测电路在空调器中的应用

为了保护空调器不致因为外界电压的变化而影响工作甚至烧毁，在空调器的控制基板上设置了一种检测电路来检测供电电压是否异常，如出现过电压（电源供电端错接到交流380V上）或欠电压（输入交流电压不足180V），空调器将自动显示故障代码并进行保护。

6.3.3　充电器中的电压—电流转换电路

如图6-22所示为简易的单电池和多电池充电器电路，该电路适应对多电池充电，并且充电电流可随电池电压的升高而逐渐减小，使电池不致过充。LED2不仅作为电池接入指示，而且依其亮度可大致判断充电情况。

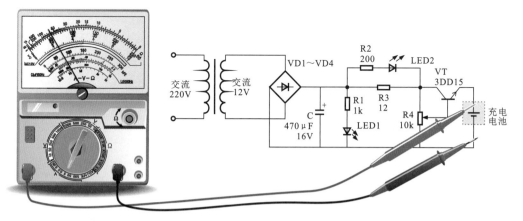

图6-22　单电池和多电池充电器

6.4　交流-直流转换电路

6.4.1　交流有效值-直流变换电路

交流变直流的电路是将正弦波变成直流的电路。如图6-23为交流有效值—直流转换电路，它主要用于信号测量的设备中。

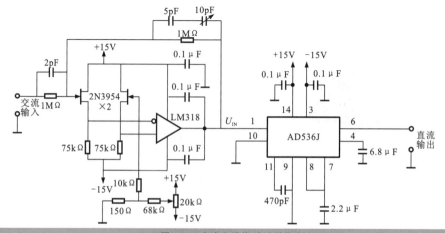

图6-23　交流有效值/直流转换电路

6.4.2　音频电平检测电路

如图6-24是一种1.5 V低电源音频电平检测电路，它是由话筒信号放大器和音频电平检测集成电路NJM2072构成的。话筒信号放大器采用前述电路，话筒信号经放大后送入NJM2072的①脚在集成电路中进行放大和检波，然后再经施密特整形，最后由⑥脚输出直流电压。为了提高带负载的能力，可在⑥脚外加两个晶体管组成放大器，如图中所示。

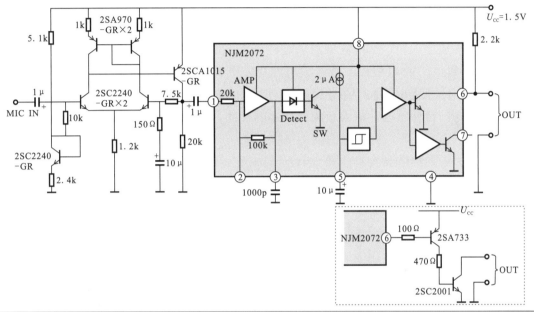

图6-24　1.5 V低电源音频电平检测电路

6.5　实用转换电路

6.5.1　小型电动机的简单调速电路

如图6-25是交直流两用小型电动机的简单调速电路。

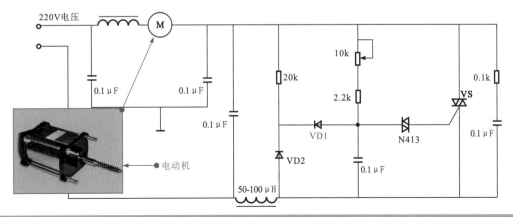

图6-25　交直流两用小型电动机的调速电路

电流通过电动机做功，将电能一部分转换为机械能，一部分转化为内能（热能等）。

6.5.2 热水器电子点火电路

图6-26所示为一种简单的热水器电子点火电路。当打开水龙头后，开关S接通3V电池，由于C2充电需要时间，因而V6处于截止状态，电源同时对C3充电，充电使V7、V8导通，使供气（煤气）电磁阀BK的启动绕组得电，煤气阀打开，开始供气。

V8的导通使V4导通，振荡及晶体管V5得电开始振荡，经VS9、C1、B2产生高压脉冲，使点火嘴放电火花，从而完成点火过程。点火后，火焰传感器将产生电压使A点电压下降，V4截止，V5也截止，火花放电停止，于此同时V1导通，BK维持得电；此时由于C2充电电压使V6导通，V6导通经C3使V7、V8截止，BK启动绕组断电，BK靠维持绕组维持阀门打开状态，从而造成低功耗的目的。

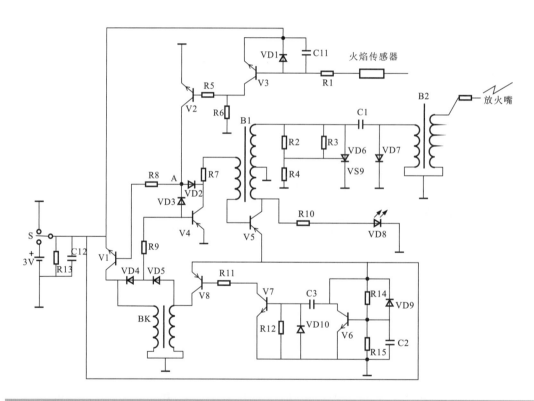

图6-26 热水器电子点火电路

6.5.3 电子灭蚊器

图6-27所示为一种简单的电子灭蚊器电路。交流220V电压经倍压整流电路使电极A、B之间形成较高的电压，如有蚊虫会受到放电冲击，起到灭蚊的作用。将A、B电极制成栅格，5W日光灯管作为诱虫光源。

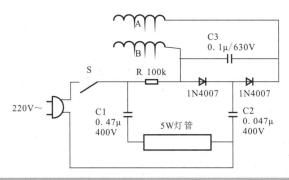

图6-27 电子灭蚊器电路

6.5.4 电阻—电压转换电路

图6-28所示为一种电阻—电压转换电路，利用运算放大器可将电阻值转换成电压值，常用于测量电路中。

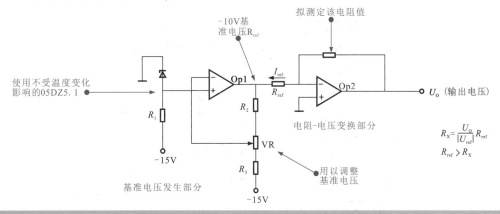

图6-28 电阻—电压转换电路

6.5.5 FM—AM转换电路

FM—AM转换电路由FM高放（RF）、FMI混频（MIX）、FM中放（IF）、FM检波（IC1）、FM本振（VQ4）和AM本振（VQ5）等部分构成的，可用于将调频广播信号变成调幅广播信号，可以用调幅收音机进行收听。

来自FM天线的调频广播信号经高频信号谐振电路（L_1、VC1）谐振后，由FM高放（VQ1）进行放大，放大后再过一级谐振电路（L_2、VC2），将射频FM信号送到混频级晶体管（VQ2）的基极，来自FM本振（VQ4）的外差振荡信号也送到混频器（VQ2）的基极，经混频后由（VQ2）集电极输出FM中频信号（10.7 MHz），再经中频变压器（T3）选频后，由（VQ3）进行中放处理，再经中频滤波器（CF1），送到FM中放鉴频电路IC1（TA7130P）的输入端，IC1 ⑥脚输出音频信号，该信号送到二极管调制电路（AM MOD）与AM振荡信号进行幅度调制，AM振荡频率为1400 MHz，调制后以固定载频的方式输出AM调制的信号。该信号再由AM收音机接收。

FM—AM转换器中变压器和线圈的参数如图6-29所示。

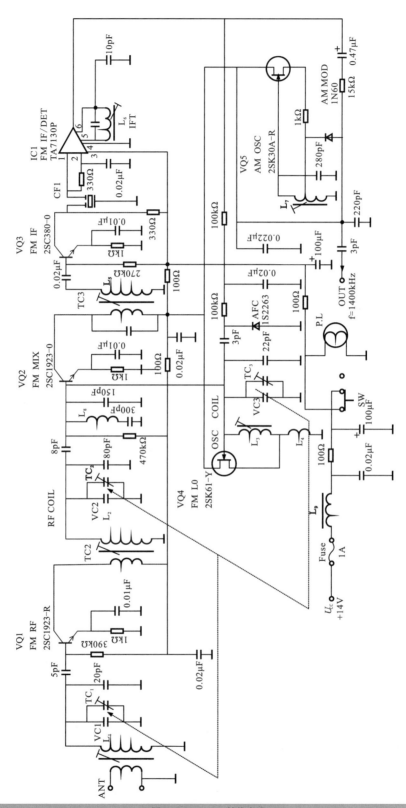

图6-29　FM-AM转换电路

6.5.6 电压跟随器

图6-30所示为一种电压跟随器电路，该电路采用双射极跟随器电路，主要用于电压输出电路中。信号从V1基极输入，由其发射极直接耦合到V2，V2也以射极输出器的结构形式，信号由发射极输出。V3接成恒流源的形式，电路由双电源供电以满足直流工作的要求，能获得高输入阻抗和低输出阻抗。

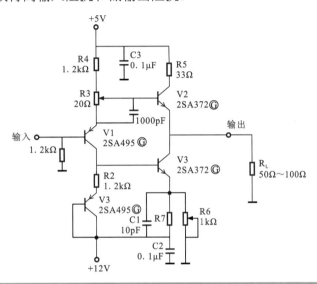

图6-30 电压跟随器电路

6.5.7 升压电路

图6-31所示为一种简单的升压电路，该电路利用NE555产生的振荡信号，经VT晶体管去驱动升压变压器，升压变压器将升高的振荡信号再整流，便可得到直流高压。

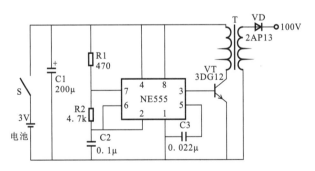

图6-31 升压电路

6.5.8 频率-电压转换电路

图6-32所示为一种频率-电压转换电路。它是由脉冲整形电路IC1、单稳态触发器IC2、V2、V2和F—V变换器IC3等电路构成的。用于频率检测电路，将频率信号变成直流电压的变化，可形成控制信号。

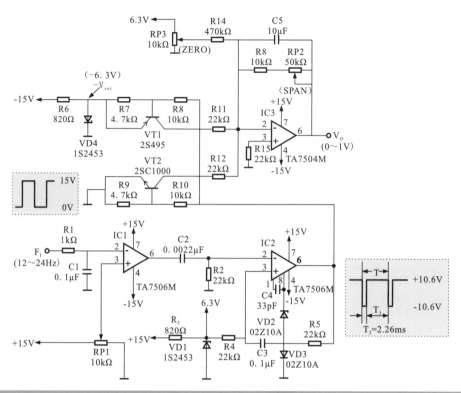

图6-32　频率/电压转换电路

6.5.9 VFC100同步电压-频率转换器

图6-33所示为同步电压电路-频率转换器电路。该电路中芯片VFC100是一片功能很强的电压/频率转换集成电路，采用电荷平衡技术，严格的复位组合周期取自外部时钟品质，能较好地消除误差及其他转换器所要求的外部定时元件的漂移。

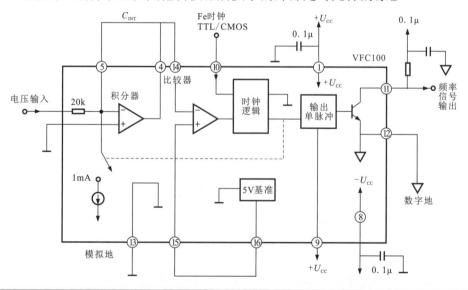

图6-33　升压电路

第7章 音频信号电路

7.1 音频信号放大电路

7.1.1 录音信号放大电路

图7-1是小型录音机的音频信号放大器，话筒信号经电位器RP1调整后加到三极管V1是一个共发射极放大器，R4接在V1的发射极作为电流负反馈电阻稳定直流工作点，C3为去耦电容使V1交流增益提高，音频信号经三级放大后加到变压器T1的一次绕组上。经变压器耦合将音频信号送到录音磁头进行录音。变压器二次绕组与200 pF电容并联，用以提升高频信号，用于弥补录音过程中的高频损耗。V3的集电极输出经R18、C16反馈到V1的基极，用以改善放大器的频率特性。该放大器的输出采用变压的方式可以补偿高频信号。电路由3 V低压供电，使用2节电池即可，具有耗电少的特点。

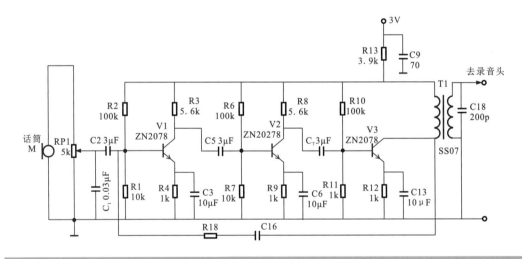

图7-1 小型录音机的音频放大器（话筒放大、录音放大器）

7.1.2 激光头信号放大电路

激光头信号放大器主要应用于VCD/DVD视盘机等电子产品中，图7-2为典型VCD/DVD机的激光头信号放大电路。

VCD/DVD机开始工作时，微处理器将启动控制信号送到驱动激光二极管的自动功率控制电路中，于是电流流过激光二极管，使之发射激光束。为了使激光头所发射的激光束强度稳定，在激光二极管组件中设有激光功率检测二极管。这个二极管就是一只与激光二极管制作在一起的光敏二极管，它将检测到的激光功率强弱信号反馈到自动功率控制（APC）电路中，这个负反馈环路可以自动稳定激光二极管的发光功率。

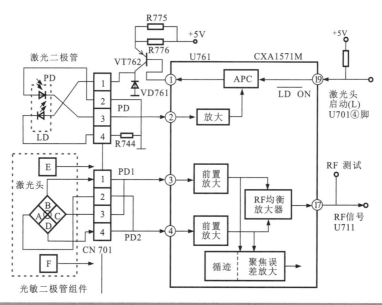

图7-2 典型VCD/DVD机的激光头信号放大电路

从图7-2中可见，激光头中光敏二极管A、C输出信号之和送到预放电路的③脚，B、D输出信号之和送到预放电路的④脚，分别经放大后送到加法器形成A+B+C+D的总和信号，也就是RF信号，其中包含音频和视频的数据信号，此信号是从光盘上读取的主要信号，将它送到数字信号处理电路和解压缩处理电路中就可以将音频、视频及辅助信号提取出来。③脚和④脚的信号经放大后相减，就可以得到聚焦误差信号，此信号送到伺服电路中经处理后就可以形成驱动聚焦线圈的控制信号。

激光头中光敏二极管E、F的输出信号经放大后相减，就可以得到循迹误差信号，此信号经伺服电路处理后就可以形成循迹线圈和进给电动机的控制信号。

7.1.3 放音信号放大电路

图7-3为双声道磁头放大器（TA8125S）的应用实例。

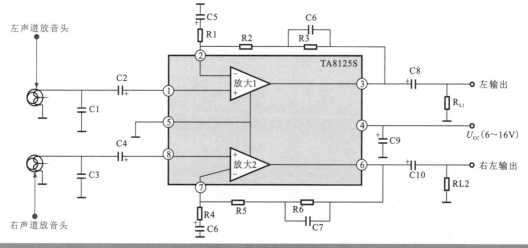

图7-3 双声道磁头放大器

该电路常用于立体声录音机的放音均衡放大器，双声道磁头的输出信号分别送到集成电路TA8125S的①、⑧脚，在集成电路中进行放大，放大后的信号分别由③、⑥脚输出。放音的均衡补偿是由③脚和⑥脚外的RC负反馈电路来实现的，通过负反馈电路使放音放大器输出的信号为人耳的听觉效果。

7.1.4 录音机录放音电路

图7-4为一种典型的录音机录放音电路，该电路是以集成电路TA8142AP为核心器件的电路。

（1）录音过程：录音过程中，外界的音频信号将集成电路TA8142AP的⑯脚和⑨脚送入，经其内部的两个录音均衡放大器CH1、CH2放大后，分别由14脚和11脚输出去磁头。

（2）放音过程：来自磁头的音频信号经集成电路TA8142AP的⑧脚、①脚送入，经其内部放音均衡放大器CH3、CH4放大后，分别由⑥脚、③脚输出音频信号。

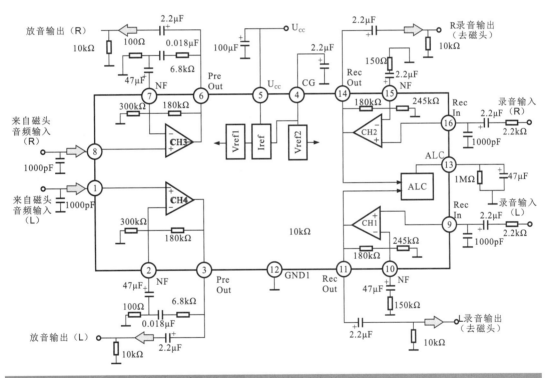

图7-4 典型的录音机录放音电路

7.1.5 低噪声前置放大电路

图7-5为典型的低噪声前置放大器电路，可用于音响电路中作为话筒信号与磁头信号的放大器。该电路中信号由输入端送入经电容器C1耦合和滤波电路滤波后送入低噪声前置放大器HA12017的⑥、⑦脚，经输入放大、电压放大和输出放大等处理后，由①脚输出放大后的信号。

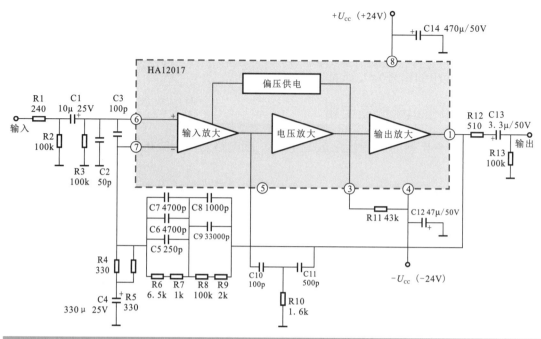

图7-5　典型的低噪声前置放大器电路

7.1.6 微型话筒信号放大电路

图7-6为1.5 V供电的话筒信号放大器，该电路中由V2、V3构成的差动放大器是主要的组成部分，V6作为共发射极电压放大器，由集电极输出放大后的信号。

输入信号由V2的基极输入，V1的集电极和基极短路为V2的基极提供直流偏压，V4、V5与发射极电阻构成的电路为V2、V3提供集电极偏压。使用晶体管可以降低电阻的功耗，能得到理想的放大效果。

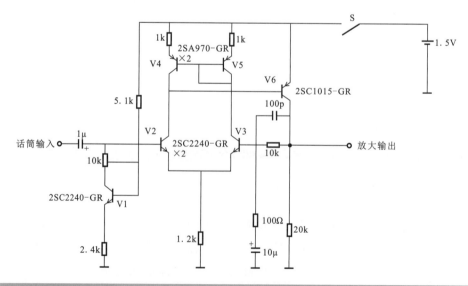

图7-6　1.5 V供电的话筒信号放大器

7.2 实用音频信号处理电路

7.2.1 具有杜比降噪功能的录放音电路

图7-7为具有杜比降噪功能录放音电路及检测方法。该电路可应用于较高档的收录机中。杜比降噪电路是在录音时提升高频小信号，使小信号在录音时不会被埋没在背景噪声之中，而在放音时，再对高频小信号进行等量的衰减，在衰减后小信号恢复原状，而噪声也得到了等量的衰减，总体得到降噪的效果。

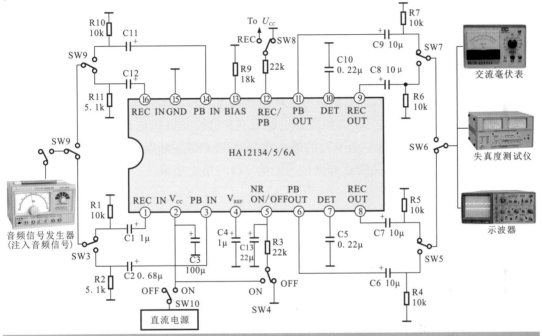

图7-7 具有杜比降噪功能录放音电路及检测方法

图7-8为HA12134/5/6A集成电路的内部功能框图

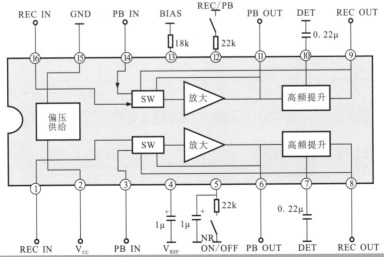

图7-8 HA12134/5/6A集成电路的内部功能框图

在录音时，信号从①、⑯脚输入，经小信号提升后由⑧、⑨脚输出，再往录音磁头上输送。

在放音状态，放音磁头的输出送到集成电路（HA12134/5/6A）的③脚和⑭脚，经降噪处理后由⑥脚和⑪脚输出。检测时，从输入端送入正弦信号，在输出端检测幅度、波形和失真方法。

7.2.2 均衡（频率补偿）放大器电路

均衡放大器电路在录音机等电子产品中应用较为广泛。在录音机进行录音时，用以弥补在磁头记录过程中的高频损失，必须大幅度地提升高频信号；放音时，由于放音磁头的输出与频率成正比，低频输出较弱，因而需要大幅度补偿低频部分。这里的补偿电路被称为均衡放大器电路。

图7-9为典型的录音均衡放大器电路。预放的录音信号经电位器（5kΩ）送到录音均衡放大器VT1的基极，放大后的信号从集电极输出，再经耦合电容和偏磁阻塞电路以及录放开关后送到录音头上。高频提升电路设在VT1的发射极电路中，使用LC串联谐振电路并联在1.2 kΩ电阻上，使VT1的最高增益处在LC谐振频率上，用于弥补录音过程中的高频损失。阻塞电路是防止偏磁信号影响VT1的集电极偏压。

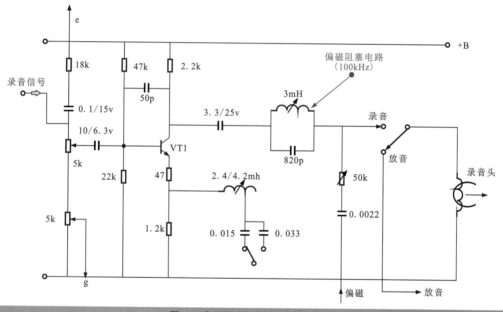

图7-9 典型的录音均衡放大器电路

7.2.3 LED电平指示电路

1 交流/直流LED电平指示电路

在音响产品中有多种电平指示方式，传统的是电平表的指示方式，音频信号电平的高低用电平表的指针摆动指示出来。本电路是采用发光二极管（LED）显示方式，发光二极管由集成电路驱动的。

图7-10为采用LED的音频电平指示器，它采用5个红色发光二极管,信号放大和驱动部分采用集成电路LB1405/1415。该电路可用于直流信号的显示，也可以用于交流动态的显示，当用于交流信号时，信号输入端需要加隔直流电容器C1（4.7 μF）， 脚加旁路电容器C2（4.7 μF）。表7-1为集成电路LB1405/LB1415电平输出值，即当⑤脚为3 V时， LB1405的0 dB为2.37 V，LB1415的0 dB为1.5 V。输入信号经放大后变成驱动电压，然后同时加到5个电压比较器中，每个电压比较器的基准电压是不同的，因而电压越高，点亮的发光二极管越多。

表7-1　集成电路LB1405/LB1415的电平输出值

引脚	Lb1405			Lb1415		
	min	typ	max	min	typ	max
14	1.6	2.0	2.4	5.5	6.0	6.5
13	-0.4	0	0.4	2.5	3.0	3.5
12	-3.6	-3.0	-2.4	-0.5	0	0.5
11	-8.0	-7.0	-6.0	-6.0	-5.0	-4.0
10	-17	-15	-13	-13	-10	-8

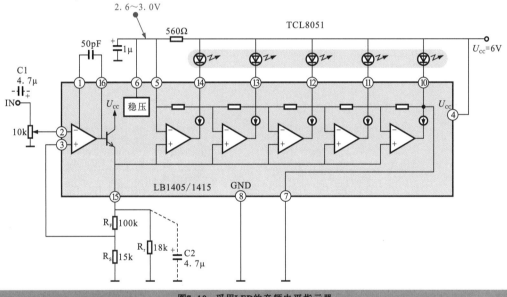

图7-10　采用LED的音频电平指示器

2 10点双色LED电平指示器

图7-11为10点双色LED电平指示器电路，高位显示为红色LED显示（3点），低位为绿色显示LED（7点）。这种电路可应用于立体声收音机或录音座中进行音频电平的指示。图中，驱动电路采用TA7666P/TA 7667P。LED点亮的电平设置为：-20、-15 、-10、-7、-4、-2、0、+2、+4、+6dB。

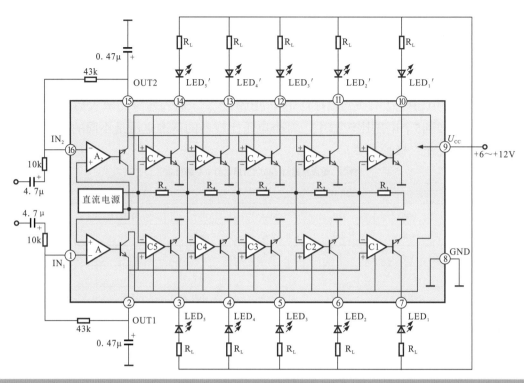

图7-11　10点双色LED电平指示器电路

图7-12为采用双驱动集成电路的10 LED电平指示表电路，图中的驱动集成电路也可用两只TLM8101代替。

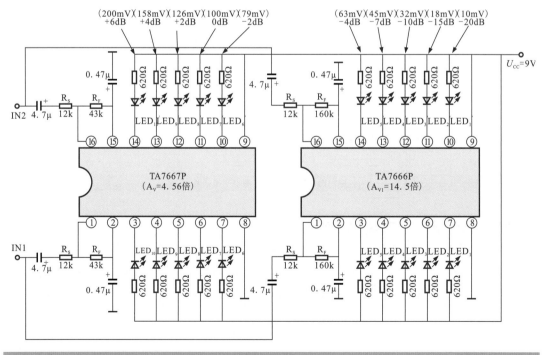

图7-12　采用双驱动集成电路的ED电平指示器电路

3 **电池消耗状态指示电路**

在使用电池做电源的电子产品中，电池消耗状态指示，可以使用户了解产品中电池的电量，是否需要更换电池，或对电池进行充电。

图7-13为电池电量状态的指示电路，其主体电路是集成电路M5232L。9V电池电压加到⑧脚经集成电路内的调整管后由①脚输出4V稳压，①脚外接限流电阻器390 Ω和LED发光二极管，然后接到集成电路的③脚，③脚输出驱动脉冲使LED发光。

9V电池电压的检测是由⑧脚和④脚之间连接的分压电路组成的，R1、R2的分压点做取样点，取样电压由⑦脚加到集成电路内的电压比较器的反相输入端，比较器的输出分别控制LED驱动振荡电路和反相器，③脚输出驱动脉冲使LED闪光，⑥脚则输出反相的信号。当电池电量耗尽电压降低时，电路动作，③脚输出脉冲信号，LED闪光。

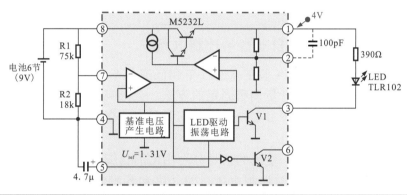

图7-13 电池电量状态的指示电路

集成电路内电压比较器的基准电压为1.31V，如果⑦脚的电压大于基准电压，则LED以比较亮的状态闪光，如果9V电池的电量降低，则输出电流减小，闪光周期变长。各引脚的电压和波形，如图7-14所示。

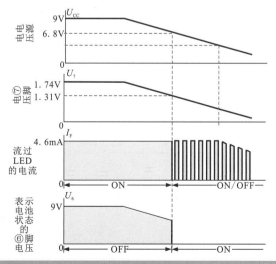

图7-14 各引脚的电压和波形

　　利用这个电路可以改变显示的状态，如果在③脚外加一只晶体管再驱动LED，则电池有正常电压时，LED不亮，而当电池电压降低到临界值时，LED开始闪光，其指示电路如图7-15所示。

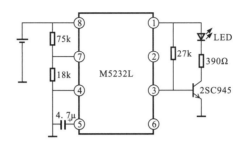

7.2.4 | 音量调整电路

1 随环境噪声变化的自动音量控制电路

　　在汽车音响的设备中，汽车在高速行车和低速行车或停车状态下，环境噪声不同，对音量的要求也不同，音量调整固定的方法，会影响收听效果。该电路利用话筒检测环境噪声，根据环境噪声自动调整电路的音量，会得到满意的效果。其电路图如图7-16所示。

　　电路中，拾音器（MIC）检测的信号分别由IC的⑬脚和⑮脚输入，经限幅放大、噪声检测和检波形成自动增益控制电压，对③脚和⑤脚内的主放大器的增益进行控制，环境噪声变大，则主放大器增益增大，反之则变小。

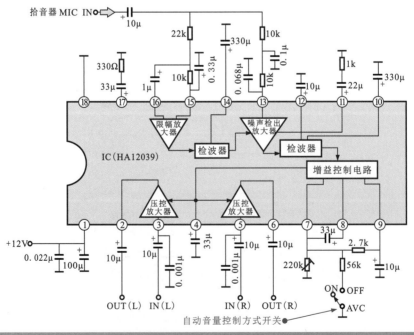

图7-16　随环境噪声变化的自动音量控制电路

2 按钮式电子音量音调调整电路

图7-17为按钮式电子音量调整电路。

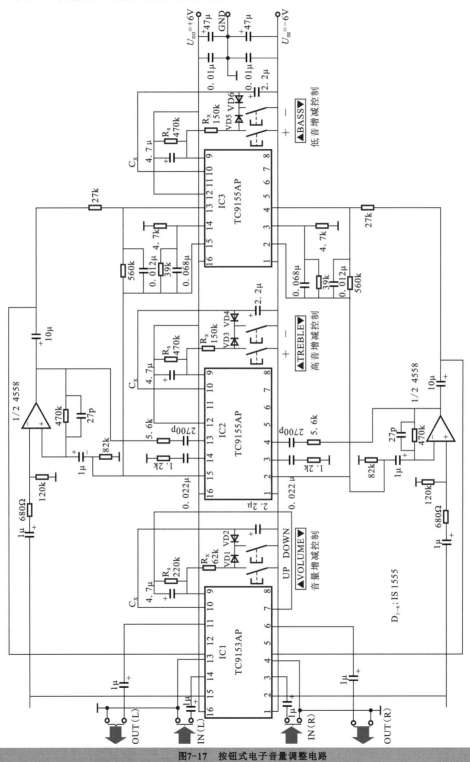

图7-17 按钮式电子音量调整电路

它采用了两个集成电路，即音量调整用TC9153AP，音调控制采用TC9155AP。按住键钮音量或音调会连续变化。

从图7-17可见，双声道音频信号（L、R）分别从IC1 TC9153AP的⑭、--脚送入集成电路，经音量、高音、低音控制后由⑥脚和①脚输出。

3 单片集成电路收音机电路

图7-18为单片集成电路的收音机电路，3 V（两节电池）供电，如使用耳机收听，耗电很小可长时间使用。

磁棒天线上的线圈和可变电容谐振于天空广播载波，经感应后将射频信号（RF）从16脚送入集成电路中的混频电路。①脚外接本振线圈，由双联电容器调谐。混频的输出经中频变压器选频后由③脚送入集成电路中的中频放大器，在集成电路中经AM检波器检出音频信号，并由⑦脚输出，经电位器VR50k调整后，从13脚送入功率放大电路。功率放大电路的输出从⑧脚送到耳机和扬声器。

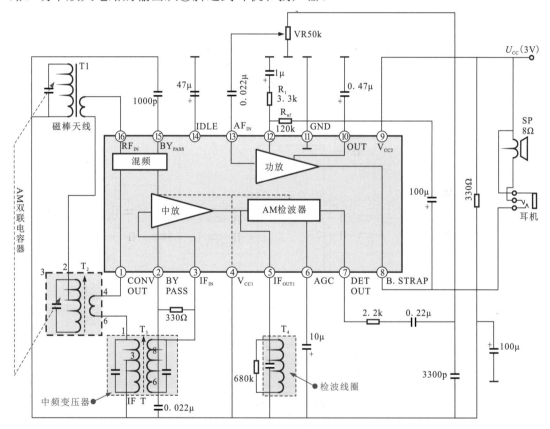

图7-18　单片集成电路的收音机电路

4 电子音量控制电路

图7-19为典型的电子音量控制电路。该电路常应用于立体声音频设备中，通过电脑（CPU）进行音量调整和控制。

立体声信号分别由③、⑱脚输入，将调整后由②、⑲脚输出。CPU的控制信号（时钟、数据和待机）从⑩～⑫脚送入TC9211P中，经接口电路进行译码和D/A变换，变成模拟信号控制输入信号的幅度，从而达到控制音量的目的。

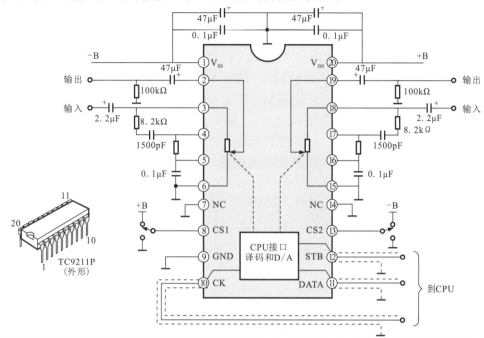

图7-19　典型的电子音量控制电路

7.2.5 │ 双声道音频信号调整电路

图7-20为一种双声道音频信号调整电路，该电路中，音频信号经集成电路的②脚和⑮脚输入，在其内部经音调控制、音量/平衡控制等处理后分别由⑥脚和⑪脚输出，并送往后级电路中。集成电路⑧脚为音量控制端，⑦脚为左右平衡控制端，⑨脚低音控制端，⑩脚为高音控制端。

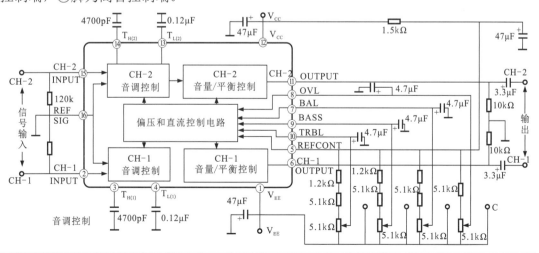

图7-20　双声道音频信号调整电路

7.3 晶体管消音电路

7.3.1 采用晶体管的消音电路

耳机电路是MP3/MP4机必不可少的电路音频电路之一。图7-21为采用晶体管作为消音管的耳机电路，输出的音频信号（L、R）经耦合电容CT14、CT16送往耳机接口，在信号通路上设有消音控制晶体管VQ2、VQ3，这两个晶体管受VQ4的控制，VQ4是PNP晶体管，当VQ4基极有低电平控制信号时，VQ4导通，于是VQ4的集电极电压经R88分别给VQ2、VQ3的基极提供高电平，则VQ2、VQ3导通。音频信号被VQ2、VQ3分流到地，无输出无信号，处于静音状态。在未插耳机时，耳机接口的④脚与右声道相接，右声道音频信号送往扬声器放大电路。当插入耳机时，切断送给扬声器的信号。

此外耳机接口的接地端，同时作为FM收音电路的天线，当插入耳机时，其导线的屏蔽层为FM收音机的外接天线，用以接收FM广播信号。

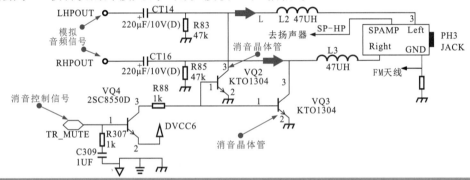

图7-21 采用晶体管作为消音管的耳机电路

7.3.2 采用场效应晶体管的消音电路

图7-22为典型的采用场效应晶体管作为消音管的耳机电路。来自数字信号处理电路的L、R音频信号经消音控制电路送到耳机接口，VQ1、VQ2场效应晶体管的漏极分别接到L、R信号的输入线上，当控制电路送来消音控制电压时，VQ1、VQ2导通，将L、R信号短路到地，无信号输出，MP3/MP4机处于消音状态。

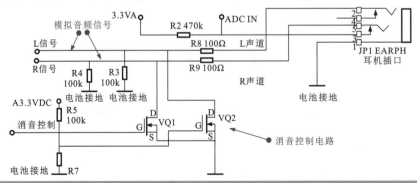

图7-22 典型的采用场效应晶体管作为消音管的耳机电路

第8章 音频功率放大电路

8.1 互补对称功率放大电路

8.1.1 互补对称功率放大电路的基本结构

互补对称功率放大电路中的关键器件主要是指起放大作用的两只三极管，电路中有信号输入时，它们轮流导通，最后在输出端输出完整的电流信号波形。实际电路中应用的互补对称功率放大器主要有三种基本形式：甲乙类互补对称电路、单电源互补对称电路和复合互补对称电路。

1 甲乙类的互补对称电路

（1）甲乙类互补对成电路的结构。图8-1所示为工作与甲乙类的互补对称功率放大电路，图中V1为NPN管，V2为PNP管。两管的发射极连接在一起，采用正、负电源供电，发射极直接与负载相连接。两管的基极间接有两个正向连接的二极管VD1和VD2以及电阻R_1，并通过R_3和R_2接到正、负电源上。其目的是给每个三极管的发射结建立一个适当的正向偏置电压，以减小"交越失真"。b_1和b_2之间的压降通常调整（改变R_3）到小于（$U_{BE1}+|U_{BE2}|$）的值。

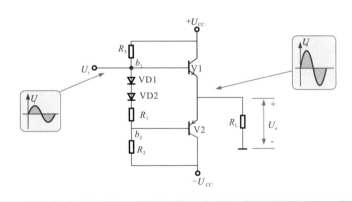

图8-1 互补对称功率放大电路

（2）甲乙类的互补对称电路工作原理。当输入信号为正半周时，b_1点电位升高，i_{B1}（包括直流成分I_{B1}和交流成分i_{B1}）将增大，在V1的发射极形成信号电流的正半周。与此同时，V2管很快进入截止状态；当输入信号为负半周时，b_1点电位降低，b_2点也降低，V1管截止，V2管导通，V2管的发射极形成信号电流的负半周，从而在负载R_L上得到一个完整的信号波形。

2 单电源互补对称电路

图8-2为采用单电源的甲乙类互补对称原理图，简称"OTL"电路（其含义是没有变压器的功率放大电路）。互补对称式OTL功率放大器是采用了两个导电极性相反的三极管，因此只需要相同的一个基极信号电压即可。

图中，三极管V2为NPN型晶体管，V3为PNP型晶体管。推动级V1集电极输出电压U_{C1}即为V2和V3的基极信号电压，V1的集电极电阻R_3、R_4同时为V2、V3提供基极偏置电压，使其工作在放大状态。电容C_4接在输出端与负载之间，起到隔直流、通交流的作用。电容C_4两端由于充电而有直流电压$U_{C4}=U_{CC/2}$（充电所至），因此它还是V3管的直流电源。

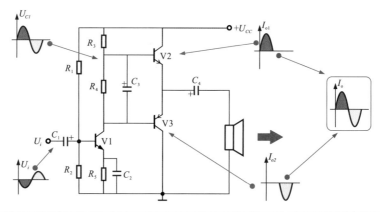

图8-2 采用单电源的甲乙类互补对称原理图

3 复合互补对称电路

为了提高输出功率，功放管可以采用复合管的形式。图8-3为采用复合管的互补对称式OTL功率放大电路。图中标识a的部分为两个NPN晶体管组成的复合管，等效为一个NPN型晶体管。图中标识b的部分为一个PNP三极管和一个NPN三极管组成的复合管，等效为一PNP型三极管。

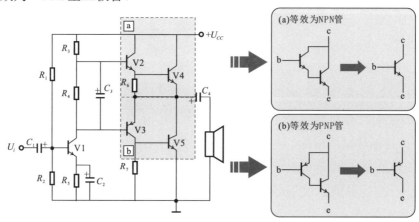

图8-3 采用复合管的互补对称式OTL功率放大电路

在图8-3中，V2和V4组成一个NPN型复合管，V3和V5组成PNP型复合管。V1为前置推动级。R_6和R_7称为泄放电阻，主要是泄放掉V2和V3的一部分反向饱和电流，以使复合管的温度稳定。R_4的作用是建立V2和V3基极间的电压，以提供适当的静态偏置电压，减小交越失真。

由图可知，当正半周信号加到V2、V3基极时，V2导通，V3截止，信号经V2、V4放大后，通过耦合电容C_4流过扬声器；当负半周信号加到V2和V3基极时，V2截止，V3导通，信号经过V3和V5放大后，经耦合电容C_2也加到负载上；输出放大信号通过输出耦合电容C_4在扬声器上合成一个完整的信号波形。

所谓复合管是把两个三极管的电极以适当的方式直接连接起来，可当作一只管子使用。

复合管有两种构成方式：一种是由两只同类型三极管构成，如图8-4（a）～（b）所示；另一种是由两只不同类型的管子构成，如图8-4（c）～（d）所示。

两只三极管连成复合管，必须保证每只管子各级电流都能顺着各管的正常工作的电流方向流动；否则是不行的。复合后的等效三极管的类型由前一只管子的类型决定。复合后的等效三极管的电流放大倍数近似等于两管电流放大倍数的乘积，即$\beta=\beta_1\cdot\beta_2$。

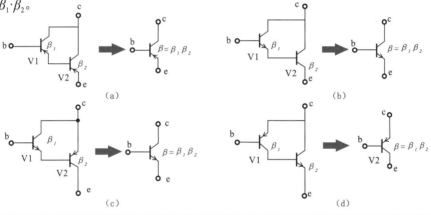

图8-4　复合管

8.1.2 对称互补功率放大电路的应用实例

1 对称互补功率放大电路在车载立体声功率放大器中的应用

图8-5为车载立体声功率放大电路，其中输出晶体管V3、V4采用相互对称的连接方法。输出信号通过大容量耦合电容器C4供给RL。V2按照甲类功率放大器的作用设计，在此级进行电压放大。V3、V4的集电极电流为100mA以上，基极电流为10mA以上。V2的集电极电路又是VT3、VT4的基极偏置电路，它为V3、V4提供静态基极电流。因此，V2的负载电阻因受电源电压的限制电阻值较低，不能得到足够的电压增益。电容C3是自举电容器，输出电压通过C3对V2的负载电阻R8和R9的接点进行升压，信号越强，升压幅度越高，从而在不断增加电源电压的情况下提高输出信号的幅度。

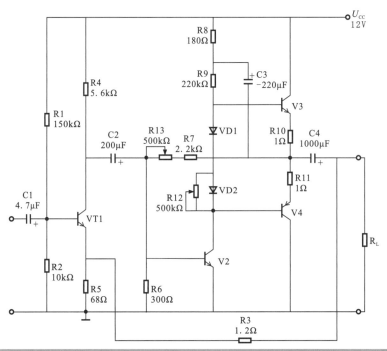

图8-5　车载立体声功率放大电路

2 对称互补功率放大电路在晶体管收音机电路中的应用

图8-6为 晶体管收音机中的OTL功放电路。图8-6（a）中V5与偏置电阻构成激励级，V6和V7是一对互补对称管，V6是锗材料NPN型晶体管，V7是锗材料PNP型晶体管，V6、V7与偏置电阻组成典型的OTL放大电路。

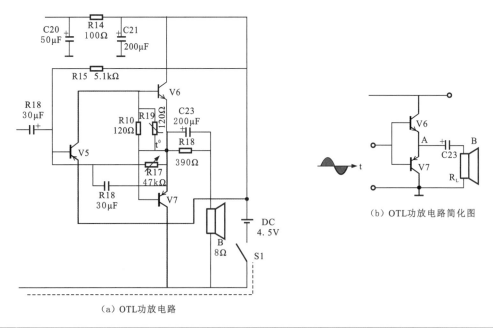

（a）OTL功放电路

（b）OTL功放电路简化图

图8-6　晶体管收音机中的OTL功放电路

为了说明电路的工作过程，将图8-6（a）简化为图8-6（b），图中省略了偏置电阻和激励级。

在图8-6（b），A点电压应为电源电压的一半，即Ec/2，所以称为中点电压。当输入信号如图所示并处于正半周时，相当于给V6加上正偏压，V6导通，V7截止。电源电压通过V6和负载B（扬声器）向输出电容C23充电，充电方向为左正右负。在此期间，B得到自上而下按正弦规律变化的正半周电流。当输入信号处于负半周时，相当于给V7加上正偏压，V7导通，V6截止，C23通过V7加上正偏压，C23通过V7和B放电。在此期间，负载得到自下而上按正弦规律变化的负半周电流。结果，由于V6、V7轮流工作，在负载B上就形成了完整的正弦输出信号。

为了解决在互补对称电路中大功率互补管配对难及大功率输出需要较大的输入功率的问题，很多电路中采用了复合互补对称电路。

8.2　集成功率放大电路

8.2.1　集成功率放大电路的基本结构

1　集成功率放大器的输出级电路

集成功放的输出级通常也是采用复合互补对称电路，但由于集成工艺的特点，不能在同一芯片上制作一对对称的复合NPN和复合PNP管。所以集成功率放大器的输出级电路有自己的特点，常见的输出级电路有下列两种形式。

（1）复合互补推挽输出级。复合互补推挽输出级电路如图8-7所示，图中，V1、VD1、VD2和R构成推动级。V2和V3复合连接成等效的NPN管，V4、V5和V6组成等效的PNP管。后者的管型由横向PNP管（V4）决定，其等效总电流放大系数β为：$\beta=\beta 4$（$1+\beta 5$）（$1+\beta 6$）$\approx \beta 4 \cdot \beta 5 \cdot \beta 6$。在制造过程中，控制横向PNP管的$\beta 4$，使得$\beta 4 = 1$则$\beta \approx \beta 5 \cdot \beta 6$。而V5和V6都是NPN管，特性和参数可以做到同V2和V3一样。这样就可以得到特性十分接近的一对复合互补NPN管和PNP管。

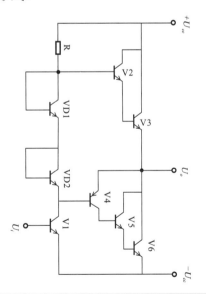

图8-7　复合互补对称推挽输出的电路

为了减小交越失真，利用二极管VD1和VD2（是将c和b两极短接的三极管）的正向压降为输出级提供适当的偏压，使它工作在接近乙类的甲乙类状态。VD1和VD2还具有温度补偿作用。R是V1的集电极直流负载电阻。

（2）用二极管耦合的甲乙类输出级。用二极管耦合的甲乙类输出级的原理
电路如图8-8所示。静态时，调整V1的偏置电路（图中没有画出），使输出端
E点对地直流电压UE=0。VD1的正向压降加在V2的发射结和VD2上，使V2处于微
导通的甲乙类工作状态。

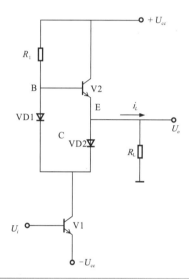

当输入信号ui为正半周时，V1的集电极电流增
大，B 点和C点对地电压都下降。B点电压下降使
V2的发射结电压下降而截止，C点电压下降则使
VD2完全导通。于是，R_L、VD2、V1和-UCC形成
通路，电流iL自下而上流过RL形成输出的负半
周。因为$R_L \ll R_1$，所以VT1的集电极信号电流
$i_{C_1} \approx i_L$。当输入信号u_i为负半周时，i_{C_1}减小，B点和
C点电压都升高。于是，V2导通而VD2截止，
$+U_{cc}$、V2和R_L形成输出信号的正半周。由此可见，
VD2相当于一个闸门，闸门的开和合由输入信号正
负半周电压的变化来控制。在实际电路中，V1和
V2一般都采用复合管。

图8-8　二极管耦合的甲乙类输出级电路

2　集成OTL功率放大电路

由集成功放TDA2040（IC）组成的OTL功率放大器电路如图8-9所示，它采用
+32V单电源作为工作电压。该电路电压增益30dB（放大倍数32倍），扬声器阻抗
ZBL=4Ω时输出功率为15W，扬声器的阻抗ZBL=8Ω时输出功率为7.5W。

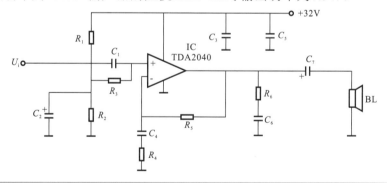

图8-9　集成OTL功率放大电路

在该电路中，信号电压Ui由集成功放IC的同相输入端输入，C1为输入耦合电容。
R_1、R_2为偏置电阻，将IC的同相输入端偏置在电源电压的1/2处（+16V）。R_3的作用是
防止由于偏置电阻R_1、R_2而降低输入阻抗。R_5为反馈电阻，它与C_4、R_4一起组成交流负
反馈网络，决定电路的电压增益，电路的放大倍数A=R_5/R_4。C_7为耦合电容。R_6、C6组
成输出端消振网络，以防电路自激。C_3、C_5为电源滤波电容。

由集成功放TDA2040（IC）也可以组成OCL功率放大器（OCL的含义为没有输出电容的功率放大器），电路如图8-10所示，它采用±16V对称双电源作为工作电压。OCL功率放大器由于采用对称的正、负电源供电，所以输入端不需要偏置电路。

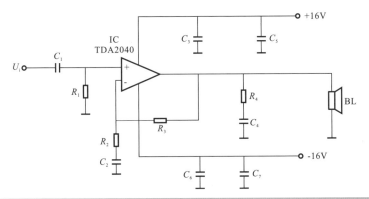

图8-10　由集成功放TDA2040组成OCL功率放大器

该电路的电压增益由R_3与R_2决定，放大倍数$A=R_3/R_2$。C_3和C_5、C_6和C_7分别为正、负电源的滤波电容。

8.2.2　集成功率放大电路的应用

图8-11为SHM1150Ⅱ型集成功率放大器，属于BiMOS（BJT-MOSFET组合）型。从图8-11（a）中可见，V1和V2组成差动输入级，其电路形式为单端输入双端输出结构。V1的输出与V5的基极相连；V2管输出经V4、R8组成的电压跟随器的缓冲放大与V5的发射极相连，这里插入电压跟随器的目的是为了克服发射极输入时的等效阻抗太低的缺点。V5则以电流源I2作为有源负载构成了高增益的中间放大级，同时该电路形式为最简单的双端输入单端输出结构。V7、V8构成互补对称电路，作为驱动级，用于驱动V9和V10构成输出级。

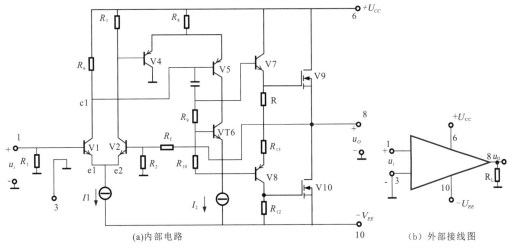

图8-11　SHM1150Ⅱ型集成功率放大器

V_6、R_9、R_{10}组成恒压源电路，其作用是为V7、V8提供适当的直流偏置电压，以防止V9、V10产生交越失真。

R_f和R_2构成反馈网络，并引入电压串联负反馈，从而达到稳定增益和静态工作点的目的。

SHM1150Ⅱ型电路由于输出级采用了VMOS管，输出功率得到很大提高。该电路可在±12～±50V电压下正常工作，电路的最大输出功率可达150W。

8.3　OTL音频功率放大电路

8.3.1　分立元器件OTL功率放大电路

OTL是Output Transformer Less缩写，意为无输出变压器，由于电路中取消了输出变压器，因此彻底克服了输出变压器本身存在的体积大、损耗大、频响差等缺点，得到了广泛的应用。OTL功放电路主要有互补对称式OTL功放电路和复合互补对称式OTL功放电路。图8-12为复合互补式OTL功率放大电路。

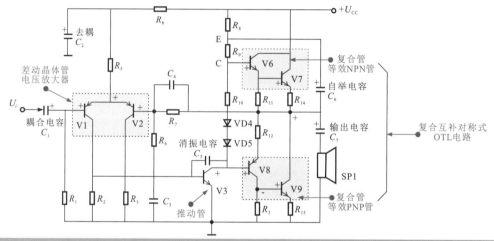

图8-12　复合互补式OTL功率放大电路

在该电路中，V1和V2构成差分输入级电压放大器，V3是推动管，VD4和VD5为功放输出管的静态偏置二极管。V6~V9构成复合互补对称式OTL电路，是输出级电路。其中，V6和V7为两只NPN型同极性复合管，它等效一只NPN型晶体管；V8和V9是PNP型和NPN型复合管，等效成一只PNP型晶体管。

输入信号Ui经C_1耦合后加到V1的基极，经放大后从其集电极输出，直接耦合到V3的基极，放大后从其集电极输出。V3的集电极输出的正半周信号经V6和V7放大后，由C_7耦合到SP1中，在SP1上获得一个完整的信号。

8.3.2　集成电路OTL功率放大电路

在组合音响的主功率放大器电路中，用得最多的是集成OTL功放电路，这一电路的工作原理与分立元件电路相同。图8-13为单声道集成电路OTL功放电路。

在该电路中，IC1是一个集成功放，它共有10个引脚。U_i为输入信号，U_i经C_1耦合，从①脚馈入IC1内部电路中。经过电压放大级、推动级和功放级放大后的信号从IC1的⑦脚输出，经C_7耦合加到扬声器SP1中。

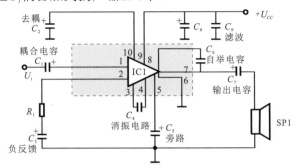

图8-13　单声道集成电路OTL功放电路

8.3.3　OTL音频功率放大器的应用

图8-14为OTL音频功率放大器，额定功率为40W，峰值音乐输出功率可标为200W以上。峰值音乐是指最大的音乐输出功率，是功放电路的另一个动态指标。若不考虑失真度，功放电路可输出的最大的音乐功率，就是峰值音乐输出功率。

通常峰值音乐输出功率大于音乐输出功率，音乐输出功率大于最大输出功率，最大输出功率大于额定功率。经实践统计，峰值音乐输出功率是额定输出功率的5~8倍。对于正弦波来说，因正弦波峰值电压为有效电压值的$\sqrt{2}$倍，故峰值功率是有效值功率（或称额定功率）的2倍，而最大音乐输出功率峰约为峰值功率的4倍，即额定功率的8倍左右。

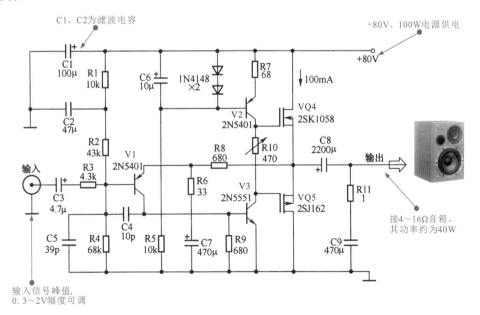

图8-14　OTL音频功率放大器

8.4 OCL音频功率放大电路

OCL是英文Output Capacitor Less的缩写，意为无输出电容。OCL功放电路是在OTL功放电路的基础上发展起来的。由于OTL功放电路输出端还需要一只容量很大的电容，这一电容也会带来一些问题，如放大器的下限频率不能做得很低（低频特性受到限制）等。

8.4.1 分立元器件OCL功率放大电路

图8-15为分立元器件构成的一种OCL功放电路。V1和V2构成差分输入级电路，V3管构成推动级，V5和V6是互补对称输出级，VD4是V5和V6的静态偏置二极管，$+U_{cc}$和$-U_{cc}$是正、负对称电源。

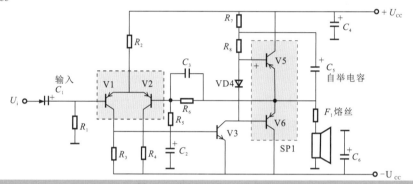

图8-15 分立元器件OCL功率放大电路

这一电路的工作原理图8-13所示电路的工作原理几乎相同，不同之处是采用了$+U_{cc}$、$-U_{cc}$对称电源供电并省去了输出端耦合电容。在图8-15电路中，V1、V2和V3处于甲类状态，V5和V6处于甲乙类状态。由于V5和V6的性能一致、静态偏置相同，所以V5和V6的集电极和发射极之间内阻相等，加上$+U_{cc}$和$-U_{cc}$对称，这样输出端在静态时电压为0V，扬声器SP1可直接接在输出端与地之间，并且无直流电流流过SP1。正半周信号使V5导通、放大，负半周信号使V6导通，放大，在SP1上获得一个全波信号。

在电路中，R_6、R_5和C_2是负反馈网络。其中由于C_2的隔直作用，所以R_6只有交流负反馈作用。R_6具有较强的直流负反馈作用，以使V1~V6各管工作稳定，输出端静态电压稳定在0V。另外，R_6和R_5一起还有交流负反馈作用。C_3是高频负反馈电容（电容超前补偿电路），以防止电路可能出现的高频自激。R_7、R_8和C_4构成自举电路。电路中，F1是熔丝，用来保护功放管和SP1。如电路出现故障,导致输出端静态不为0V，由于SP1的直流电阻很小，这样会有很大的直流电流流过SP1和输出管，会使它们烧坏。在加入F_1后，如出现F_1熔断是保护SP1和输出管。在扬声器回路串有熔丝是对OCL功放电路中的一种保护，在OTL功放电路中由于输出端耦合电容具有隔直作用，所以可以不设这种熔丝。

图8-16为全部采用场效应管的OCL电路。

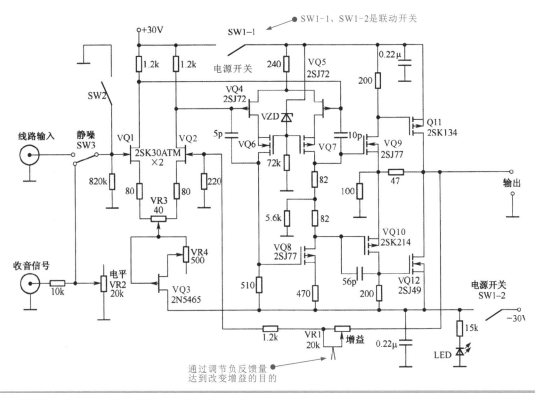

图8-16　场效应管OCL功率放大电路

8.4.2　集成电路OCL功率放大电路

　　图8-17为集成电路OCL功放电路。电路中的IC1是集成电路，它的内电路结构基本上与集成电路OTL功放电路相似。

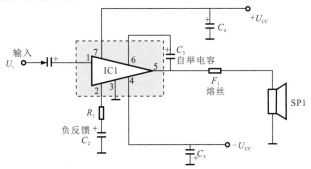

图8-17　集成电路OCL功率放大电路

　　OCL功放电路与OTL功放电路相比具有以下特点：采用两组电源供电，使电路结构复杂了一些。由于使用了正、负电源，在电压不太高的情况下，电路也能获得比较大的输出功率。省去了输出端的耦合电容，使放大器低频特性得到扩展。由于没有输出电容隔直，要设置扬声器保护电路。输出端静态工作电压为0V，这是检修OCL功放电路的重要参数。OCL功放电路也是定压式输出电路。这种电路由于性能比较好，所以广泛地应用在高保真扩音设备中。

图8-18所示是一种性能较好的60 WOCL功放电路。

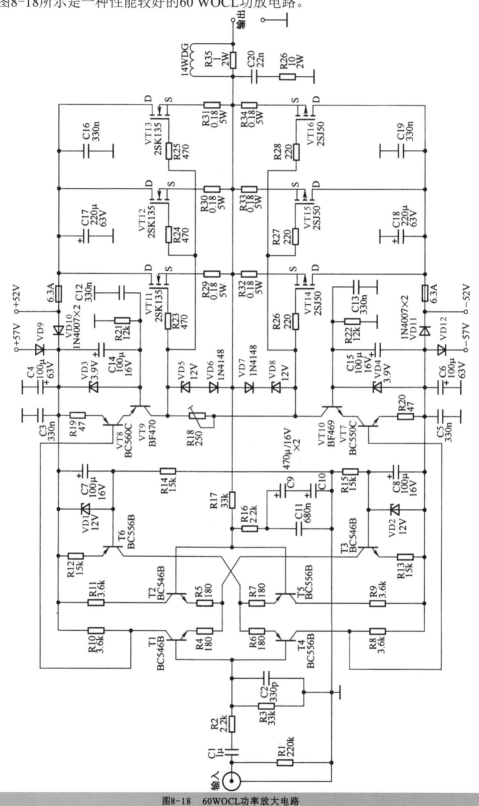

图8-18　60WOCL功率放大电路

第9章 电动机驱动控制电路

9.1 交流电动机及驱动电路

9.1.1 单相交流感应电动机

单相交流电机结构简单、效率高、使用方便。广泛使用在输出转矩大、转速精度要求不高的产品中，如风扇电机、洗衣机、电动器具中的电动机都是单相交流感应电动机。其典型的结构如图9-1所示。

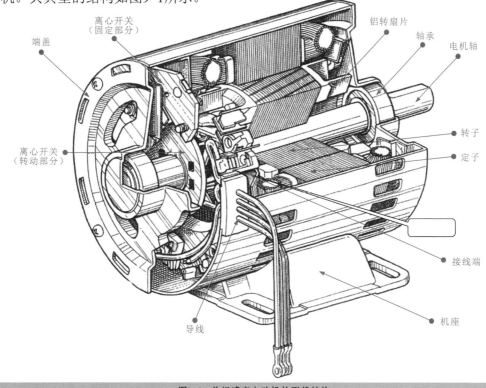

图9-1 单相感应电动机的形状结构

单相感应电动机又可分为分相启动式单相感应电机和电容启动式单相感应电动机两种。

1 分相启动式单相感应电动机驱动电路

为了使单相感应电动机迅速启动，在电动机绕组中设有两组线圈，即主线圈和启动线圈，在启动线圈供电电路中设有离心开关，其结构如图9-2所示。启动时开关闭合交流220 V电压分别加到两相绕组中，由于两相线圈的相位成90°，使电动机启动，当启动后达到一定转速时，离心开关受离心力的作用而断开，启动线圈停止工作。

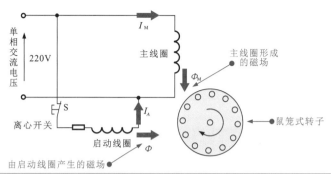

图9-2　分相启动式单相感应电动机电路结构

2　电容启动式单相感应电动机驱动电路

图9-3为电容启动式单相感应电动机的电路，为了形成两相旋转磁场，使启动绕组与电容串联，同样可以形成启动磁场。

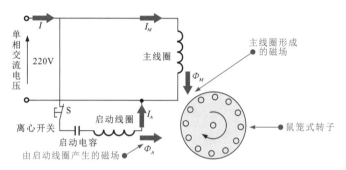

图9-3　电容启动式单相感应电动机的电路

9.1.2　三相交流感应电动机

三相交流感应电动机与单相感应电动机相比，它的供电电压高（380V），动力大，通常用在大功率的机电设备中，外形和原理与单相感应电动机相似。按启动方式有如下两种。

1　Y-Δ启动方式的三相感应电动机

图9-4为Y-△启动方式的三相感应电动机的电路，启动时，接线为Y方式电动机可以启动，启动后开关动作转换成△连接方式，并进入旋转状态。

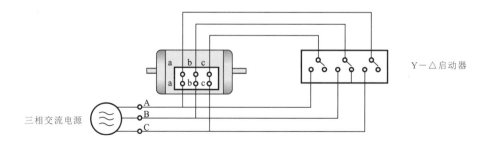

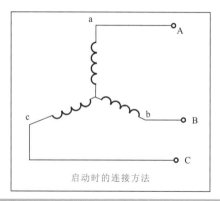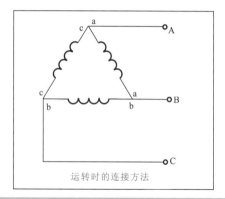

启动时的连接方法　　　　　　　　　运转时的连接方法

图9-4　Y—△启动方式的三相感应电动机的电路

2 三相感应电动机的启动补偿电路

　　图9-5为使用启动补偿器的三相感应电动机电路原理图，启动时通过启动开关将供电电源接到启动补偿器上，经启动补偿器为电动机绕组供电，启动后由开关将电源转换到电动机绕组上。

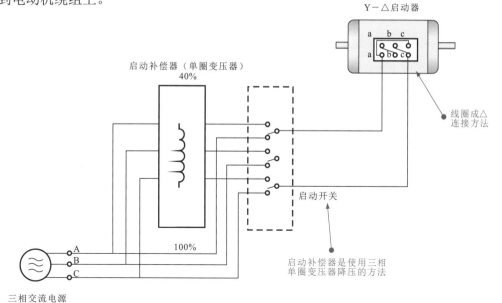

图9-5　使用启动补偿器的三相感应电动机电路原理图

3 单相调速电动机供电系统

　　图9-6为单相调速电动机供电系统，电动机具有两个绕组，交流220V电源，一端加到绕组的公共端。运行绕组经双向晶闸管VD2接到交流220V的另一端，同时经4μF电容器接到辅助绕组的端子上。

　　电动机的主通道中D2导通，电源才能加到绕组上，电动机才能旋转。VD2受VD1的控制，在半个交流周期内VD1输出脉冲，VD2变可导通，改变VD1的导通角（相位）就可对速度进行控制。

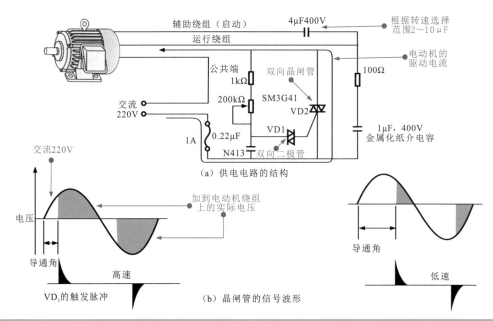

图9-6　单相调速电动机供电系统

4　交流电动机的供电设备

图9-7是电动机的供电设备和施工要求示意图。

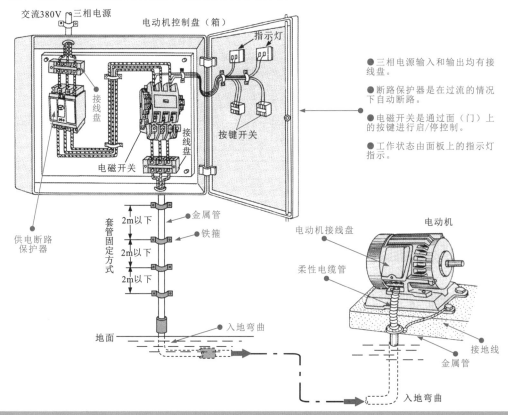

图9-7　电动机供电设备及施工要求

为了确保供电设备的安全性（包含防水防尘）对高压（380 V）线路要采取严格的防护措施，三相380 V供电输入端和供电箱的输出端均要绝缘良好，供电引线应外套金属管保护，并确认电动机的接地良好。

9.2　直流电动机及驱动电路

直流电动机是指能发出直流电的直流发电机或通以直流电而转动的直流电动机，前者由机械能转化为电能，后者将电能转化为机械能。

生活中很多的产品都用到了直流电动机，如录音机、录像机、电动剃须刀、电动玩具、电动自行车、洗衣机、吸尘器等，还有一些比较大型的轧钢床、起重机和电力驱动设备等。

9.2.1　直流电动机的结构特点

直流电动机是最常见和成本最低的小型电动机，并且广泛用于各种产品之中。无刷直流电动机以电子组件和传感器取代电刷，不但延长电动机寿命和减少维护成本，而且也没有电刷产生的噪声。在磁盘或计算机风扇中无刷直流电动机取代了传统直流电动机。在一些电子产品中，直流电动机的特性使它成为调速系统最容易使用的电动机。图9-8为直流电动机和无刷直流电动机的结构。

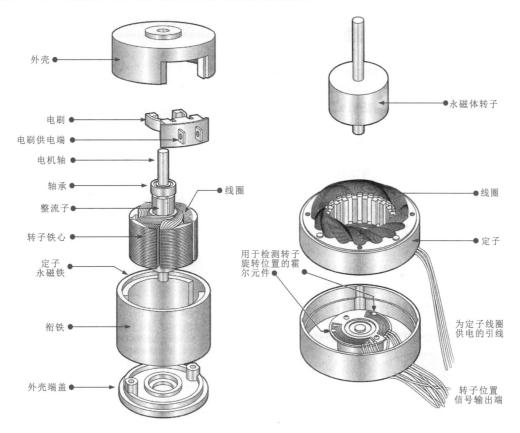

图9-8　直流电动机和无刷直流电动机的结构

9.2.2　直流电动机的起动、调速和反转控制电路

1　直流电动机的起动电路

直流电机从接通电源开始转动，直至升速到某一固定转速稳定运行，这一过程称为电动机的启动过程。直流电动机有全压启动、变阻器启动和降压启动等多种方法。

2　直流电动机的调速电路

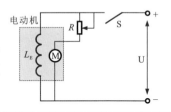

在电枢回路中串联一个可变电阻器来实现调速，如图9-9所示。这种方法增加了串联电阻器上的损耗，使电动机的效率降低。如果负载稍有变动，电动机的转数就会有较大的变化，因而对要求恒速的负载不利。

图9-9　在电枢回路串联电阻器调速方法

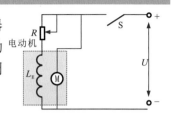

为了改变主磁通Φ，在励磁电路中串联一只调速电阻器R，如图9-10所示。改变调速电阻器R的大小，就可改变励磁电流，进而使主磁通Φ得以改变，从而实现调速。这种调速方法只能减少磁通使转速上升。

图9-10　在励磁回路中串联电阻器调速

3　直流电动机的反转电路

在实际应用中，要求一些直流电动机必须既能正转，也能反转，例如录音机和录像机中所使用的直流电动机等。改变电枢绕组的电流方向，或者改变定子磁场的方向，都可以改变电机的转向。但对于永磁式直流电动机来说，则只能通过改变电流方向来实现改变电动机转向的目的。

图9-11为直流电动机正、反转控制电路，图中R_1、R_2是可调电阻器。改变R_1的阻值，可以改变励磁绕组的电流，起到调节磁场强弱的目的；而改变R_2的阻值，可以改变电动机的转速。图中的双刀双掷开关S是用来改变电动机旋转方向的控制开关。当将开关S拨向"1"位置时，电流从a电刷流入，从b电刷流出；当将开关S拨向"2"位置时，电流从b电刷流入，从a电刷流出。可见，改变开关S的状态，就能改变电枢绕组的电流方向，从而实现改变电动机转向的目的。

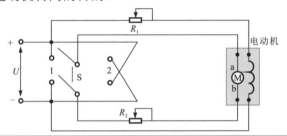

图9-11　直流电动机正、反转控制电路

在电源和电动机之间只要连上一个开关，就可以控制电机的启动和停止，这就构成了一个简单的电动机驱动电路。若要缩短停止的时间，可以在停止时使用能耗制动。只是增加了一个使电流走捷径的通路，电阻是为了限制发电电流不致过大。但是这些电路都不能改变流入电动机的电流方向，电动机不能够反方向旋转。

如果要实现直流电动机正、反两个方向旋转，用4个开关切换流入电动机的电流的方向，如图9-12所示。4个开关和直流电动机构成字母"H"的形状，所以称为"H型开关方式"。使用这种电路，就可以控制电动机使其按正反两个方向旋转。

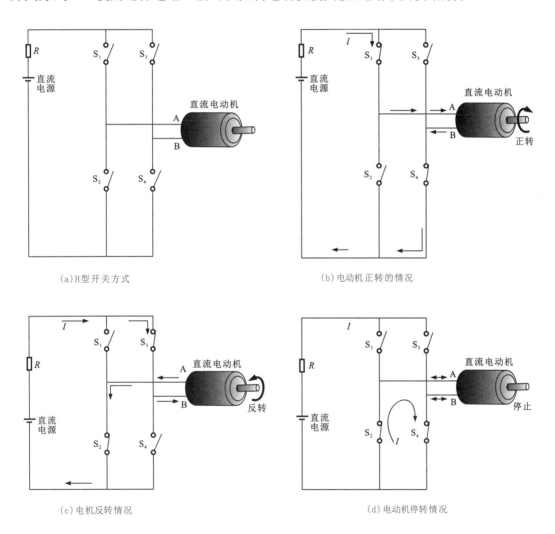

(a) H型开关方式　　　　　　　　　　　　　(b) 电动机正转的情况

(c) 电机反转情况　　　　　　　　　　　　(d) 电动机停转情况

图9-12　直流电动机驱动电路原理图

9.2.3　仪表电动机转速控制电路

图9-13为仪表电动机转速控制电路，图中9-13（a）是基本型驱动电路，图中9-13（b）是用TD 62004 P放大器代替晶体管的驱动电路。

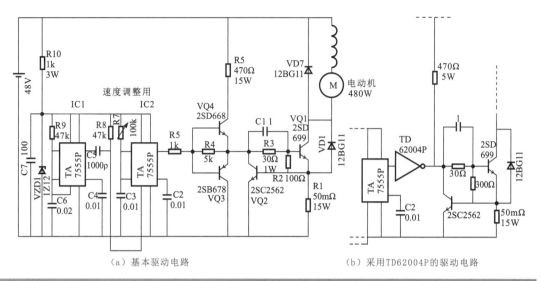

图9-13　仪表电动机转速控制电路

9.2.4　桥式电动机驱动电路

图9-14为桥式电动机驱动电路，该电路的驱动级是4个晶体管。电路中设有4个控制端，通过对A、B、C、D的控制可以实现正向或反向旋转的控制。控制方式可以采用手动或自动方式。

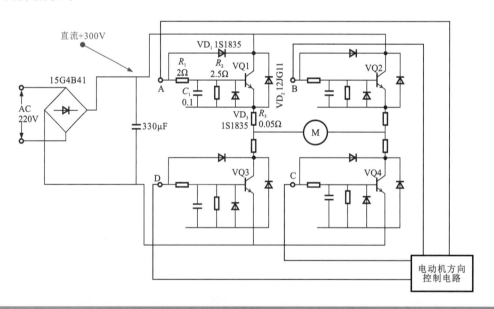

图9-14　桥式电动机驱动电路

9.2.5　双向晶闸管电动机驱动电路

图9-15为双向晶闸管电动机驱动电路，双向晶闸管又被称之为固态继电器。

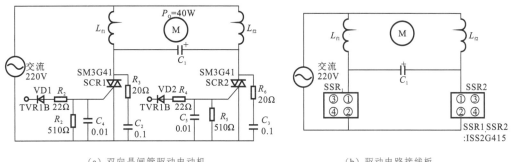

（a）双向晶闸管驱动电动机　　　　　　　　　　　（b）驱动电路接线板

图9-15　双向晶闸管电动机驱动电路

9.2.6　光控电动机驱动电路

图9-16为典型的光控电动机驱动电路。光敏电阻在有光和无光的情况下其阻抗有很大差别，将它接在控制三极管V1的基极电路中，光的强弱不同，VT 1的基极电流则不同，经V2、V3放大后就可以驱动电动机。

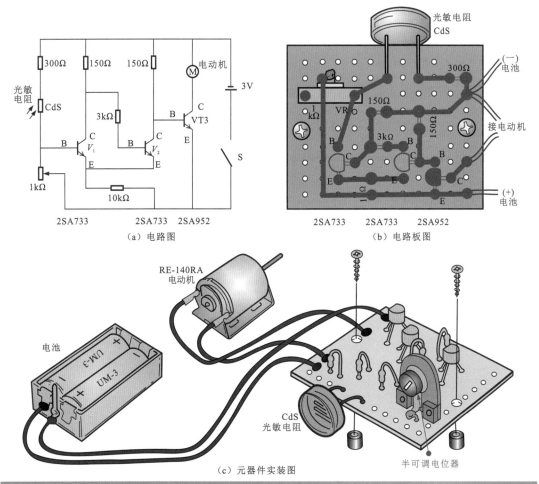

（a）电路图　　　　　　　　　　　（b）电路板图

（c）元器件实装图

图9-16　典型的光控电动机驱动电路

9.3 实用电动机驱动电路

9.3.1 电动自行车无刷直流电动机驱动电路

1 无刷电动机的工作原理

无刷电动机的转子是由永久磁钢构成的，它是圆周上设有多对磁极（N、S）。这样情况必须使加入定子线圈中的电流不断地切换，从而形成旋转磁场，通过磁场的作用使转子旋转起来。

图9-17为定子线圈的结构和连接方式。

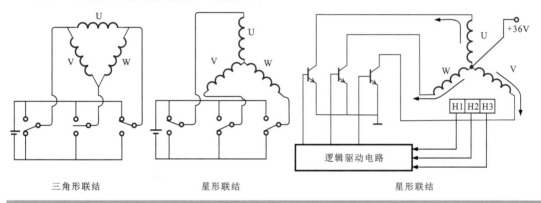

三角形联结　　　　　　　星形联结　　　　　　　星形联结

图9-17　定子线圈的结构和连接方式

图9-18为三角形线圈的结构和工作原理。

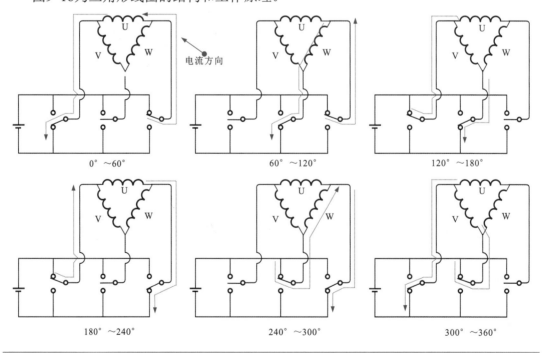

图9-18　三角形线圈的结构和工作原理

通过切换开关，可以使定子线圈中的电流循环导通，并形成旋转磁场。从图中可以看到，循环一周的开关状态和电流通路。开关通常是由开关晶体管构成的。为了实现开关有序的变换，必须有一套控制驱动电路。

无刷电机的转子、定子和驱动电路的关系如图9-19所示。初始状态V3、V4导通，电源的正极经V3线圈W→线圈U→V4到负极形成回路，定子磁极W线圈形成N极、U线圈形成S极，V线圈无电流。由于定子磁场对转子磁极的作用，转子反时针转动。当转动60°后，V1、V5由截止变为导通状态，电流的通路发生变化，即电源正极→V1→线圈U→线圈V→V5→电源负极。线圈U处的磁场变为N极，线圈V处的磁场变为S，这样使转子继续按反时针方向旋转（60°），经过V1～V6晶体管有序的切换就可以实现连续的转动。

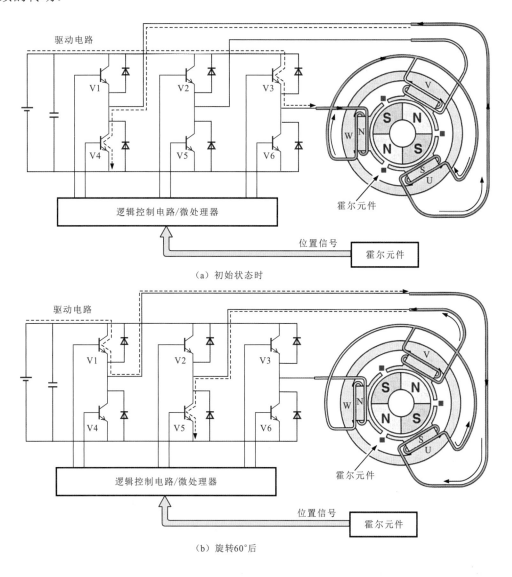

（a）初始状态时

（b）旋转60°后

图9-19 无刷电动机的转子、定子和驱动电路

2 无刷电动机中位置传感器与转子的位置关系

无刷电动机是用三只位置传感器（霍尔IC）检测转子磁极的位置。当电动机的转子磁极旋转至某一相绕组位置时，相应的霍尔位置传感器感应到该位置信号后，将该信号送入电动自行车的控制器中，控制相应场效应晶体管的导通，另外两相绕组的驱动场效应晶体管截止，如图9-20所示为位置传感器（霍尔元件）与转子的位置关系。

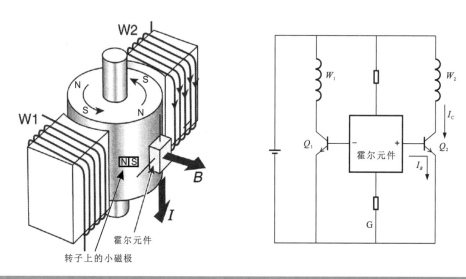

图9-20 位置传感器（霍尔元件）与转子的位置关系

3 直流无刷电动机驱动电路

（1）驱动信号的流程和相位关系。驱动晶体管与电动机绕组的连接关系如图9-21所示。控制电路通过对六个晶体管的交替控制实现循环导通和截止控制，从而不断改变电流的方向。在 $t_0 \sim t_1$ 时刻（0～120°），晶体管U+和V-导通时，其他晶体管截止，其信号流程为：电源电流经正端→U+晶体管→U线圈→V线圈→V-晶体管→R_{806}→负端或到地。

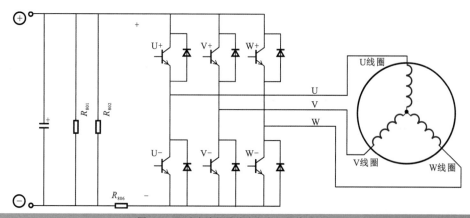

图9-21 驱动电路信号的流程和相位关系

（2）无刷电动机驱动电路的工作原理。图9-22为MC33035P与MC33039组合的三相无刷电动机控制电路原理图。

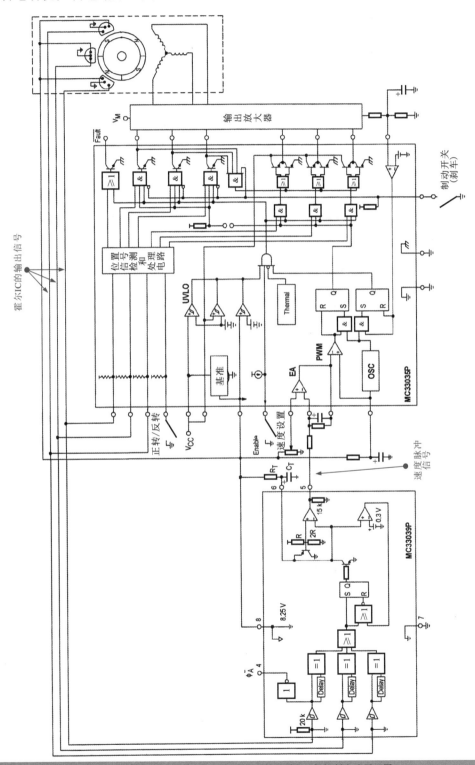

图9-22　MC33035P与MC33039组合的三相无刷电动机控制电路原理图

MC33035P是主要的电动机控制电路，它分别输出6路驱动信号，经输出放大器放大后去驱动三相电动机的定子线圈。在电动机内设有三个霍尔IC，霍尔元件是一种磁感应元件，它与IC合成一体，制成磁场传感器。每个霍尔IC有3个引脚，一个是接地端，一个电源供电端，还有一个是输出端，当磁场作用到霍尔IC时，会有信号电压输出。电动机旋转时，霍尔IC便有脉冲输出，该脉冲与转子磁极的转动相位同步。霍尔IC输出的脉冲信号送到MC33035中的位置信号检测和处理电路中，经处理后去控制驱动信号的输出。

（3）采用MC33035和MC33039组合的控制电路。图9-23是一种典型的直流无刷电动机控制电路，该电路主要是由电动机驱动控制芯片MC33035和无刷电机适配器MC33039以及场效应晶体管驱动电路等部分构成的。

在工作时，MC33035输出6路PWM信号分别去驱动由6个场效应晶体管构成的电动机驱动电路。从图可见，6个场效应晶体管构成桥式电路，其输出分别接到电机的三相绕组上。使三相绕组中的电流按规律顺次改变，从而形成旋转磁场，驱动电动机的转子连续旋转。

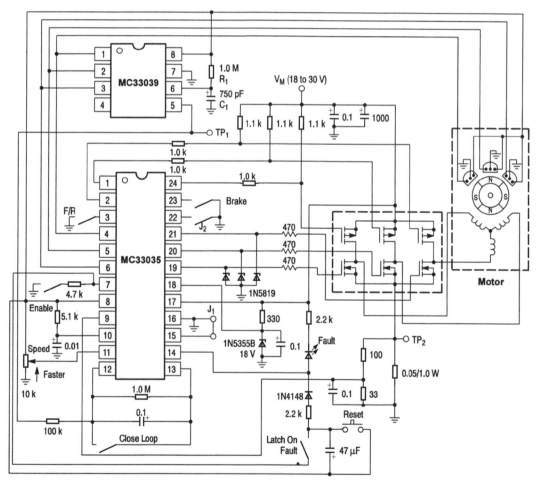

图9-23　直流无刷电动机控制电路

（4）四相全波无刷电机驱动电路。图9-24为四相全波电动机驱动控制电路，该电路主要是由电动机驱动控制芯片MC33035、功率驱动电路和4相直流无刷电动机等部分构成的。从图可见，电动机的定子绕组线圈有4个，用于电动机转子磁极位置的霍尔IC有两个。

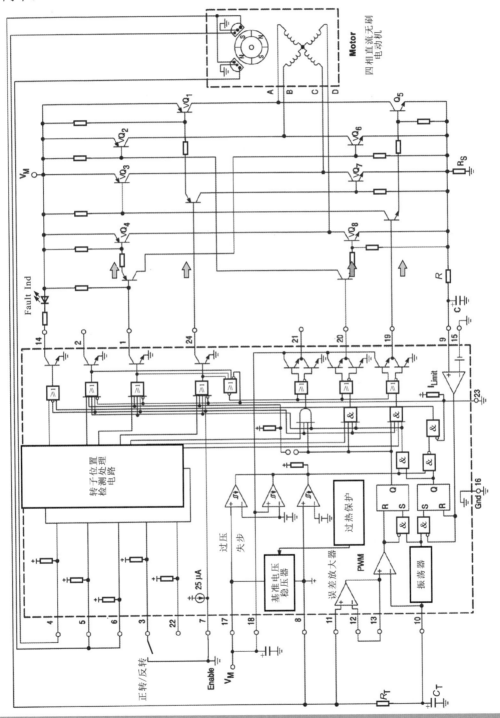

图9-24　四相全波无刷电动机驱动控制电路

9.3.2　吸尘器电动机驱动电路

图9-25为典型吸尘器的电动机驱动电路。从图可见，交流220 V电源经电源开关 S为吸尘器电路供电，交流电源经双向晶闸管为驱动电动机提供电流，控制双向晶闸管 VS的导通周期，就可以控制提供给驱动电动机的能量，从而达到控制驱动电动机速度 的目的。双向晶闸管VT2和VT1极之间可以双向导通，这样便可通过交流信号。双向晶 闸管导通的条件是VT1和VT2极之间有电压的情况下，触发极G有脉冲信号。

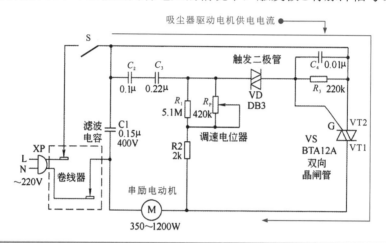

图9-25　典型吸尘器的电动机驱动电路

开关S接通后，交流电源经C_2、C_3和双向二极管VD会在双向晶闸管的G极形成触发 脉冲，使双向晶闸管导通为驱动电动机供电。由于双向晶闸管接在交流供电电路中， 触发脉冲的极性必须与交流电压的极性一致。因而每半个周期就需要有一个触发脉冲 送给G极。触发脉冲的极性与交流供电电流的极性关系如图9-26所示。

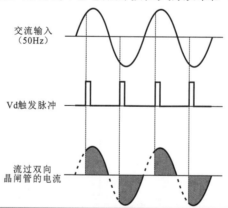

图9-26　触发脉冲的极性与交流供电电流的极性关系

从图9-25可见，输入交流电压（220V 50Hz）是连续的，而双向晶闸管的导通时间 是断续的。如果导通周期长，则驱动电动机得到能量多，速度快，反之，则速度慢。 控制导通周期的是电位器R_p，调整R_p的电阻值，可以调整双向二极管（触发二极管）的 触发脉冲的相位，就可实现驱动电动机的速度控制。

9.3.3 滚筒式洗衣机电动机驱动电路

图9-27为滚筒式洗衣机中的电动机驱动电路结构图。该电路中采用的电动机为双速电动机，在电动机内装有2套绕组。在洗涤过程中，由低速绕组工作，带动滚筒洗涤衣物，因此也可以称为洗涤电动机绕组。在脱水过程中，由高速绕组工作，带动滚筒洗涤高速运转，甩出衣物中的水分，因此也可以称为脱水电动机绕组。

双速电动机由2套绕组构成，其中12极绕组为洗涤电动机绕组，由主绕组、副绕组、公共绕组3种绕组组成。2极绕组为脱水电动机绕组，由主绕组和副绕组两种绕组组成。

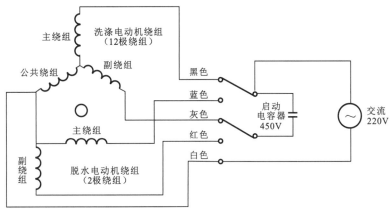

图9-27 滚筒式洗衣机中的电动机驱动电路结构图

洗涤电动机绕组中主、副绕组控制电动机正、反方向运转，因此具有相同的线径、匝数、极距和节距。公共绕组的线径、匝数、极距和节距与主、辅绕组不同。这3种绕组采用Y形接法，3种绕组呈120°角度。

脱水电动机绕组只能单向运转，因此主、副绕组有明显的区别。主绕组的线径粗、匝数少、直流电阻小；副绕组的线径细、匝数多、直流电阻大。

两套电动机绕组的公共端连接在一起，形成双速电动机的公共端。双速电动机使用一个启动电容器，由程序控制器的触点片控制。当连接洗涤电动机绕组（12极绕组）时，洗衣机以低速带动滚筒运行，完成洗涤功能。当连接脱水电动机绕组（2极绕组）时，洗衣机以高速带动滚筒运行，完成脱水功能。并且由程序控制器控制，将2套电动机绕组互锁，不允许两套电动机绕组同时接通运行。

除了带动波轮盘轴体的电动机以外，在电动程序控制器内还有一个同步电动机。该电动机的工作环境及特点，需要体积小，功率小，转速稳定的电动机，因此通常采用永磁式直流电动机。

9.3.4 电风扇电动机驱动电路

（1）风扇电动机的基本结构。风扇电动机大都采用交流感应电动机，它具有两个绕组（线圈），其结构和原理如图9-28所示。

主绕组通常作为运行绕组，另一辅助绕组作为启动绕组。交流供电电压经启动电容器加到启动绕组上，由于电容器的作用，使启动绕组中所加电流的相位超前于运行绕组90°，在定子和转子之间就形成了一个启动转矩，使转子旋转起来。外加交流电压使定子线圈形成旋转磁场，即使启动绕组中电流减小也不影响电动机旋转。实际上在启动后由于启动电容器被充电，使启动绕组中的电流减小。

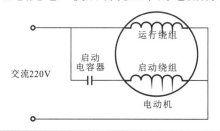

图9-28 交流感应电动机的结构及原理

（2）交流电动机的调速方法。风扇电动机的调速采用绕组线圈抽头的方法比较多，实际上就是改变绕组线圈的数量，从而使定子线圈所产生磁场强度发生变化，实现速度调整。

图9-29为一种壁扇电动机绕组的结构，运行绕组中设有两个抽头，这样就可以实现三速可变的风扇电动机。由于两组线圈接成L字母型，也就被称之为L型绕组结构。

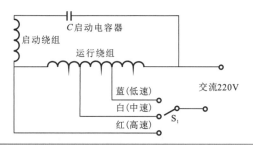

图9-29 L型绕组抽头调速电动机

图9-30所示是一种台扇电动机绕组的结构，由于两个绕组接成T字母型，因而被称之为T型绕组结构。

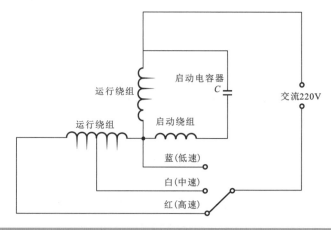

图9-30 T型绕组抽头调速电动机

图9-31为双绕组抽头调速电动机，即运行绕组和启动绕组都设有抽头。通过改变绕组所产生的磁场强弱进行调速。

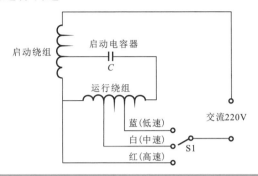

图9-31　双绕组抽头调速电动机

9.3.5　榨汁机电动机驱动电路

图9-32为榨汁机中的切削电动机驱动工作原理。

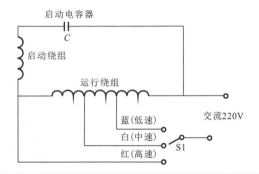

图9-32　切削电动机驱动工作原理

榨汁机的电源开关、启动开关闭合，交流220 V便加到切削电动机的两端子上。切削电动机的供电端有220 V的电压供电后，开始高速旋转，进而带动榨汁机的机座和切削搅拌杯高速旋转。切削搅拌杯在高速旋转的作用下，其底部的刀口便开始切削、搅拌榨汁机中的果品。

9.3.6　吊扇电动机驱动电路

图9-33所示为一种简单的吊扇电动机驱动电路，该电路主要是由电源电路、电动机驱动电路等部分构成的。

电源电路主要是由电源开关S1、电容器C_1、电阻器R_1、稳压二极管VS、整流二极管VD和滤波电容器C_2等元件构成的；控制电路主要是由晶体管VT1、定时选择开关S2、试机集成电路IC（NE555）及外围相关元件构成的。

交流220V电压经C_1降压、VD整流、C_2滤波、VS稳压后输出约12V的直流电压。当接通电源后，12V为电容器C_3充电，当C_3两端电压上升至设定值时，V1导通，集成电路IC的②脚变为低电平，使③脚输出高电平，使VT2导通，电动机M通电旋转。

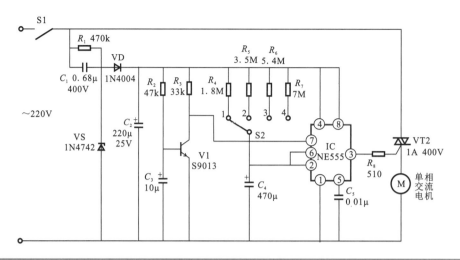

图9-33　吊扇电动机驱动电路

9.3.7　榨汁机电动机驱动电路

根据高士达2586DTG（GoldStar MS—2586DTG）微波炉电路图可看出，转盘组件是通过继电器RT1进行控制的，通过电路图中的标识，可在操作显示电路板上查找出转盘组件的控制电路，如图9-34所示。

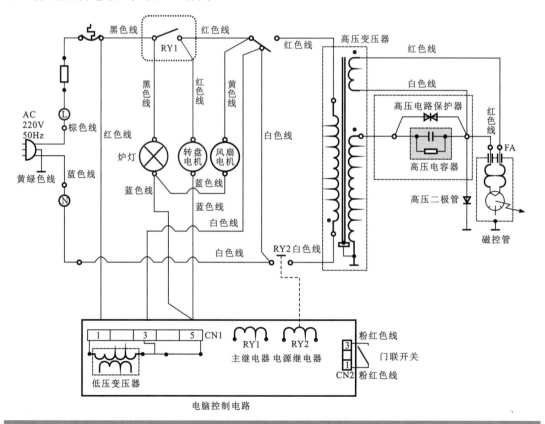

图9-34　高士达2586DTG型微波炉转盘组件的控制电路

第 10 章　传感器检测控制电路

10.1　温度检测控制电路

10.1.1　电冰箱的温度检测控制电路

图10-1为热敏电阻式温度控制电路，其核心器件是将一个桥式温度检测电路和继电器控制电路，热敏电阻是其中的核心元件又称为感温元件。该电路通过对冰箱内温度的检测值去控制继电器，通过继电器再去控制压缩机，从而实现对冰箱的温度控制。

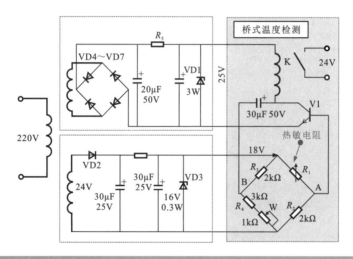

图10-1　热敏电阻器式温度控制器电路

该图中，三极管V1的发射极和基极接在电桥的一个对角线上，电桥的另一对角线接在18V电源上。R_p为电冰箱温度调节电位器。当R_p固定为某一阻值时，若电桥平衡，则A点电位与B点电位相等，V1的基极与发射极间的电位差为零，三极管V1截止，继电器K释放，压缩机停止运转。随着停机后电冰箱内的温度逐渐上升，热敏电阻R_1的阻值不断减小，电桥失去平衡，A点电位逐渐升高，三极管V1的基极电流Ib逐渐增大，集电极电流I_c也相应增大，箱内温度越高，R_1的阻值越小，I_b越大，I_c也越大。当集电极电流I0增大到继电器的吸合电流时，继电器K吸合，接通压缩机电动机的电源电路，压缩机开始运转，系统开始进行制冷运行，箱内温度逐渐下降。随着箱内温度的逐步下降，热敏电阻R_1阻值逐步增大，此时三极管基极电流I_b变小，集电极电流I_c也变小，当I_c小于继电器的释放电流时，继电器K释放，压缩机电机断电停止工作。停机后电冰箱内的温度又逐步上升，热敏电阻R_1的阻值又不断减小，使电路进行下一次工作循环，从而实现了电冰箱内温度的自动控制。

10.1.2 电热水壶的温度检测控制电路

图10-2为电热水壶的温度检测和控制电路。

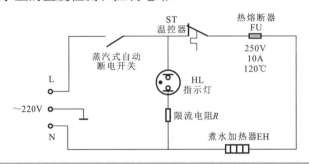

图10-2　电热水壶的温度检测和控制电路

接通交流220 V电源，交流电源的L（相线）端经蒸汽式自动断电开关、温控器ST和热熔断器FU加到煮水加热器EH的一端，经过煮水加热器与交流电源的N（零线）端形成回路，使加热器两端都有交流电流，而开始加热。

电热水壶当中有三重保护：第一重为蒸汽式自动断电开关，当电热壶中的水烧开以后，会产生蒸汽，使蒸汽开关中的金属片加热变形，自动弹起开关，断开电路；第二重为温控器，在电热水壶中起到了防烧干保护作用，当蒸汽式自动断电开关没有工作的话，水壶内的水会不断的减少，当水位过低或出现干烧状态时，温控器内的双金属片会工作，使电路断开；第三重水壶热熔断器，当前述的开关都失去作用的时候，随着温度的升高（139℃左右），热熔断器会被熔断，使电热水壶断电。

指示灯（氖管）HL和限流电阻R串联，与煮水加热器处于并联状态，当电热水壶电路处于通路，煮水状态，煮水加热器有电压工作时，HL会发光，指示煮水加热状态。当水温高于96 ℃，蒸汽式自动断电开关断开后，电热水壶电路处于断路状态，指示灯HL熄灭。

10.1.3 电热水瓶的温度检测控制电路

图10-3为电热水瓶的温度检测控制电路。它主要是由煮水加热器和保温加热器的控制电路、电磁泵电动机驱动电路，以及加热和保温指示灯电路等部分构成的。

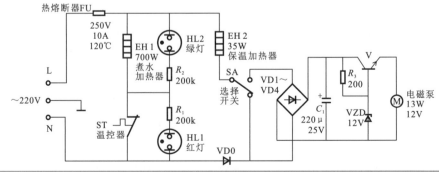

图10-3　电热水瓶的温度检测控制电路

10.1.4 饮水机的温度检测控制电路

图10-4为饮水机（澳柯玛）的温度检测控制电路。该饮水机也是由两部分组成，一部分是加热控制电路，与安吉尔冷热饮水机的基本相似；另一部分为保鲜柜控制电路，是给臭氧发生器提供工作电源，对保鲜柜内部的食物进行除臭，起到保鲜的作用。

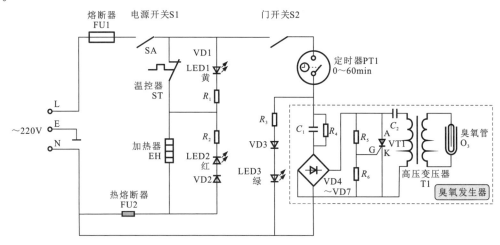

图10-4　饮水机（澳柯玛）的温度检测控制电路

交流220V电源由电源的L（相线）端经熔断器FU1、电源开关S1、门开关S2、定时器PT1为臭氧发生器电路供电。交流220V经R_4、C_1防冲击电路后由VD4～VD7二极管组成的桥式整流电路进行桥式整流，整流后形成近300V的直流电压为振荡电路供电。振荡电路是由晶闸管VT1、电容器C_2和振荡用高压变压器T1等部分构成的。开机时，桥式整流电路输出直流电压开始给电容C2充电，使C_2上的电压升高，与此同时R_5和R_6分压点（晶闸管VT1的触发端G）的电压也随之上升，当上升电压到达触发电压时，晶闸管VT1导通，电容器C_2上的电荷被放掉，晶闸管VT1的A-K间的电压也突然降低而截止。接着桥式整流电路又重新给C_2充电，晶闸管TV1的G端电压再次升高，使晶闸管VT1再次导通放电。不断地重复这个充放电的过程，电路便振荡起来，于是高压变压器T1的次级得到振荡高压为臭氧管O3供电，臭氧管O3工作产生臭氧为保鲜柜中的食物消毒。

保鲜指示灯是用来显示保鲜柜工作状态的，当电源开关S1、门开关S2都处于闭合状态时，打开定时器PT1，设定保鲜时间，臭氧发生器开始工作的时候，保鲜指示灯LED3被点亮；当定时器PT1的时间到零的时候，或是在保鲜过程中门开关被打开，保鲜电路就会被断开，臭氧发生器停止工作，保鲜灯也被熄灭。

10.1.5 电暖气温度检测控制电路

图10-5为常见的电暖气温度检测控制电路。该电路主要是由电源电路、温度检测控制电路构成的。

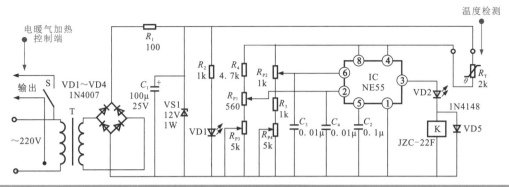

图10-5　常见的电暖气温度检测控制电路

电路中，电源电路主要有交流输入部分、电源开关S、降压变压器T、桥式整流电路（VD1～VD4）、电阻器R_1、电源指示灯VD1、滤波电容器C_1和稳压二极管VS1构成的。温度检测电路是由热敏电阻R_T、555集成电路IC（NE555）、电位器R_{P1}～R_{P3}、继电器K、发光二极管VD2及外围相关元件构成的。

交流220 V电压经变压器T降压、桥式整流电路整流、电容滤波、二极管稳压后产生约12 V的直流电压，为集成电路IC提供工作电压。当该电路测试到环境温度较低时，热敏电阻器R_T的阻值变大，集成电路IC的②脚、⑥脚电压降低，③脚输出高电平，VD2点亮，继电器K得电吸合，其动合触头将电加热器的工作电源接通，使环境温度升高；同样，当环境温度升高的一定温度时，R_T的阻值变小，集成电路IC的②脚、⑥脚电压升高，③脚输出低电平，VD2熄灭，继电器K释放，其动合触头将电加热器的工作电源切断，使环境温度逐渐下降。

值得注意的是，R_T为负温度系数热敏电阻，其阻值随温度的升高而降低。

10.1.6 电热毯温度控制电路

图10-6为可控温的电热毯温度控制电路，此电路中的电热丝将电能转化为热能和内能。交流220V电压经双向晶闸管为电热丝供电。时基电路NE555③脚输出触发脉冲去触发双向晶闸管，晶闸管导通则加热丝中有电流而发热。NE555②、⑤、⑥脚外接电位器，可调整触发脉冲的频率和相位。从而改变加热丝中的电流周期和时间，以达到控制发热量的目的。

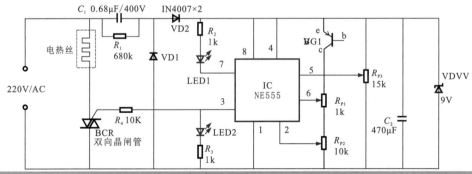

图10-6　可控温的电热毯温度控制电路

10.1.7 电饭煲温度检测控制电路

图10-7为泰富DK2-25电饭煲温度检测控制电路，该电路的结构比较简单，它采用晶闸管（可控硅）对炊饭加热器进行启/停控制。交流220V电压经熔丝FU1管（185℃5A）和晶闸管加到炊饭加热器上。晶闸管的触发端接有一个受继电器控制的开关触点，继电器动作会触发晶闸管，使晶闸管导通，为加热器供电，开始炊饭。由于该电饭煲具有蒸炖功能，因此不能完全靠锅底的温度传感器判别饭是否煮熟来控制是否关机，而且通过水位检测开关，水位下降到一定程度，V2导通，继电器K2工作，K2-1接通，报警器动作。同时由于V2导通使V1截止，继电器K1断电，晶闸管截止，加热气断电，炊饭停止。

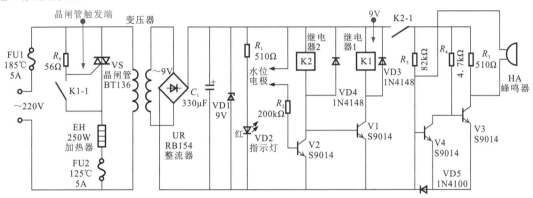

图10-7　泰富DK2-25电饭煲温度检测控制电路

10.2　湿度检测控制电路

10.2.1 施密特湿度传感器

湿度反映大气干湿的程度，测量环境湿度对工业生产、天气预报、食品加工等非常重要。湿敏传感器是对环境相对湿度变换敏感的元件，通常由感湿层、金属电极、引线和衬底基片组成。图10-8为施密特湿度传感电路。

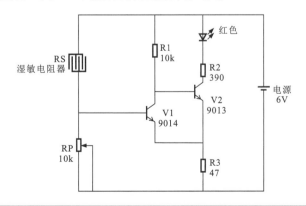

图10-8　施密特湿度传感电路

由三极管V1和V2等组成的施密特电路，当环境湿度小时，湿敏电阻器R_s电阻值较大，施密特电路输入端处于低电平状态，V1截止，V2导通处于低电平，红色发光二极管点亮；当湿度增加时，R_s电阻值减小，V1基极电流增加，V1集电极电流上升，负载电阻器R_l上电压降增大，导致V2基极电压减小，V2集电极电流减小，由于电路正反馈的工作使 V1饱和导通，V2截止，使V2的集电极接近电源电压，红色发光二极管熄灭。同样道理，当湿度减少时，导致另一个正反馈过程，施密特电路迅速翻转到V1截止，V2饱和导通状态，红色发光二极管从熄灭跃变到点亮。

10.2.2　自动喷灌控制电路

图10-9为自动喷灌控制电路。该电路主要是由湿度传感器、检测信号放大电路（三极管V1、V2、V3等）、电源电路（滤波电容C_2、桥式整理电路UR、变压器T）和直流电动机M等构成的。

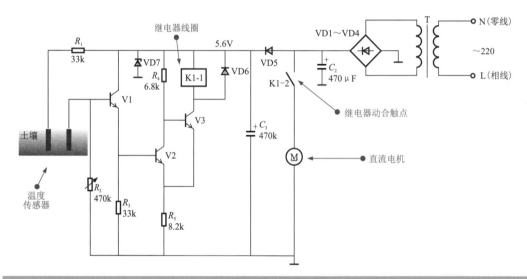

图10-9　自动喷灌控制电路

在电路中，湿度传感器用于检测土壤中的湿度情况，直流电动机M用于带动喷灌设备动作。

当喷灌设备工作一段时间后，土壤湿度达到适合农作物生长的条件，此时湿度传感器体现在电路中电阻值变小V1导通，并为V2基极提供工作电压，V2也导通。V2导通后直接将V3基极和发射极短路，因此V3截止，从而使继电器线圈K1-1失电断开，并带动其动合触点K1-2 恢复常开状态，直流电动机断电停止工作，喷灌设备停止喷水。

10.2.3　湿度指示器控制电路

图10-10为湿度传感器IH-3605构成的湿度指示器电路。该电路主要是由湿度集成传感器IC1（IH-3605）、LED点线驱动显示器LM3914（IC2）及外围元件等构成的。LM3914的内部电路结构图如图10-11所示。

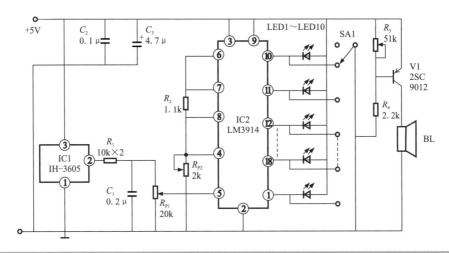

图10-10　湿度传感器IH-3605构成的湿度指示器电路

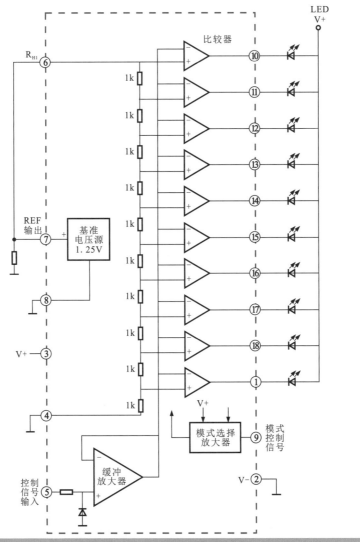

图10-11　LM3914的内部电路结构图

LM3914中有10个电压比较器作为10个发光二极管的驱动器，每个电压比较器的基准电压都是由串联电阻分压电路提供的，其电压值从上至下递减。湿度传感器IC1检测到的湿度信号经R_1、R_{P1}后，作为控制信号从IC2的⑤脚输入，经缓冲放大器后输出，并加到10个电压比较器的反向输入端，当比较器的反向输入电压大于该比较器同相端的电压是，该比较器输出低电平，相应的发光二极管点亮。

LM3914中的缓冲放大器输出到电压比较器反相端的电压越高，点亮的二极管越多，当该电压高于图中⑩脚连接的比较器同相端电压时，电路中10个发光二极管全部点亮。

10.2.4　土壤湿度检测显示电路

图10-12为湿敏电阻器构成的土壤湿度检测显示电路。该电路主要是由湿敏电阻器R_S、湿度信号放大电路（IC1、R_{P1}、R_{P2}、$R_3 \sim R_5$、R_8、VD3等构成）、稳压电源电路等构成的。可用于林业、农业等部门检测土壤中是否缺水。

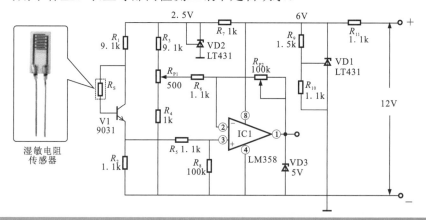

图10-12　湿敏电阻器构成的土壤湿度检测显示电路

电路中，湿敏电阻器R_S、放大晶体管V1及R_1、R_2构成了土壤湿度检测电路，用于检测土壤中湿度的变化，并将该信号传送到湿度信号放大电路中。+12 V直流电压送入电路后，首先经电阻器$R_9 \sim R_{11}$分压、稳压二极管VD2稳压后输出+6 V电压。+6 V电压一路为IC1的⑧脚提供工作电压，一路将R_7降压、VD1稳压后输出2.5 V电压，为湿度检测电路进行供电。

10.3　气体检测控制电路

10.3.1　井下氧浓度检测电路

图10-13为一种井下氧浓度检测电路，该电路可用于井下作业的环境中，检测空气中的氧浓度。电路中的氧气浓度检测传感器将检测结果变成直流电压，经电路放大器IC1-1和电压比较器IC1-2后，去驱动晶体管V1，再由V1去驱动继电器，继电器动作后触点接通，蜂鸣器发声，提醒氧浓度过低，引起人们的注意。

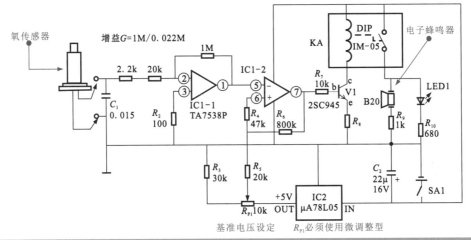

图10-13　井下氧浓度检测电路

10.3.2　家用报警电路

　　图10-14为由气敏电阻器等元件构成的家用报警器电路，此电路中QM-N10即是一个气敏电阻器。220 V市电经电源变压器T1降至5.5 V左右，作为气敏电阻器QM-N10的加热电压。气敏电阻器QM-N10在洁净空气中的阻值大约为几十kΩ，当接触到有害气体时，电阻值急剧下降，它接在电路中使气敏电阻的输出端电压升高，该电压加到与非门上。由与非门IC1A、IC1B构成一个门控电路，IC1C、IC1D组成一个多谐振荡器。当QM-N10气敏传感器未接触到有害气体时，其电阻值较高，输出电压较低，使IC1A②脚处于低电位，IC1A的①脚处于高电位，故IC1A的③脚为高电位，经IC1B反相后其④脚为低电位，多谐振荡器不起振，三极管V2处于截止状态，故报警电路不发声。一旦QM-N10敏感到有害气体时，阻值急剧下降，在电阻R_2、R_3上的压降使IC1A的②脚处于高电位，此时IC1A的③脚变为低电平，经IC1B反相后变为高电平，多谐振荡器起振工作，三极管V2周期性地导通与截止，于是由V1、T2、C_4、HTD等构成的正反馈振荡器间歇工作，发出报警声。与此同时，发光二极管LED1闪烁。

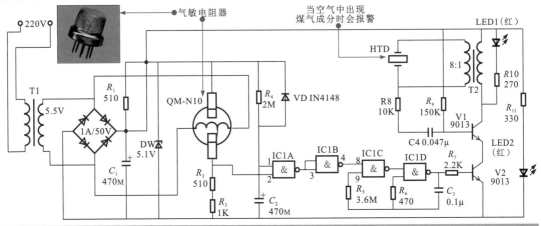

图10-14　由气敏电阻器等元件构成的家用报警器电路

10.3.3 抽油烟机检测控制电路

图10-15为一种抽油烟机检测和控制电路，该电路中的主要器件为气敏传感器MQ-211。当气敏传感器检测到油烟气体时，B点会有直流电压产生，该电压加到IC1的⑥脚，使IC1③和⑦脚输出控制信号，③脚的驱动信号使继电器K动作，并驱动电动机进行抽气，⑦脚的信号使振荡器动作，蜂鸣器会发出声响，发光二极管也会发光提示。

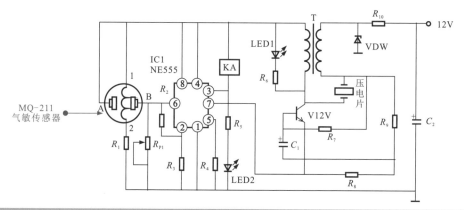

图10-15 抽油烟机检测和控制电路

10.4 光电检测控制电路路

10.4.1 光电控制照明灯电路

图10-16为采用光敏传感器（光敏电阻器）的光电控制照明灯电路。

该电路是一种适用于路灯、门灯、走廊照明灯等场合。在白天，电路中灯泡不亮；当光照较弱时，灯泡可自动点亮。

当白天光照较强时，光敏电阻器R_G的阻值较小，则IC1输入端为低电平，输出为高电平，此时VD1导通，IC2的②、⑥脚为高电平，③脚输出低电平，发光二极管VD2亮，但继电器线圈KA不吸合，灯泡L不亮。

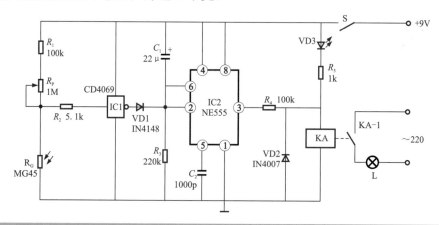

图10-16 采用光敏传感器（光敏电阻器）的光电控制照明灯电路

当光线较弱时，R_G的电阻值变大，此时IC1输入端电压变为高电平，输出低电平，使VD1截止；此时，电容器C_1在外接直流电源的作用下开始充电，使IC2②、⑥脚电位逐渐降低，③脚输出高电平，使继电器线圈KA吸合，带动动合触点闭合，灯泡L接通电源，点亮。

10.4.2 光电防盗报警电路

图10-17为具有锁定功能的物体检测和报警电路，可用于防盗报警。如果有人入侵到光电检测的空间，光被遮挡，光敏晶体管截止，其集电极电压上升，使VD1、V1都导通，晶闸管也被触发而导通，报警灯则发光，只有将开关S1断开一下，才能解除报警状态。

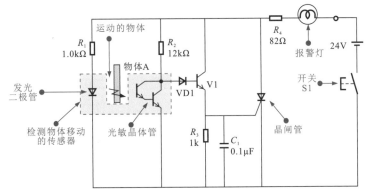

图10-17　具有锁定功能的物体检测和报警电路

10.4.3 物体有无和移位检测电路

图10-18为检测物体有无和移位的检测电路，将发光二极管和光敏晶体管设置在物体两侧，光被物体遮挡。当物体消失时，光会照射到光敏晶体管上，于是光敏管导通，运算放大器μPC177的反相输入端电压降低，输出高电平信号。

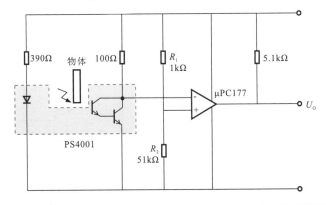

图10-18　检测物体有无和移位的检测电路

10.4.4 夜间自动LED广告牌装饰灯电路

图10-19为一种简易的夜间自动LED广告牌装饰灯电路。光敏电阻器RG用于感知光线强度。

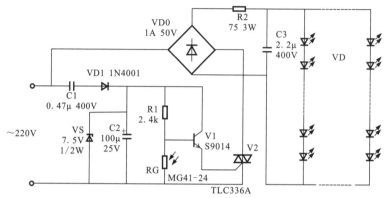

图10-19　具有锁定功能的物体检测和报警电路

10.4.5 光电控制电动机驱动电路

图10-20为光电控制电动机驱动电路。电动机是由交流220V电源供电,在供电电路中,设有继电器开关。继电器K1、K2受电路控制。光敏晶体管V1作为光传感器,只要光明暗变化一次,电路则会动作一次,电动机会运转一定时间。该时间由IC2、IC4单稳态的延迟时间决定。

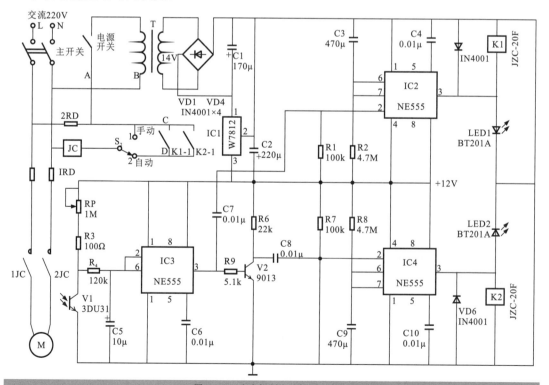

图10-20　光电控制电动机驱动电路

第11章 电子仪器仪表的使用

11.1 指针万用表的结构特点与使用方法

11.1.1 指针万用表的结构特点

指针万用表是一种通过指针指示测量结果的多功能测量仪表。它可通过功能旋钮设置不同的测量项目和挡位，并根据表盘指针指示的方式显示测量的结果，其最大的特点就是能够直观地检测出电流、电压等参数的变化过程和变化方向。

图11-1为典型指针万用表的结构。可以看到，它是由刻度盘、指针、表头校正钮、零欧姆校正钮、量程旋钮、三极管检测插孔、表笔插孔和红、黑两只表笔及测试线构成的。

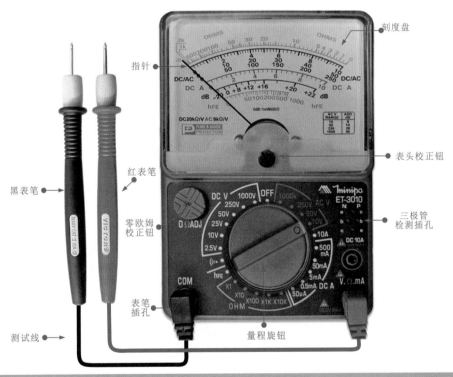

图11-1 典型指针万用表的结构

1 刻度盘与指针

指针万用表通过指针指向刻度盘上的位置，即可明确的指示出检测到的数值。图11-2为典型指针万用表的刻度盘，可以看到，刻度盘上有5条同心弧线构成，每条弧线上都标识了刻度，测量结果依据表针指示的刻度位置，再结合量程识读。

电阻刻度线：电阻刻度值分布从右到左，刻度线最右侧为0，最左侧为无穷大；

交流/直流电压刻度线：标有"DC/AC"，刻度值分布从左到右，左端为0，右端为可检测的最大数值；

直流电流测试刻度线：标有"DC A"，刻度值从左到右分布，左端为0，右端为可检测的最大直流电流；

分贝数刻度线：在其上端标有"dB"，刻度线的左端为"−20"右端为"+22"表示量程范围；

三极管放大倍数刻度线：在其上端标有"hFE"，刻度值由左至右分布，左端为0，右端为1000。

图11-2 典型指针万用表的刻度盘与指针

提示说明

在指针万用表的刻度盘上标有该指针万用表的灵敏度，通常以"kΩ/V"进行表示，如图11-3所示，测量直流电压时为20kΩ/V，测量交流电压时9kΩ/V，实际上是表示万用表的内阻。

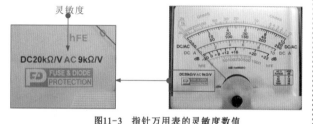

图11-3 指针万用表的灵敏度数值

2 表头校正钮和零欧姆校正钮

指针万用表的表头校正钮是用于进行机械调零的旋钮；零欧姆校正钮是指针万用表在检测电阻时，用于进行零欧姆调零校正的旋钮，如图11-4所示。

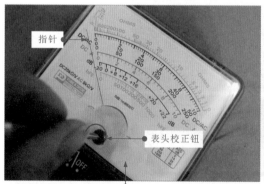

当指针式万用表在电流或电压的待测状态指针应指向0位，如不在0位，可以使用一字槽螺钉旋具调整表头应校正钮校正指针的位置，这样才可以保证检测到的数值准确有效

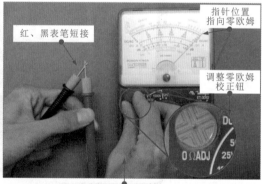

使用指针万用表检测电阻值前，需将红、黑表笔对接短路，观察指针位置指向0Ω，若不在0位应通过零欧姆校正钮将万用表指针调整为零，用以提高电阻挡检测的准确性

图11-4 典型指针万用表的表头校正钮和零欧姆校正钮

3 量程旋钮

指针万用表量程旋钮是用于设定测量功能的部件。量程旋钮外围标有各种量程和功能标识，可通过调整量程旋钮，选择需要检测的功能和挡位，如图11-5所示。

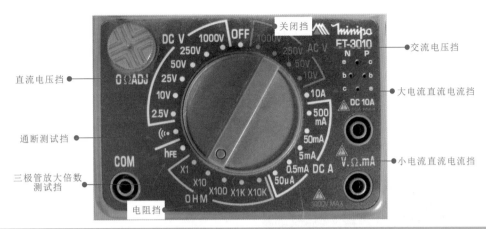

图11-5 典型指针万用表的量程旋钮

提示说明

典型指针万用表中，"OFF"挡为关闭挡；当量程旋钮调整至"DC V"区域中的挡位中，表示检测直流电压；当量程旋钮调整至"AC V"区域中的挡位中，表示检测交流电压；当量程旋钮调整至"·))）"挡时，表示检测通断测试；当量程旋钮调整至"hFE"挡时，表示检测三极管放大倍数；当量程旋钮调至"OHM"挡，表示检测电阻值；当量程旋钮调制"DC A"挡，表示检测直流电流（0～500MA）；当量程旋钮调制至"10 A"挡，表示检测0.5～10A以下的直流电流。

4 三极管检测插孔和表笔插孔

三极管检测插孔是专门用于连接晶体管的插孔，用于检测三极管的放大倍数；表笔插孔用于连接指针万用表的测试表笔，如图11-6所示。

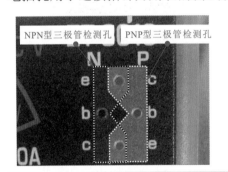

NPN型三极管检测孔　PNP型三极管检测孔

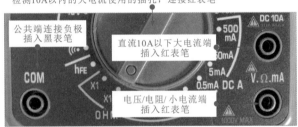

公共端"COM"表示负极用于连接黑表笔，"V.Ω.mA"表示检测电压、电阻以及mA电流的连接插孔，连接红表笔；"DC 10A"表示检测10A以内的大电流使用的插孔，连接红表笔

公共端连接负极插入黑表笔

直流10A以下大电流端插入红表笔

电压/电阻/小电流端插入红表笔

图11-6 典型指针万用表的三极管检查插孔和表笔插孔

5 表笔和测试线

表笔和测试线是指针万用表的重要组成部分。表笔和测试线一般有红、黑两种颜色，通过万用表的表笔插孔与万用表连接。

指针万用表的检测功能基本都需要将接有测试线的表笔与被测部分连接实现，如图11-7所示。

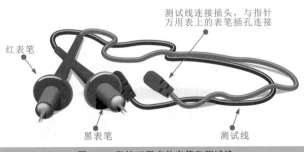

测试线连接插头，与指针万用表上的表笔插孔连接

红表笔

黑表笔

测试线

图11-7 指针万用表的表笔和测试线

指针万用表的使用方法

使用指针万用表主要包括使用前的准备和检测操作两个环节。

1 指针万用表使用前的准备

指针式万用表在进行检测前，应当根据需要检测的对象选择合适的连接插孔，连接表笔，然后进行机械调零，接着通过量程旋钮设置需要进行检测的挡位，若当此时需要检测电阻值时，应当进行零欧姆调整，如图11-8所示。

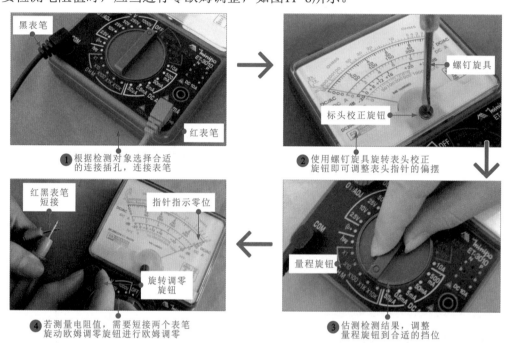

图11-8 指针万用表使用前的准备工作

2 指针万用表的检测操作

指针万用表的功能十分强大，可对多种参数进行检测，如电阻值、电压值、电流值、电容量、三极管放大倍数等。不同检测功能的操作方法基本相同，即在做好准备工作的前提下，将万用表的红、黑表笔搭在待检测对象上，结合选择挡位和量程，识读测量结果即可，如图11-9所示。

检测电阻值，将万用表的红、黑表笔搭在待测电阻器两引脚端，识读结果即可

检测电压值，将万用表的红、黑表笔与待测电池两端并联，识读结果即可

检测电流值，将万用表的红、黑表笔串联接在电路中，识读结果即可

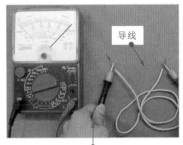

检测线路通断，将万用表的红、黑表笔
搭在待测线路两端，识读结果即可

检测三极管放大倍数，将待测三极管插入指针万
用表的三极管放大倍数检测插孔，识读结果即可

图11-9　指针万用表的使用方法

提示说明

值得注意的是，指针万用表测量结果的读取方法根据测量功能不同而不同，其中，电阻值测量结果的读取尤为特殊，应遵循以下方法：刻度盘指针读数×所选取的电阻测量挡的量程。

例如，选取电阻测量挡的量程为"×100"电阻挡，指针读数为"10"，那么最终测量值就是10×100＝1000 Ω；若量程为"×1k"，指针读数为"7"，那么最终测量值就是7×1k＝7kΩ如图11-10所示。

图11-10　指针万用表测量电阻值测量结果的读取方法

指针万用表的电压测量值的读取规律是：表盘指针读数×所选挡位量程与此表盘指针读数所在刻度线的最大数值的倍数。例如，测量挡位为"直流10V"电压挡，指针读数为读取的"0～10"上的刻度"8"，所以它的最终读数为：8×（10/10）=8V；若测量挡位为"直流25V"电压挡，指针读数为读取的"0～250"上的刻度"175"，所以它的最终读数为：175×（25/250）=17.5V，如图11-11所示。

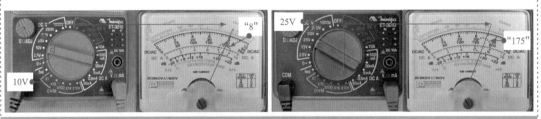

图11-11　指针万用表测量电压值测量结果的读取方法

指针万用表的电流测量值的读取方法与电压测量值相同，这里不再重复。指针万用表三极管放大倍数刻度的右侧标有"hFE"，其中0位在刻度盘的左侧，指针指示的读数即为三极管放大倍数的数值，如图11-12所示，该测量结果为30。

图11-12　指针万用表测量三极管放大倍数测量结果的读取方法

11.2 数字万用表的结构特点与使用方法

11.2.1 数字万用表的结构特点

　　数字万用表又称数字多用表，采用数字处理技术直接显示所测得的数值。测量时，通过液晶显示屏下面的功能旋钮设置不同的测量项目和挡位，并通过液晶显示屏直接将所测量的电压、电流、电阻等测量结果显示出来。其最大的特点就是显示清晰、直观、读取准确，既保证了读数的客观性，又符合人们的读数习惯。

　　图11-13为典型数字万用表的结构。可以看到，它是由液晶显示器、功能旋钮、电源按钮、峰值保持按钮、背光灯按钮、交直流切换按钮、表笔插孔（电流检测插孔、低于200mA电流检测插孔、公共接地插孔、电阻、电压、频率和二极管检测插孔）、表笔、附加测试器、热电偶传感器等构成的。

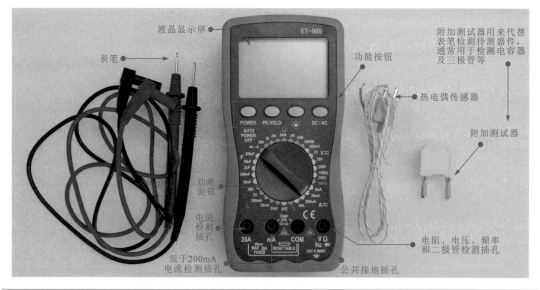

图11-13 典型数字万用表的结构

1 液晶显示屏

　　液晶显示屏是用来显示当前测量状态和最终测量数值的，如图11-14所示。由于数字万用表的功能很多，因此在液晶显示屏上会有许多标识。它会根据用户选择的不同测量功能显示不同的测量状态。

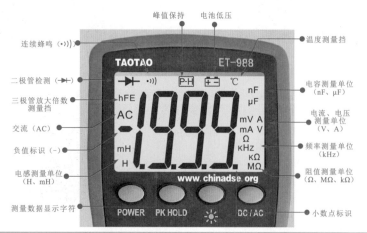

图11-14 典型数字万用表的液晶显示屏

2 功能旋钮

功能旋钮位于数字万用表的主体位置（面板），通过旋转功能旋钮可选择不同的测量项目及测量挡位。在功能旋钮的圆周上有多种测量功能标识，测量时，仅需要旋动中间的功能旋钮，使其指示到相应的挡位，即可进入相应的状态进行测量。

图11-15为典型数字万用表的功能旋钮。

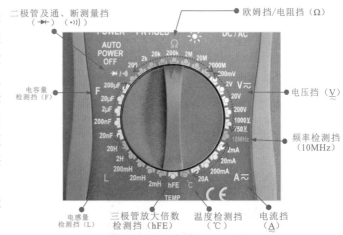

二极管及通、断测量挡（ ＋|＋ ）（ •))）
欧姆挡/电阻挡（Ω）
电容量检测挡（F）
电压挡（V̰）
频率检测挡（10MHz）
电感量检测挡（L）
三极管放大倍数检测挡（hFE）
温度检测挡（℃）
电流挡（A̰）

图11-15　典型数字万用表的功能旋钮

3 功能按钮

数字万用表的功能按钮位于数字万用表液晶显示屏与功能旋钮之间，测量时，只需按动功能按钮，即可完成相关测量功能的切换及控制，如图11-16所示。

电源按钮周围通常标识有"POWER"，用来启动或关闭数字万用表的供电电源。很多数字万用表都具有自动断电功能，长时间不使用时，万用表会自动切断电源

峰值保持按钮周围通常标识有"HOLD"，用来锁定某一瞬间的测量结果，方便使用者记录数据

按下背光灯按钮后，液晶显示屏会点亮5s，然后自动熄灭，方便使用者在黑暗的环境下对测量观察数据

由于数字式万用表启动后，时刻都在消耗电池电量，因此使用万用表后，一定要关断电源，以节约电量

在交/直流切换按钮未按下的情况下，该数字万用表测量直流电；当按下按钮后，该数字万用表测量交流电

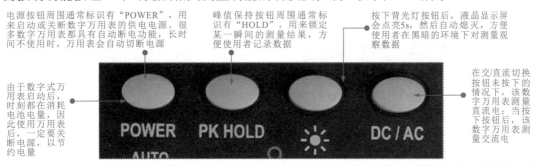

POWER　PK HOLD　※　DC / AC

图11-16　典型数字万用表的功能按钮

4 表笔插孔

表笔插孔位于数字万用表下方，如图11-17所示，主要是用于连接测试表笔。

标有"20A"的表笔插孔用于测量大电流（200mA～20A）的插孔；标有"mA"的表笔插孔为低于200mA电流检测插孔，此外也是附加测试器和热偶传感器的负极输入端

电流检测插孔
低于200mA电流检测插孔
公共接地插孔
电阻、电压、频率和二极管检测插孔

标有"COM"的表笔插孔为公共接地插孔，主要用来连接黑表笔，此外也是附加测试器和热偶传感器的正极输入端；标有"VΩHz"的表笔插孔为电阻、电压、频率和二极管检测插孔，主要用来连接红表笔

附加测试器

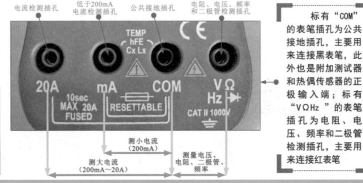

20A　mA　COM　V Ω Hz ＋|＋
10sec MAX 20A FUSED　RESETTABLE　CAT II 1000V

测小电流（200mA）
测大电流（200mA～20A）
测量电压、电阻、二极管、频率

图11-17　典型数字万用表的表笔插孔

11.2.2 数字万用表的使用方法

使用数字万用表主要包括使用前的准备和检测操作两个环节。

1 数字万用表使用前的准备

在使用数字万用表前，应首先了解数字万用表使用前的一些准备工作，如连接测量表笔、量程设定、开启电源开关、设置测量模式等，如图11-18所示。

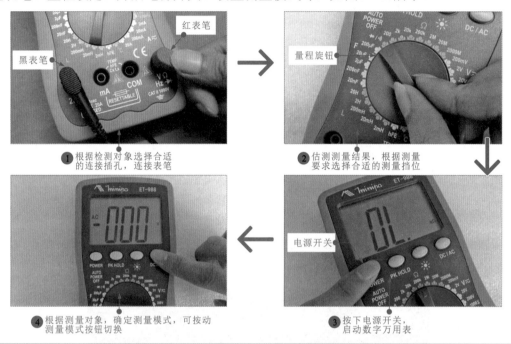

图11-18 数字万用表使用前的准备操作

2 数字万用表的检测操作

数字万用表的使用操作比较简单，将万用表的表笔搭在待测对象上，直接读取显示屏显示的数值即可；若借助附加测试器，将待测对象插接在附加测试器上，检测一些特定参数，如图11-19所示。

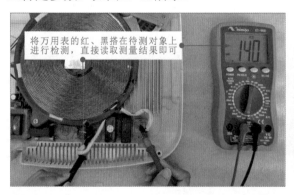
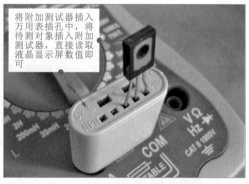

图11-19 数字万用表的检测操作

11.3　模拟示波器的结构特点与使用方法

11.3.1　模拟示波器的结构特点

　　示波器是一种用来展示和观测信号波形及相关参数的电子仪器，它可以观测和直接测量信号波形的形状、幅度和周期，因此，一切可以转化为电信号的电学参量或物理量都可转换成等效的信号波形来观测。如电流、电功率、阻抗、温度、位移、压力、磁场等参量的波形，以及它们随时间变化的过程都可用示波器来观测。

　　模拟示波器是一种实时监测波形的示波器。图11-20为模拟示波器的外形结构，可以看到，其主要由显示部分、键钮控制区域、测试线及探头、外壳等部分构成。

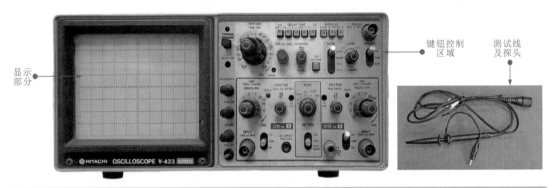

图11-20　典型模拟示波器的外形结构

1 显示部分

　　示波器的显示部分主要由显示屏、CRT护罩和刻度盘组成，如图11-21所示。

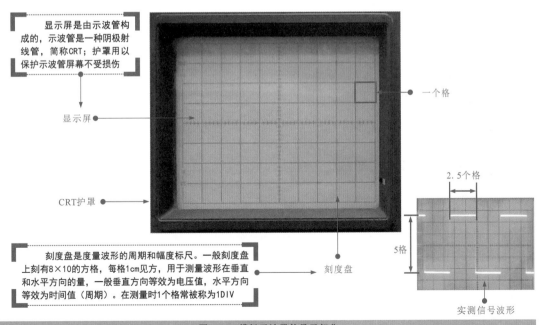

　　显示屏是由示波管构成的，示波管是一种阴极射线管，简称CRT；护罩用以保护示波管屏幕不受损伤

　　刻度盘是度量波形的周期和幅度标尺。一般刻度盘上刻有8×10的方格，每格1cm见方，用于测量波形在垂直和水平方向的量，一般垂直方向等效为电压值，水平方向等效为时间值（周期）。在测量时1个格常被称为1DIV

图11-21　模拟示波器的显示部分

2 显示部分

模拟示波器右侧是示波器的键钮控制区域，每个键钮都有符号标记，表示其功能，每个键钮和插孔的功能均不相同，这些键钮的分布如图11-22所示。

图11-22 典型模拟示波器的键钮控制区域

3 测试线和示波器探头

示波器测试线和探头是将被测电路的信号传送到示波器输入电路的装置。

图11-23为典型模拟示波器的测试线和探头部分。

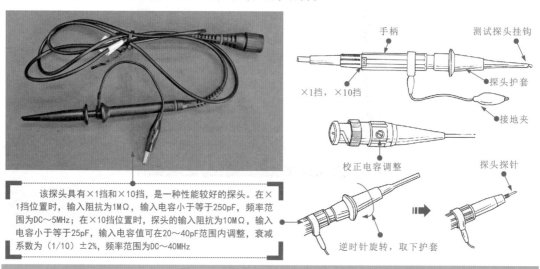

> 该探头具有×1挡和×10挡，是一种性能较好的探头。在×1挡位置时，输入阻抗为1MΩ，输入电容小于等于250pF，频率范围为DC～5MHz；在×10挡位置时，探头的输入阻抗为10MΩ，输入电容小于等于25pF，输入电容值可在20～40pF范围内调整，衰减系数为（1/10）±2%，频率范围为DC～40MHz。

图11-23 典型模拟示波器的测试线和探头

11.3.2 模拟示波器的使用方法

示波器的功能强大，使用示波器可对电子产品中的信号波形进行精确的检测。使用模拟示波器检测信号波形主要包括使用前的准备和检测操作两个环节。

1 模拟示波器使用前的准备

使用模拟示波器前需要做好充足准备工作，如连接电源及测试线、开机前键钮初始化设置、开机调整扫描线和探头自校正等。

（1）连接电源及测试线。使用模拟示波器前，先连接示波器电源线，即将电源线一端连接示波器供电插口，一端连接市电插座；再将测试线及探头连接到示波器测试端插头座上，如图11-24所示。

图11-24 模拟示波器电源线和测试线的连接

（2）开机前键钮初始化设置。模拟示波器开机前需要进行初始化设置，即应将水平位置（H.POSITION）调整钮和垂直位置（V.POSITION）调整钮置于中心位置。触发信号源（TRIG.SOURCE）钮置于内部位置即INT。触发电平（TRIG.EVEL）钮置于中间位置，显示模式开关置于自动位置，即AUTO位置，如图11-25所示。

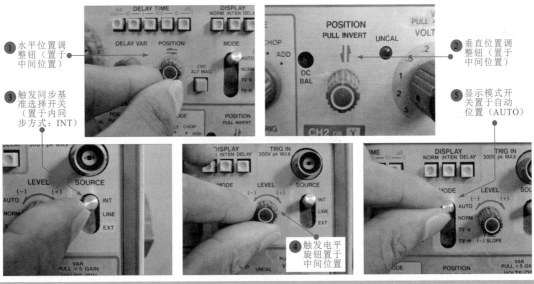

图11-25 模拟示波器开机前键钮初始化设置

（3）开机调整扫描线。检测信号前，先使示波器进入准备状态，按下电源开关，电源指示灯亮，约10S后，显示屏上显示出一条水平亮线，这条水平亮线就是扫描线。若扫描线不处于显示屏垂直居中位置或亮度、聚焦不够，可以调节垂直位置调整旋钮及亮度、聚焦钮，使扫描线调至中间位置且清晰明亮，如图11-26所示。

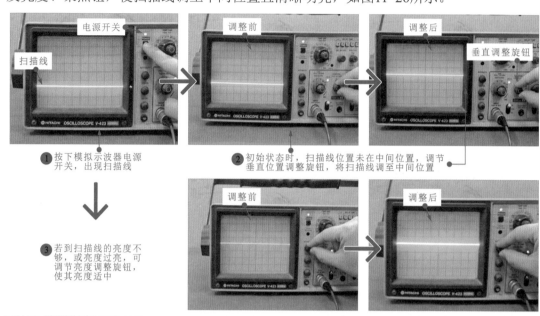

电源开关

调整前

调整后

扫描线

垂直调整旋钮

❶ 按下模拟示波器电源开关，出现扫描线

❷ 初始状态时，扫描线位置未在中间位置，调节垂直位置调整旋钮，将扫描线调至中间位置

调整前

调整后

❸ 若到扫描线的亮度不够，或亮度过亮，可调节亮度调整旋钮，使其亮度适中

图11-26 模拟示波器开机调整扫描线

（4）示波器探头自校正。扫描线调节完成后，将示波器探头连接在自身的基准信号输出端（1000Hz、0.5 V方波信号），显示窗口会显示出1000Hz的方波信号波形，若出现波形失真的情况，则可以使用螺钉旋具调整示波器探头上的校正螺钉对探头进行校正，使显示屏显示的波形正常，如图11-27所示。

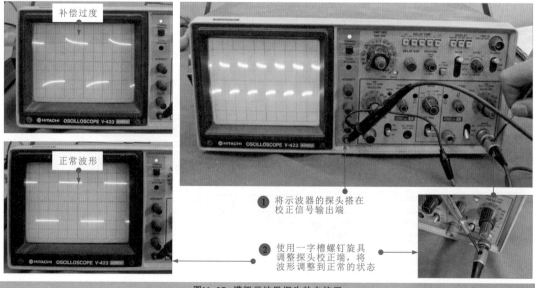

补偿过度

正常波形

❶ 将示波器的探头搭在校正信号输出端

❷ 使用一字槽螺钉旋具调整探头校正端，将波形调整到正常的状态

图11-27 模拟示波器探头的自校正

2 模拟示波器的检测操作

　　使用模拟示波器检测信号，在完成前述基本的准备操作外，需要先找到检测对象或检测区域内正确的接地点，将示波器接地夹接地，然后再将探头搭在检测对象引脚或电路中，根据测量结果调整模拟示波器键钮部分，使检测结果清晰显示在显示屏上即可。

　　例如，借助模拟示波器检测影碟机输出的视频信号，将模拟示波器的接地夹接到AV线的接地端上，将探针搭在AV线的输出端（视频输出端）上，模拟示波器的屏幕上可以看到波形的显示，调整示波器键钮区域相关检测，使检测波形显示正常，具体操作如图11-28所示。

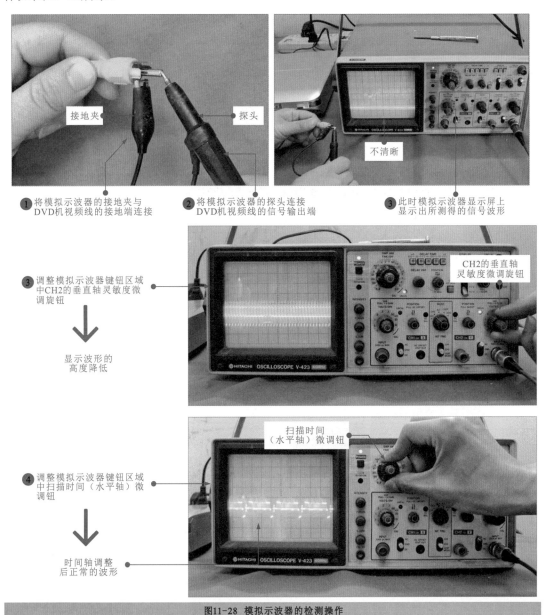

① 将模拟示波器的接地夹与DVD机视频线的接地端连接

② 将模拟示波器的探头连接DVD机视频线的信号输出端

③ 此时模拟示波器显示屏上显示出所测得的信号波形

接地夹　　探头　　不清晰

③ 调整模拟示波器键钮区域中CH2的垂直轴灵敏度微调旋钮

CH2的垂直轴灵敏度微调旋钮

显示波形的高度降低

④ 调整模拟示波器键钮区域中扫描时间（水平轴）微调钮

扫描时间（水平轴）微调钮

时间轴调整后正常的波形

图11-28 模拟示波器的检测操作

11.4　数字示波器的结构特点与使用方法

11.4.1　数字示波器的结构特点

　　数字示波器一般都具有存储记忆功能，能存储记忆测量过程中任意时间的瞬时信号波形，可以将变化的信号捕捉一瞬间进行观测。

　　图11-29为典型数字示波器的外形结构。可以看到，其主要由显示屏、键钮区域、探头连接区构成。

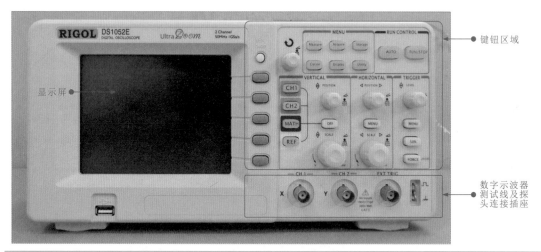

图11-29　典型数字示波器的外形结构

1　显示屏

　　数字示波器的显示屏是显示测量结果和设备的当前工作状态的部件，且用户在测量前或测量过程中，参数设置、测量模式或设定调整等操作也是依据显示屏实现的。

　　图11-30为典型数字示波器的显示屏，可以看到，在显示屏上能够直接显示出波形的类型、屏幕每格表示的幅度、周期大小等，通过示波器屏幕上显示的数据，可以很方便的读出波形的幅度和周期。

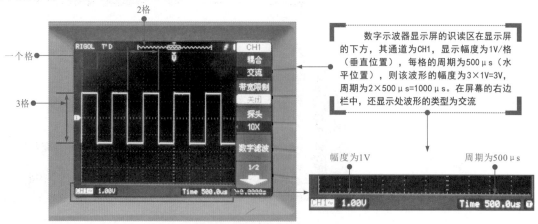

　　数字示波器显示屏的识读区在显示屏的下方，其通道为CH1，显示幅度为1V/格（垂直位置），每格的周期为500μs（水平位置），则该波形的幅度为3×1V=3V，周期为2×500μs=1000μs。在屏幕的右边栏中，还显示处波形的类型为交流

图11-30　典型数字示波器的显示屏

2 键钮区域

数字示波器的键钮区域设有多种按键和旋钮，如图11-31所示，可以看到该部分设有菜单键、菜单功能区、触发控制区、水平控制区、垂直控制区。

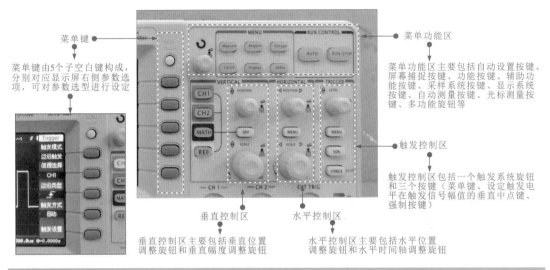

菜单键 ●
菜单键由5个子空白键构成，分别对应显示屏右侧参数选项，可对参数选型进行设定

菜单功能区 ●
菜单功能区主要包括自动设置按键、屏幕捕捉按键、功能按键、辅助功能按键、采样系统按键、显示系统按键、自动测量按键、光标测量按键、多功能旋钮等

触发控制区 ●
触发控制区包括一个触发系统旋钮和三个按键（菜单键、设定触发电平在触发信号幅值的垂直中点键、强制按键）

垂直控制区
垂直控制区主要包括垂直位置调整旋钮和垂直幅度调整旋钮

水平控制区
水平控制区主要包括水平位置调整旋钮和水平时间轴调整旋钮

图11-31 典型数字示波器的键钮区域

3 探头连接区

探头连接区用于与数字示波器的测试线及探头相连接，其对应的是CH1按键、CH1信号输入端、CH2按键和CH2信号输入端，如图11-32所示。

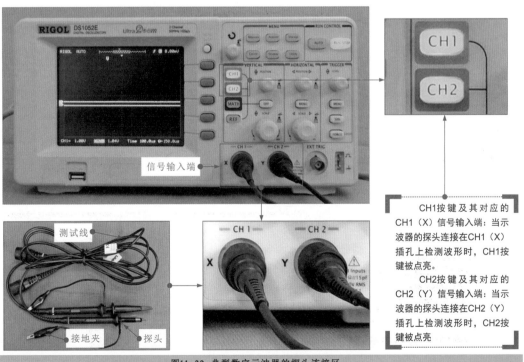

信号输入端

测试线

接地夹   探头

CH1按键及其对应的CH1（X）信号输入端：当示波器的探头连接在CH1（X）插孔上检测波形时，CH1按键被点亮。

CH2按键及其对应的CH2（Y）信号输入端：当示波器的探头连接在CH2（Y）插孔上检测波形时，CH2按键被点亮。

图11-32 典型数字示波器的探头连接区

11.4.2 数字示波器的使用方法

使用数字示波器检测信号也可分为检测前的准备和检测操作两个环节。

1 数字示波器检测前的准备操作

数字示波器在使用前主要分为三个步骤即连接电源线和测试线、开机自校正和探头校正。

（1）连接电源线和测试线。数字示波器电源线和测试线的连接方法与模拟示波器相同，如图11-33所示。

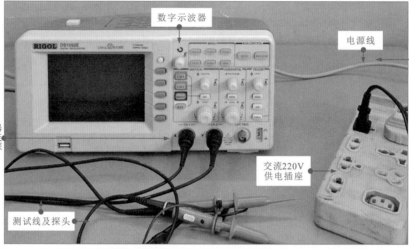

图11-33 典型数字示波器电源线和测试线的连接

（2）开机自校正。连接好电源线和测试线后，按下开机按钮开机，此时还不能进行检测。若第一次使用该数字示波器或长时间没有使用，应对该示波器进行自校正，如图11-34所示。

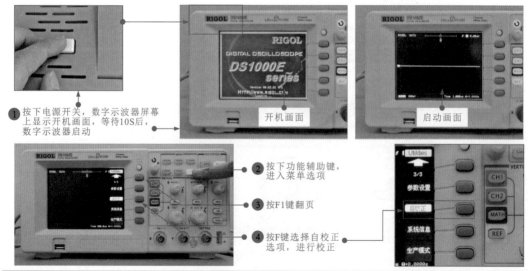

图11-34 典型数字示波器的开机和自校正操作

（3）探头校正。数字示波器整机自校正完成后，还不能直接用于检测，也需要校正探头，使整机处于最佳测量状态。

数字示波器本身有基准信号输出端，可将数字示波器的探头连接基准信号输出端进行校正，如图11-35所示。

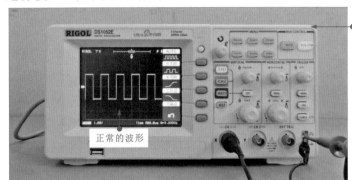
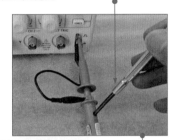

若数字示波器显示的波形出现补偿不足和补偿过度的情况，则需用一字螺丝刀微调探头上的调整钮，直到示波器的显示屏显示正常的波形

正常的波形

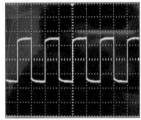

补偿不足的波形

补偿过渡的波形

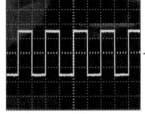

正常的波形

图11-35 数字示波器探头的校正

2 数字示波器的检测操作

数字示波器准备操作完成后，便可根据待测对象特点进行检测操作了。例如，使用数字示波器测量正弦信号，先将数字示波器与信号源相连，即将信号源测试线中的黑鳄鱼夹与示波器的接地夹相连，再将红鳄鱼夹与示波器的探头连接，连接完毕后，在信号源和数字示波器通电的情况下，便可以在示波器的屏幕上观察到由信号源输出的正弦波形了，如图11-36所示。

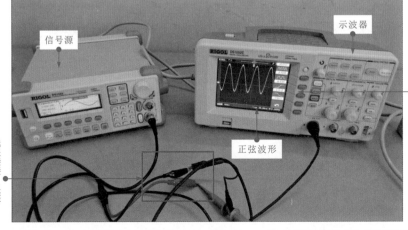

信号源

示波器

❷ 连接完毕后，数字示波器的屏幕上观察到由信号源输出的正弦波形了

❶ 信号源测试线中的黑鳄鱼夹与示波器的接地夹相连（接地夹接地），再将红鳄鱼夹与示波器的探头连接

正弦波形

图11-36 使用数字示波器检测正弦信号的操作方法

11.5 信号发生器的结构特点与使用方法

11.5.1 信号发生器的结构特点

信号发生器是一种可以产生不同频率、不同幅度及规格波形信号的仪器，也称为信号源。信号发生器种类较多，常见有正弦信号发生器、函数（波形）信号发生器、脉冲信号发生器和随机信号发生器等四种，不同种类的信号发生器，可产生的信号波形种类不同，下面以典型函数信号发生器为例。

图11-37为典型函数信号发生器的外形结构。从前面板可以看到各种功能按键、旋钮及菜单软键，可以进入不同的功能菜单或直接获得特定的功能应用。

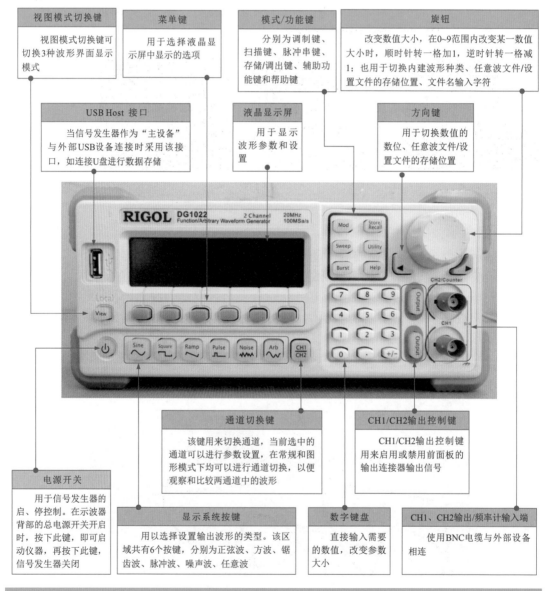

视图模式切换键
视图模式切换键可切换3种波形界面显示模式

菜单键
用于选择液晶显示屏中显示的选项

模式/功能键
分别为调制键、扫描键、脉冲串键、存储/调出键、辅助功能键和帮助键

旋钮
改变数值大小，在0~9范围内改变某一数值大小时，顺时针转一格加1，逆时针转一格减1；也用于切换内建波形种类、任意波文件/设置文件的存储位置、文件名输入字符

USB Host 接口
当信号发生器作为"主设备"与外部USB设备连接时采用该接口，如连接U盘进行数据存储

液晶显示屏
用于显示波形参数和设置

方向键
用于切换数值的数位、任意波文件/设置文件的存储位置

通道切换键
该键用来切换通道，当前选中的通道可以进行参数设置，在常规和图形模式下均可以进行通道切换，以便观察和比较两通道中的波形

CH1/CH2输出控制键
CH1/CH2输出控制键用来启用或禁用前面板的输出连接器输出信号

电源开关
用于信号发生器的启、停控制。在示波器背面的总电源开关开启时，按下此键，即可启动仪器，再按下此键，信号发生器关闭

显示系统按键
用以选择设置输出波形的类型。该区域共有6个按键，分别为正弦波、方波、锯齿波、脉冲波、噪声波、任意波

数字键盘
直接输入需要的数值，改变参数大小

CH1、CH2输出/频率计输入端
使用BNC电缆与外部设备相连

图11-37 典型函数信号发生器的外形结构

图11-38为该典型函数信号发生器的背部，可以看到各种接口、插座和电源开关。

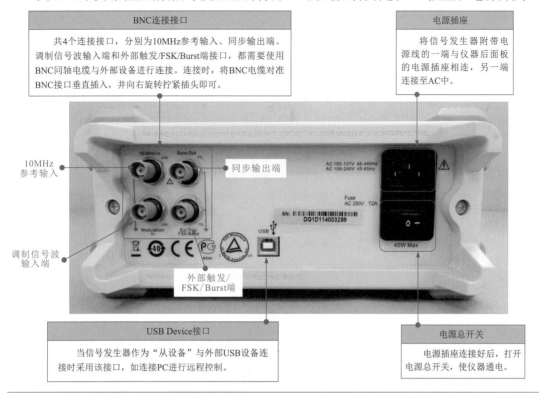

BNC连接接口
共4个连接接口，分别为10MHz参考输入、同步输出端、调制信号波输入端和外部触发/FSK/Burst端接口，都需要使用BNC同轴电缆与外部设备进行连接。连接时，将BNC电缆对准BNC接口垂直插入，并向右旋转拧紧插头即可。

电源插座
将信号发生器附带电源线的一端与仪器后面板的电源插座相连，另一端连接至AC中。

10MHz参考输入

同步输出端

调制信号波输入端

外部触发/FSK/Burst端

USB Device接口
当信号发生器作为"从设备"与外部USB设备连接时采用该接口，如连接PC进行远程控制。

电源总开关
电源插座连接好后，打开电源总开关，使仪器通电。

图11-38　典型函数信号发生器的背部结构

图11-39为该典型函数信号发生器的液晶显示屏及菜单栏部分，显示屏周围能够显示出菜单栏对应的信息和参数。

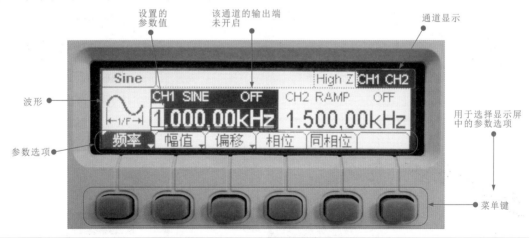

设置的参数值

该通道的输出端未开启

通道显示

波形

参数选项

用于选择显示屏中的参数选项

菜单键

图11-39　典型函数信号发生器的液晶显示屏和菜单栏

提示说明

　函数信号发生器是一种能够产生正弦波、方波、三角波、锯齿波以及脉冲波等多波形的信号源。有的函数信号发生器还具有调制的功能，可以产生调幅、调频、调相及脉宽调制等信号。函数信号发生器可以用于科研生产、测试、仪器维修和实验室，它是一种多功能的通用信号源。

11.5.2 信号发生器的使用方法

  信号发生器的主要功能是产生信号，其工作的实质是实现特定信号的输出，需要将信号发生器与接收信号对象连接。

  因此，使用信号发生器需要先做好准备工作，然后开机启动，再根据所需信号的类型、参数，设定输出信号参数，正确使用。

1 信号发生器使用前的准备操作

  使用信号发生器前，需要做好准备工作，包括连接电源线、连接测试线、连接接收信号对象设备（示波器）等环节，如图11-40所示。

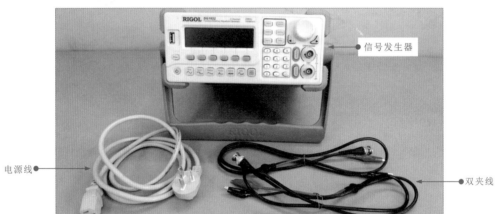

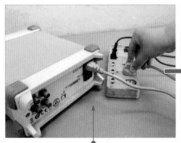

❶ 将电源线一端连接信号发生器的电源插孔，另一端与市电插座相连

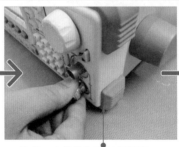

❷ 将双夹线的接头座对准插入CH1输出端，顺时针旋转

❸ 与信号发生器连接完毕的双夹线

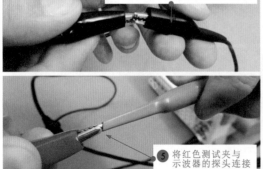

❹ 将信号发生器测试线中的黑色测试夹与示波器的接地夹连接

❺ 将红色测试夹与示波器的探头连接

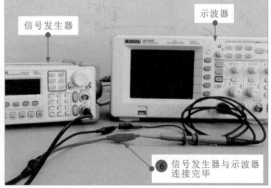

❻ 信号发生器与示波器连接完毕

图11-40 典型函数信号发生器使用前的准备操作

2 信号发生器的操作方法

做好信号发生器的准备工作后，按下总电源开关和电源按键，启动信号发生器，根据需要选择所需信号的类型，设定信号的相关参数。这里以"20kHz 幅值为2.5 VPP"的正弦波信号为例，如图11-41所示。

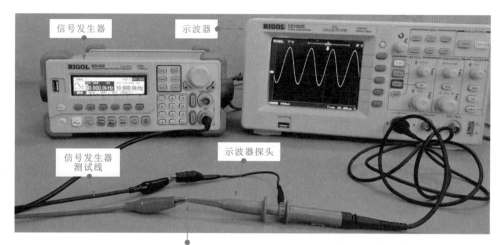

① 信号发生器与示波器直接连接，示波器的显示屏即可显示出检测到信号发生器输出的脉冲信号

② 按下正弦波键，按下频率参数对应的菜单键；按下数字键盘上的数字按钮，输入频率的数值"20"；选择频率的单位为"kHz"，按下对应的菜单键；观察输入完成的频率参数

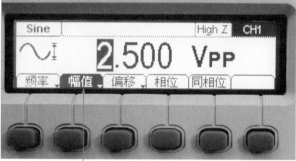

③ 按下幅值参数对应的菜单键，按下数字键盘上的数字按钮，输入幅值的数值"2.5"，选择幅值的单位为"VPP"，按下对应的菜单键，观察设置完成的幅值参数

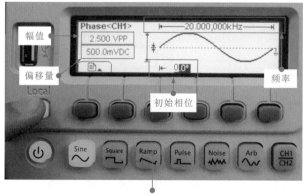

设置好信号发生器中的参数

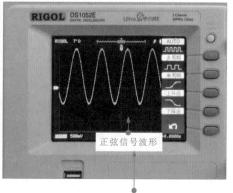

示波器显示屏上显示的信号波形

图11-41 典型函数信号发生器的操作方法

11.6 场强仪的结构特点与使用方法

11.6.1 场强仪的结构特点

场强仪是一种测量电场强度的仪器，主要用于测量电视信号、电平、图像载波电平、伴音载波电平、载噪比、交流声（哼声干扰HUM）、频道和频段的频率响应、图像/伴音比等。

图11-42为典型场强仪的外形结构，可以看到，该场强仪由信号输入端口（RF射频信号）、充电端口、显示屏、功能按键区和调节功能区等构成。

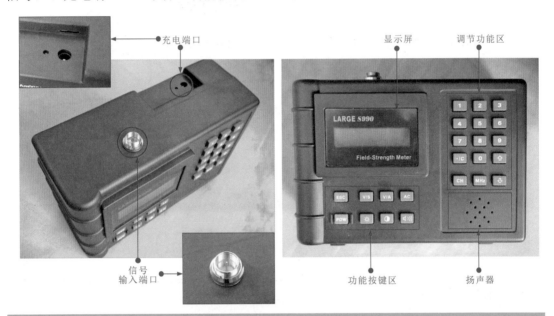

图11-42 典型场强仪的外形结构

信号输入端口主要用于与被测信号端口连接（主要为电视RF信号）；充电端口是连接充电器的，用于为场强仪的电池充电；显示屏主要用于显示检测结果和当前场强仪的工作状态；功能按键区包含8个按键，用于设定场强仪的测量功能；调节功能区是场强仪使用时，用来输入或调节工作状态的，如图11-43所示。

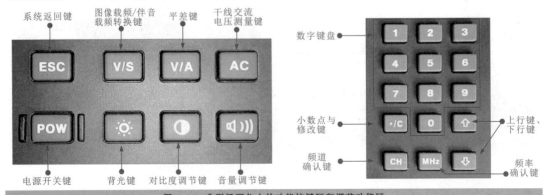

图11-43 典型场强仪上的功能按键区和调节功能区

11.6.2 场强仪的使用方法

使用场强仪测试工作之前，必须阅读其技术说明书，以对所选用场强仪的功能特性参数有全面、准确的了解和掌握，同时还需要了解场强仪适用的环境要求，避免在使用时造成测量信号的不准确或损伤仪器。

下面以场强仪检测有线电视信号强度为例，介绍场强仪的使用方法。

有线电视线路是由系统前端送来一定强度的信号，经由彩色电视机解码后还原出电视节目，当无信号或信号强度不足时，都将引起收视功能异常。一般可借助场强仪检测入户线送入信号的强度，如图11-44所示。

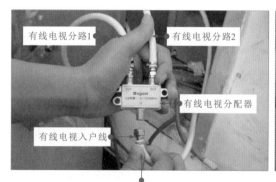

① 将有线电视入户线的输入接头从有线电视分配器入口端处拔下，对其进行检测

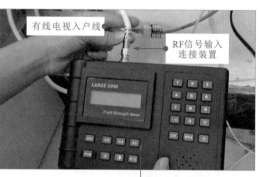

② 将有线电视入户线插接到场强仪顶部RF信号输入端口上安装的RF信号输入连接装置上

③ 按下电源开关，开启场强仪，使其进入工作状态

④ 检测时，若室内光线较暗，则可按下功能按键区的"背光键"，将背光灯打开进行操作

⑤ 按数字键输入需要检测的频道，如输入023，然后按下频道键，进行确认

⑥ 一般正常电平值为65~80 dB，所测"023"频道图像载频信号的电平值为74.3 dB，表明正常

⑦ 按下场强仪功能按键区的
图像载频/伴音载频转换键

⑧ 此时屏幕显示"CHS"，测得
伴音载频电平值为70.7 dB

图11-44　使用场强仪检测有线电视线路中的信号强度

使用场强仪检测电视信号强度时，还可通过修改频道频率的方法，检测某一频道强度，如图11-45所示。

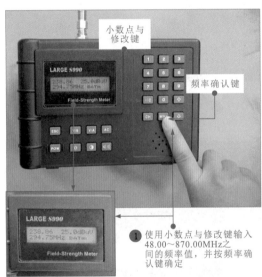

小数点与
修改键

频率确认键

① 使用小数点与修改键输入
48.00~870.00MHz之
间的频率值，并按频率确
认键确定

② 显示的频道值
为"???CH"

表明当前输入频率不在标准
图像载频、伴音载频频点上

上行键

下行键

③ 通过上行、下行键
调整频率值

④ 当频率调节到"238.77"时，
频道值显示为"09"

图11-45　场强仪检测频率的修改方法

11.7 频谱分析仪的结构特点与使用方法

11.7.1 频谱分析仪的结构特点

频谱分析仪是一种多用途的电子测量仪器,简称频谱仪(又可称为频域示波器或跟踪示波器)。它可以对一定频段范围信号的强度、带宽等进行测量,也可用于测量信号电平、谐波失真、载波功率、频率、调制系数、频率稳定度和纯度等。

图11-46为典型频谱分析仪的外形结构。可以看到,频谱分析仪主要是由显示屏、操控按键、接口区域以及电源开关等构成的。

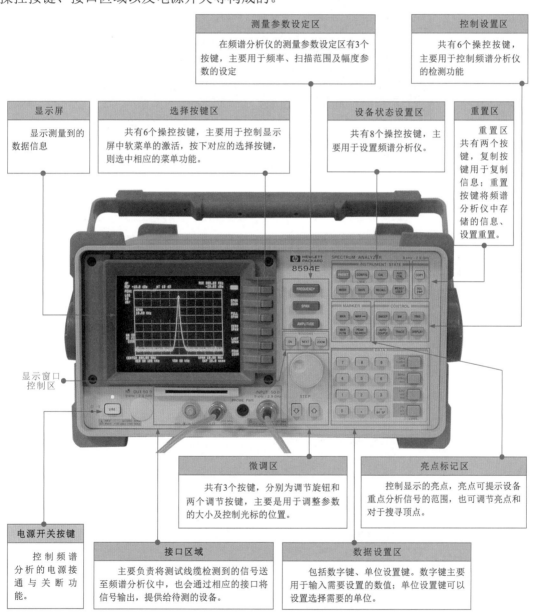

测量参数设定区
在频谱分析仪的测量参数设定区有3个按键,主要用于频率、扫描范围及幅度参数的设定

控制设置区
共有6个操控按键,主要用于控制频谱分析仪的检测功能

显示屏
显示测量到的数据信息

选择按键区
共有6个操控按键,主要用于控制显示屏中软菜单的激活,按下对应的选择按键,则选中相应的菜单功能。

设备状态设置区
共有8个操控按键,主要用于设置频谱分析仪。

重置区
重置区共有两个按键,复制按键用于复制信息;重置按键将频谱分析仪中存储的信息、设置重置。

显示窗口控制区

微调区
共有3个按键,分别为调节旋钮和两个调节按键,主要是用于调整参数的大小及控制光标的位置。

亮点标记区
控制显示的亮点,亮点可提示设备重点分析信号的范围,也可调节亮点和对于搜寻顶点。

电源开关按键
控制频谱分析的电源接通与关断功能。

接口区域
主要负责将测试线缆检测到的信号送至频谱分析仪中,也会通过相应的接口将信号输出,提供给待测的设备。

数据设置区
包括数字键、单位设置键。数字键主要用于输入需要设置的数值;单位设置键可以设置选择需要的单位。

图11-46 典型频谱分析仪的外形结构

1　显示屏

频谱分析仪的显示屏主要是用于显示测量到的数据信息，由于频谱分析仪的功能强大，所以需要显示屏显示的信息也相对较多，图11-47为显示屏显示信息的内容。

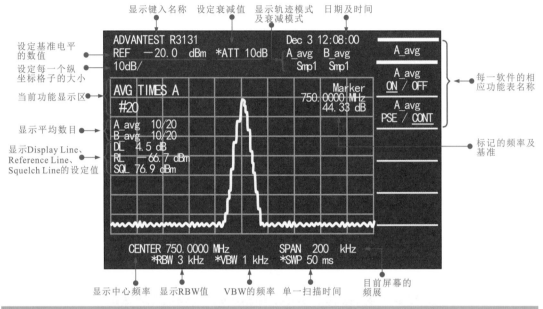

图11-47　典型频谱分析仪显示屏上显示的信息内容

2　操控按键

频谱分析仪的操控按键中有很多不同功能的按键，如图11-48所示，由图可知，频谱分析仪的操控按键可以分为测量参数设定区、亮点标记区、设备状态设置区、重置区、数据设置区以及控制设置区等。

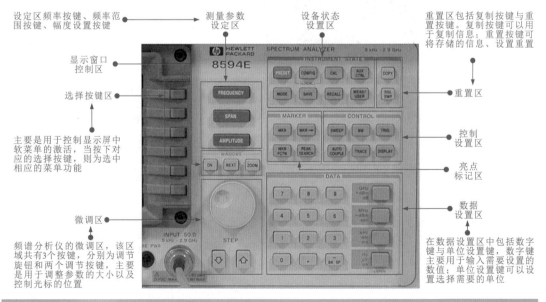

图11-48　典型频谱分析仪上的操控按键

11.7.2 频谱分析仪的使用方法

　　频谱分析仪的种类很多，但其基本的使用方法相同，通常应当在开机后进行误差检测和功能检测，当确定频谱分析仪可以正常工作时，需要通过操控按键对需要调节的参数进行设定，然后通过检测探头对需要检测的信号或设备进行检测即可。

　　以检测手机发射和接收的信号为例，频谱分析仪的使用方法如图11-49所示。

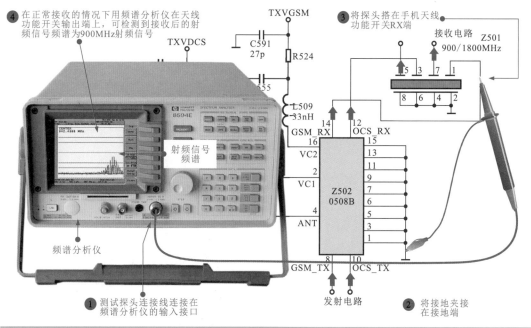

图11-49　频谱分析仪的使用方法

提示说明

　　频谱分析仪开机后通常会自动进行系统误差检查，可以确保检测到的数据的准确性，启动完成后，则可以对相关的参数进行设置，例如频率、扫描范围、幅度、校正、触发、显示等，如图11-50所示。

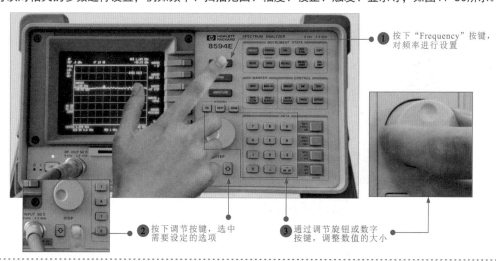

图11-50　频谱分析仪主要参数的设定

第 12 章 电子元器件的检测

12.1 电阻器的检测

12.1.1 固定电阻器的检测

　　检测固定电阻器的阻值时，首先要识读待测固定电阻器的阻值，然后使用万用表检测其阻值，并将测量结果与识读的阻值比对，从而判别固定电阻器是否正常。

　　图12-1为固定电阻器的检测方法。

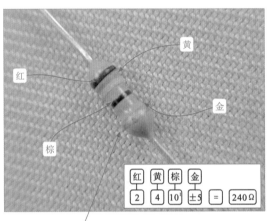

① 观察被测电阻器的标识，并估算出其电阻值。电阻器的阻值为240Ω，允许偏差为±5%

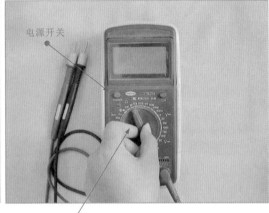

② 打开万用表电源开关，并将万用表的挡位调整至欧姆挡

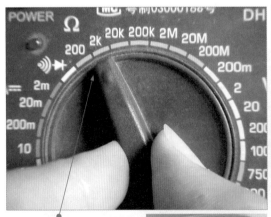

③ 根据估算电阻器的电阻值，将万用表量程旋钮置于0.2～2k挡

④ 将万用表的红、黑表笔分别搭在待测电阻器的两端引脚上

⑤ 观察万用表的读数为：238Ω（0.238 kΩ）

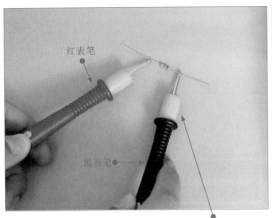

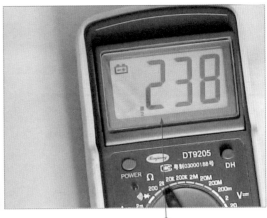

⑥ 交换表笔再次检测，以确保
测量结果的准确性

⑦ 第二次测量的数值：238Ω（0.238 kΩ）

图12-1   固定电阻器的检测方法

12.1.2 可变电阻器的检测

检测可变电阻器时，应首先区分待测可变电阻器的引脚，为可变电阻器的检测提供参照标准。图12-2为待测可变电阻器的引脚及检测方法。

调节旋钮

定片引脚

型号标识

定片引脚

使用工具调节旋钮，可以
改变电阻器阻值的大小

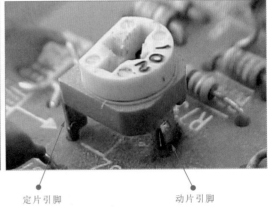

定片引脚

动片引脚

黑表笔

红表笔

① 将万用表的红、黑表笔分别搭
在可调电阻器的定片引脚上

② 观察指针的指示位置，识读
当前的测量值为200Ω

③ 将万用表的红表笔搭在可调电阻器的某一定片引脚上，黑表笔搭在动片引脚上

④ 观察指针的指示位置，识读当前的测量值为70Ω

⑤ 保持万用表的黑表笔不动，将红表笔搭在另一定片引脚上

⑥ 观察指针的指示位置，识读当前的测量值为70Ω

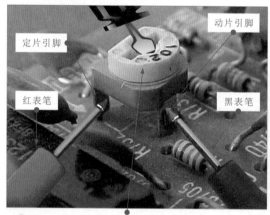

⑦ 将两表笔搭在可变电阻器的定片引脚和动片引脚上，使用螺钉旋具分别顺时针和逆时针调节调整旋钮

⑧ 在正常情况下，随着螺丝刀的转动，万用表的指针在零到标称值之间平滑摆动

图12-2　待测可变电阻器的引脚及检测方法

提示说明

　　在电阻器中，还有一种敏感电阻器，该类电阻器的阻值也是可变的，例如光敏电阻器、热敏电阻器、湿敏电阻器、气敏电阻器、压敏电阻器等，该类电阻器可根据环境的不同，阻值大小也不同，检测该类电阻器时，可将电阻器置于不同环境下检测，判断其阻值是否发生变化。

12.2 电容器的检测

12.2.1 电容器电容量的检测

　　检测电容器是否正常时，可先根据电容器的标识信息识读出待测电容器的标称电容量，然后使用万用表检测待测电容器的实际电容量，最后将实际测量值与标称值比较，从而判别出普通电容器的好坏。图12-3为识读待测电容器的电容量。

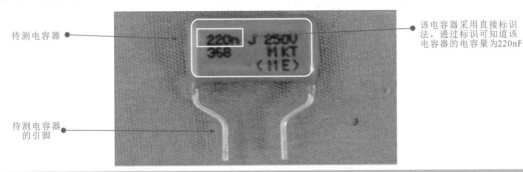

待测电容器

待测电容器的引脚

该电容器采用直接标识法，通过标识可知道该电容器的电容量为220nF

图12-3　识读待测电容器的电容量

　　接下来，根据待测电容器的电容量调整万用表的量程，并检测电容量。图12-4为检测电容器的电容量。

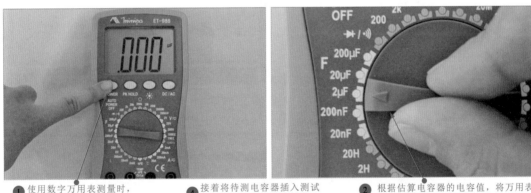

❶ 使用数字万用表测量时，先打开万用表电源开关

❹ 接着将待测电容器插入测试插座的"Cx"电容输入插孔

❷ 根据估算电容器的电容值，将万用表量程旋钮置于"2μF"挡

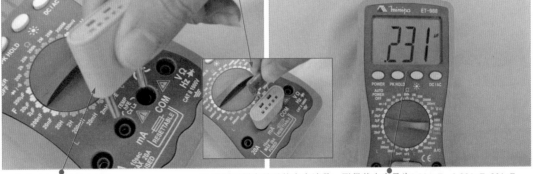

❸ 将附加测试插座插入万用表的表笔插口中

❺ 观测万用表显示的电容读数，测得其电容量为0.231μF，0.231μF=231nF，其与电容器的标称容量值基本相符

图12-4　检测电容器的电容量

12.2.2　电容器直流电阻的检测

检测电容器时，除了使用万用表检测其电容量外，还可以使用指针万用表检测较大电解电容器的直流电阻，即检测电容器的充、放电过程，从而判断电容器是否正常。图12-5为指针万用表检测电解电容器直流电阻的方法。

❶ 将万用表的挡位调整至"×10k"欧姆挡

❷ 短接红、黑表笔，并调整零欧姆校正钮，使万用表的指针指向零欧姆的位置

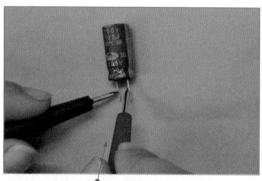

❸ 将万用表的黑表笔搭在电解电容器的正极引脚端，红表笔搭在电解电容器的负极引脚端，检测正向直流电阻（漏电电阻）

❹ 刚接通的瞬间，万用表的指针会向右（电阻小的方向）摆动一个较大的角度。表针摆动到最大角度后，表针又会逐渐向左摆回，直至表针停止在一个固定位置

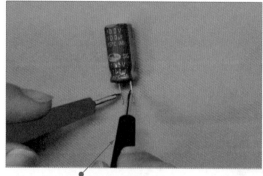

❺ 调换万用表的表笔，检测电解电容器反向直流电阻（漏电电阻）

❻ 在正常情况下，反向漏电阻小于正向漏电电阻

图12-5　检测电解电容器直流电阻

> **提示说明**
>
> 检测较大电解电容器的直流电阻之前，需要对电解电容器放电操作，以避免电解电容器中存有残留电荷而影响检测结果。

12.3　电感器的检测

检测电感器时，可通过检测电感器的电感量来判断电感器是否正常。首先需要识读出待测电感器的电感量，下面以色环电感器为例进行介绍。图12-6为识读待测电感器的电感量。

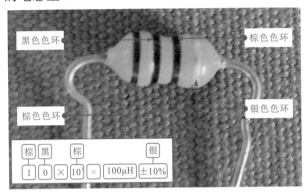

待测电感器的第1条色环为棕色，第2条色环为黑色，第1条和第2条表示该色环电感的有效数字，棕色为1，黑色为0，即该色环电感的有效数为10。第3条色环为棕色，表示倍乘数为 10^1。第4条色环为银色，表示允许偏差±10%

根据色环电感上的色环标注，便能识读该色环电感器的电感量。可以看到，色环从左向右依次为"棕""黑""棕""银"。根据前面所学的知识可以识读出该色环电感的电感量为 $100\,\mu H$，允许偏差为±10 %

图12-6　识读待测电感器的电感量

接下来，根据电感量调整万用表的量程，并开始检测，如图12-7所示。

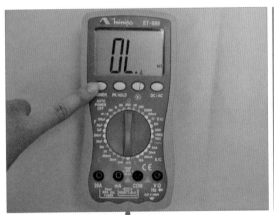

❶ 打开数字万用表的电源开关

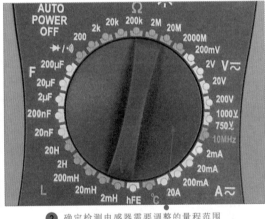

❷ 确定检测电感器需要调整的量程范围

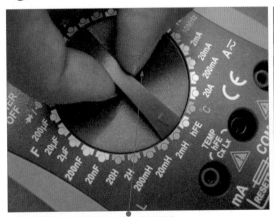

❸ 根据待测电感器的电感量将万用表的量程调整至"2mH"电感测量挡

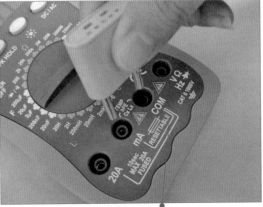

❹ 将附加测试器按照极性插入数字万用表相应的表笔插孔中

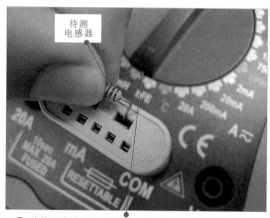

⑤ 将待测电感器的引脚插入附加测试器的 "Lx" 电感测量插孔中

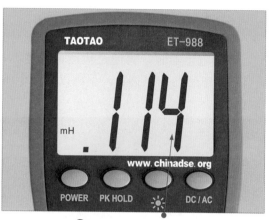

⑥ 观察显示屏显示,测得的电感量为0.114mH

图12-7　电感器中电感量的检测方法

提示说明

　　正常情况下，检测电感得到的电感量为 "0.114mH"，根据单位换算公式$1\mu H=10^3mH$，即$0.114mH \times 10^3=114\mu H$，与该电感器的标称容量值基本相符。若测得的电感量与电感器的标称电感量相差较大，则说明电感器性能不良，可能已损坏。

　　值得注意的是，在设置万用表的量程时，要尽量选择与测量值相近的量程，以保证测量值准确。如果设置的量程范围与待测值之间相差过大，则不容易测出准确值，这在测量时要特别注意。

　　有些贴片电感器表面没有标识出电感量，检测该类电感器时，可使用万用表检测电感器的阻值，通过对阻值的检测判断其性能是否正常。图12-8为万用表检测贴片电感器阻值的方法。

❶ 将万用表的红、黑表笔分别搭在贴片电感器的两引脚端

❷ 在正常情况下，贴片电感器的直流电阻值较小，近似接近于0；若实测贴片电感器的直流电阻值趋于无穷大，则多为该电感器性能不良

图12-8　万用表检测贴片电感器阻值的方法

提示说明

　　贴片电感器体积较小，与其他元件间距也较小，为确保检测准确，可在检测仪表表笔上绑扎大头针后再测量。

12.4　二极管的检测

　　二极管的种类较多，不同的二极管检测时具体的操作也有所不同，下面以几种常见二极管为例，介绍二极管的检测方法。

12.4.1　整流二极管的检测

　　整流二极管主要利用二极管的单向导电特性实现整流功能，检测整流二极管好坏时可利用这一特性进行判断，即检测整流二极管正、反向阻值的方法。图12-9为整流二极管的检测方法。

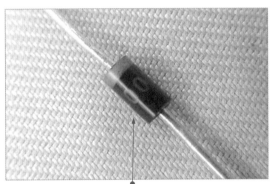

❶ 确认待测整流二极管的引脚极性

❷ 将万用表的挡位旋钮调至"×1k"欧姆挡，并进行零欧姆调整操作

❸ 将指针万用表的黑表笔搭在整流二极管的正极，将万用表的红表笔搭在整流二极管的负极，对其正向阻值进行检测

❹ 观察万用表表盘，读出实测数值为3×1kΩ=3kΩ

❺ 调换表笔，即将万用表的红表笔搭在整流二极管的正极，将万用表的黑表笔搭在整流二极管的负极，检测其反向阻值

❻ 观察万用表表盘，读出实测数值为无穷大

图12-9　整流二极管的检测方法

在正常情况下，整流二极管正向阻值为几千欧姆，反向阻值趋于无穷大；

整流二极管的正、反向阻值相差越大越好，若测得正、反向阻值相近，说明该整流二极管已经失效损坏。若使用指针万用表检测整流二极管时，表针一直不断摆动，不能停止在某一阻值上，多为该整流二极管的热稳定性不好。

12.4.2 发光二极管的检测

检测发光二极管时，应先辨认二极管的正、负极性，引脚长的为正极，引脚短的为负极。然后借助万用表的电阻挡粗略测量，图12-10为发光二极管的检测方法。

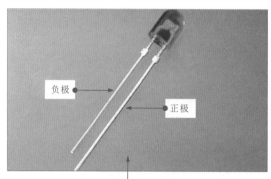

❶ 将检测发光二极管时，应先识别出其引脚的极性

❷ 将万用表的挡位旋钮调至"×10k"欧姆挡，并进行零欧姆调整操作

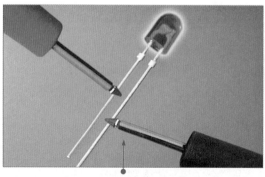

❸ 黑表笔搭在发光二极管的正极引脚上，红表笔搭在负极引脚上

❹ 由于万用表内压作用，发光二极管放光，且测得正向阻值为20kΩ

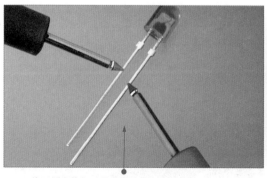

❺ 将万用表的红、黑表笔对调，检测发光二极管的反向阻值

❻ 二极管不发光，测得反向阻值为无穷大

图12-10 发光二极管的检测方法

12.4.3　光敏二极管的检测

　　光敏二极管通常作为光电传感器检测环境光线信息。检测光敏二极管一般需要搭建测试电路，检测光照与电流的关系或性能。

　　将光敏二极管置于反向偏置，如图12-11所示，光电流与所照射的光成比例。光电流的大小可在电流电阻上检测，即检测电阻R_1上的电压值U_o，即可计算出电流值。改变光照强度光电流就会变化，U_o的值也会变化。

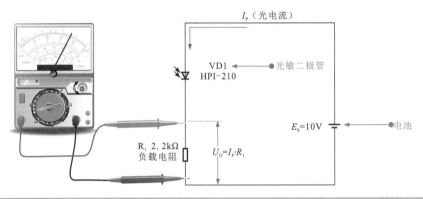

图12-11　光敏二极管的检测方法

提示说明

　　光敏二极管光电流的值往往很小，作用于负载的能力较差，因而都与三极管组合，将光电流放大后再去驱动负载。因此，可利用组合电路检测光敏二极管，这样更接近实用。

　　图12-12是光敏二极管与三极管组成的集电极输出电路。光敏二极管接在三极管的基极电路中，光电流作为三极管的基极电流，集电极电流等于放大h_{FE}倍的基极电流，通过检测集电极电阻压降，即可计算出集电极电流，这样可将光敏二极管与放大三极管的组合电路作为一个光敏传感器的单元电路来使用，三极管有足够的信号强度去驱动负载。

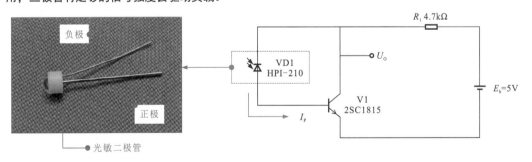

图12-12　光敏二极管与三极管组成的集电极输出电路

12.4.4　稳压二极管的检测

　　稳压二极管是利用二极管的反向击穿特性制造的二极管，该类二极管外加较低的反向电压时，呈截止状态，当反向电压加到一定的值时，该类二极管的反向电流急剧增加，呈反向击穿状态，此状态下，稳压二极管两端为一固定的值，该值为稳压二极管的稳压值。检测稳压二极管主要就是检测它的稳压性能和稳压值。

　　　检测稳压二极管的稳压值，必须在外加偏压（提供反向电流）的条件下进行，即搭建检测电路。将稳压二极管（RD3.6E型）与可调直流电源（3～10V）、限流电阻（220Ω）搭成如图12-13所示的电路，然后将万用表调至直流电压挡，黑表笔搭在稳压二极管的正极，红表笔搭在稳压二极管的负极，观察万用表所显示的电压值。

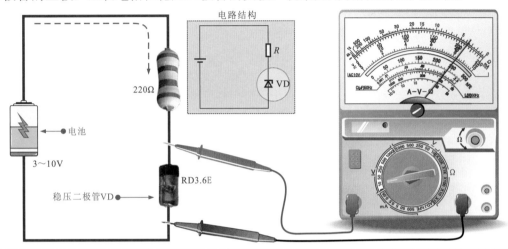

图12-13　稳压二极管稳压值的检测方法

提示说明

　　检测稳压二极管主要检测其稳压值或稳压电流，一般需要搭建测试电路或在路检测。

　　根据稳压二极管的特性，稳压二极管的反向击穿电流被限制在一定的范围内，稳压二极管不会损坏。在实用上，根据电路需要，厂商制造出了不同电流和不同稳压值的稳压二极管，如图12-13中的RE3.6E。图12-13中，当直流电源输出电压较小时（＜稳压值3.6V），稳压二极管截止，万用表指示值等于电源电压值；当电源电压超过3.6V时，万用表指示为3.6V；

　　继续增加直流电源的输出电压，直到10V，稳压二极管两端的电压值仍为3.6V，此值为稳压二极管的稳压值。RD3.6E稳压二极管的稳压值为3.47～3.83V，也就是说，该范围的稳压二极管均为合格产品，如果电路有严格的电压要求，应挑选符合要求的器件。

　　如果要检测较高稳压值的稳压二极管，应使用大于稳压值的直流电源。

12.4.5　双向触发二极管的检测

　　双向触发二极管属于三层构造的两端交流器件，等效于基极开路，发射极与集电极对称的NPN型三极管。正、反向的伏安特性完全对称。当器件两端的电压小于正向转折电压时，器件呈高阻态，当两端的电压大于转折电压时，器件击穿（导通）进入负阻区。同样，当两端电压超过反向转折电压时，器件也进入负阻区。不同型号的双向触发二极管，其转折电压是不同的，如DB3的转折电压约为30V，DB4、DB5的转折电压要高一些。

　　检测双向触发二极管一般不采用直接检测正、反向阻值的方法，因为在没有足够（大于转折电压）的供电电压时，触发二极管本身呈高阻状态，用万用表检测阻值的结果也只能是无穷大，这种情况下，无法判断双向触发二极管是正常，还是开路，因此这种检测没有实质性的意义。检测双向触发二极管主要是检测转折电压的值，可搭建图12-14所示的检测电路。

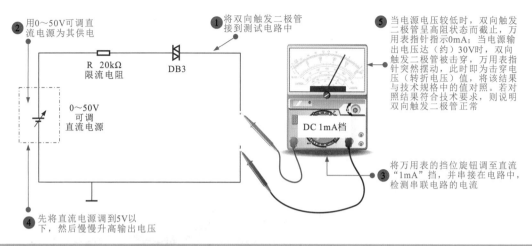

② 用0~50V可调直流电源为其供电

R 20kΩ 限流电阻

DB3

① 将双向触发二极管接到测试电路中

0~50V 可调 直流电源

④ 先将直流电源调到5V以下，然后慢慢升高输出电压

⑤ 当电源电压较低时，双向触发二极管呈高阻状态而截止，万用表指针指示0mA；当电源输出电压达（约）30V时，双向触发二极管被击穿，万用表指针突然摆动，此时即为击穿电压（转折电压）值，将该结果与技术规格中的值对照。若对照结果符合技术要求，则说明双向触发二极管正常

DC 1mA档

③ 将万用表的挡位旋钮调至直流"1mA"挡，并串接在电路中，检测串联电路的电流

图12-14 双向触发二极管转折电压值的检测

另外，将双向触发二极管接入电路中，通过检测电路电压值，可判断双向二极管有无开路情况，如图12-15所示。

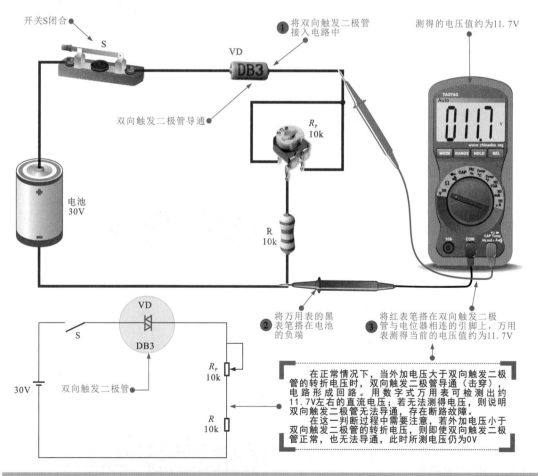

开关S闭合

S

VD
DB3

双向触发二极管导通

① 将双向触发二极管接入电路中

测得的电压值约为11.7V

011.7 V

TAOTAO
Auto

电池 30V

R_P 10k

R 10k

② 将万用表的黑表笔搭在电池的负端

③ 将红表笔搭在双向触发二极管与电位器相连的引脚上，万用表测得当前的电压值约为11.7V

VD
DB3

S

双向触发二极管

30V

R_P 10k

R 10k

在正常情况下，当外加电压大于双向触发二极管的转折电压时，双向触发二极管导通（击穿），电路形成回路。用数字式万用表可检测出约11.7V左右的直流电压；若无法测得电压，则说明双向触发二极管无法导通，存在断路故障。
在这一判断过程中需要注意，若外加电压小于双向触发二极管的转折电压，则即使双向触发二极管正常，也无法导通，此时所测电压仍为0V

图12-15 双向触发二极管开路状态的检测判别方法

12.5 三极管的检测

12.5.1 NPN型三极管的检测

判断NPN型三极管的好坏可以通过万用表的欧姆挡，分别检测三极管三只引脚中两两之间的电阻值，根据检测结果即可判断三极管的好坏，如图12-16所示。

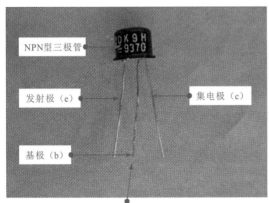

❶ 待测三极管为一只NPN型三极管，检测前明确其三只引脚的极性

❷ 将万用表的挡位旋钮置于"×1k"欧姆挡，并进行欧姆调零

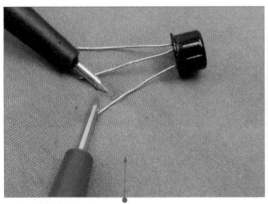

❸ 将黑表笔搭在NPN型三极管的基极（b），红表笔搭在集电极（c）上，检测b-c极之间的正向阻值

❹ 实测b-c极之间的正向阻值为4.5kΩ，属于正常范围

❺ 将黑表笔搭在NPN型三极管的基极（b），红表笔搭在发射极（e）上，检测b-e极之间的正向阻值

❻ 实测NPN型三极管b-e极之间的正向阻值为8kΩ，正常。调换表笔测其反向阻值时，正常应为无穷大

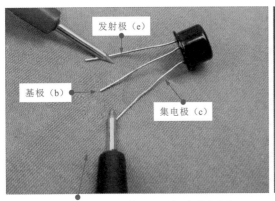

❽ 采用调换表笔的方法，检测NPN型三极管集电极（c）与发射的极（e）之间的正反向电阻值

❾ 在正常情况下，c-e极之间的正、反向阻值应均为无穷大

图12-16　NPN型三极管的检测方法

> ┌─ **提示说明** ───┐
>
> 　　通常，NPN型三极管基极与集电极之间有一定的正向阻值，反向阻抗为无穷大；基极与发射极之间有一定的正向阻值，反向阻抗为无穷大；集电极与发射极之间的正、反向阻值均为无穷大。
>
> └──┘

12.5.2　PNP型三极管的检测

　　判别PNP型三极管好坏的方法与NPN型三极管的方法相同，也是通过万用表检测三极管引脚阻值的方法进行判断，不同的是，万用表的红、黑表笔搭接PNP型三极管时正、反向阻值方向不同，如图12-17所示。

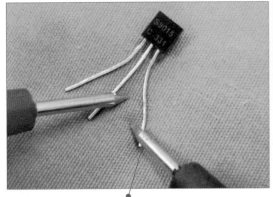

❶ 将万用表的红表笔搭在PNP三极管基极上，黑表笔分别搭在集电极和发射极，检测正向阻值

❷ 万用表实测得基极与集电极之间的正向阻值为9kΩ调换表笔测得基极与集电极之间的反向阻值为无穷大

图12-17　PNP型三极管的检测方法

> ┌─ **提示说明** ───┐
>
> 　　黑表笔搭在PNP型三极管的集电极（c）上，红表笔搭在基极（b）上，检测b与c之间的反向阻值为$9 \times 1k\Omega = 9k\Omega$；对换表笔后，测得正向阻值为无穷大。
>
> 　　黑表笔搭在PNP型三极管的发射极（e）上，红表笔搭在基极（b）上，检测b与e之间的正向阻值为$9.5 \times 1k\Omega = 9.5k\Omega$；对换表笔后，测得正向阻值为无穷大。
>
> 　　红、黑表笔分别搭在PNP型三极管的集电极（c）和发射极（e）上，检测c与e之间的正、反向阻值均为无穷大。
>
> └──┘

12.5.3 　三极管放大倍数的检测方法

　　三极管的放大倍数是三极管的重要参数，可借助万用表检测三极管的放大倍数，判断三极管的放大性能是否正常，其检测判别方法如图12-18所示。

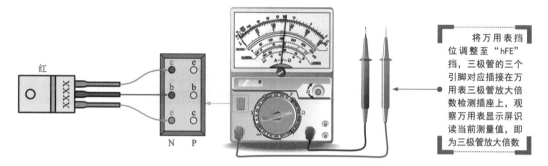

　　将万用表挡位调整至"hFE"挡，三极管的三个引脚对应插接在万用表三极管放大倍数检测插座上，观察万用表显示屏识读当前测量值，即为三极管放大倍数

图12-18　三极管放大倍数的检测方法

　　图12-19为三极管放大倍数的实际检测判别方法。

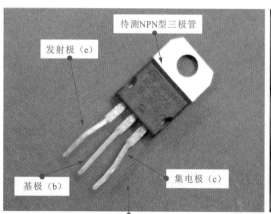

❶ 识别待测三极管的类型及引脚极性

❷ 将万用表的挡位调整至"hFE"挡，即三极管放大倍数挡

❸ 将待测NPN型三极管的三个引脚对应插接在万用表NPN检测插座上

❹ 识读万用表的表盘指针位置，实测得的放大倍数为30倍

图12-19　三极管放大倍数的实际检测判别方法

12.6　晶闸管的检测

12.6.1　单向晶闸管引脚极性的判别

　　使用万用表检测单向晶闸管的性能，需要先判断其引脚极性，这是检测单向晶闸管的关键环节。

　　识别单向晶闸管引脚极性时，除了根据标识信息和数据资料外，对于一些未知引脚的晶闸管，可以使用万用表的欧姆挡（电阻挡）简单判别，如图12-20所示。

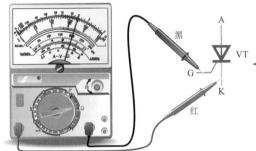

> 万用表挡位设置在"×1k"欧姆挡，两表笔任意搭在单向晶闸管的两引脚上。单向晶闸管只有控制极和阴极之间存在正向阻值，其他各引脚之间都为无穷大。当检测出两个引脚间有阻值时，可确定黑表笔所接引脚为控制极（G），红表笔所接引脚为阴极（K），剩下的一个引脚为阳极（A）

❶ 将万用表的黑表笔搭在单向晶闸管的中间引脚上，红表笔搭在单向晶闸管的左侧引脚上

❷ 从万用表的显示屏上读取出实测的阻值为无穷大

❹ 从万用表的显示屏上读取出实测的阻值为8kΩ

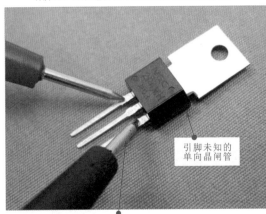

❸ 将万用表的黑表笔搭在单向晶闸管的右侧引脚上，红表笔不动

❺ 这时可确定黑表笔所接引脚为控制极（G），红表笔所接引脚为阴极（K），剩下的一个引脚为阳极（A）

图12-20　单向晶闸管引脚极性的判别

12.6.2　单向晶闸管触发能力的检测

　　单向晶闸管作为一种可控整流器件，一般不直接用万用表检测好坏，但可借助万用表检测单向晶闸的触发能力，如图12-21所示。

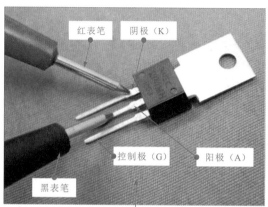

① 将万用表的黑表笔搭在单向晶闸管的阳极（A）上，红表笔搭在阴极（K）上

② 观察万用表表盘指针摆动，测得阻值为无穷大

③ 保持红表笔位置不变，将黑表笔同时搭在阳极（A）和控制极（G）上

④ 万用表指针向右侧大范围摆动，表明晶闸管已经导通

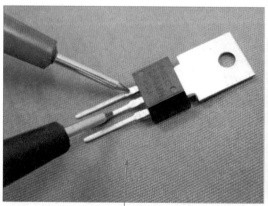

⑤ 保持黑表笔接触阳极（A）的前提下，脱开控制极（G）

⑥ 万用表指针仍指示低阻值状态，说明晶闸管处于维持导通状态，触发能力正常

图12-21　单向晶闸管触发能力的检测

　　上述检测方法是由指针万用表内电池产生的电流维持单向晶闸管的导通状态。但有些大电流晶闸管需要较大的电流才能维持导通状态，因此黑表笔脱离控制极（G）后，晶闸管不能维持导通状态，这也是正常的。这种情况需要搭建电路进行检测。

　　图12-22为单向晶闸管的典型应用电路。

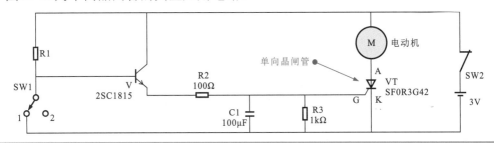

图12-22 单向晶闸管的典型应用电路

　　使用指针万用表检测单向晶闸管在所搭建电路中的触发能力，为了观察和检测方便，可用接有限流电阻的发光二极管替代直流电动机，如图12-23所示。

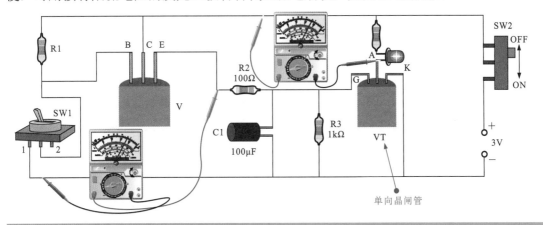

图12-23 使用指针万用表检测单向晶闸管在电路中的触发能力

> **提示说明**
>
> 　　（1）将SW2置于ON，SW1置于2端，三极管V导通，其发射极（e）电压为3V，单向晶闸管VT导通，其阳极（A）与电源端电压为3V，LED发光。
>
> 　　（2）保持上述状态，将SW1置于1端，三极管V截止，其发射极（e）电压为0V，单向晶闸管VT仍维持导通，其阳极（A）与电源端电压为3V，LED发光。
>
> 　　（3）保持上述状态，将SW2置于OFF，电路断开，LED熄灭。
>
> 　　（4）再将SW2置于ON，电路处于等待状态，又可以重复上述工作状态，这种情况表明电路中单向晶闸管工作正常。

12.6.3　双向晶闸管触发能力的检测

　　检测双向晶闸管的触发能力与检测单向晶闸管触发能力的方法基本相同，只是所测晶闸管引脚极性不同。

　　检测双向晶闸管的触发能力时需要为其提供触发条件，一般可用万用表检测，既可作为检测仪表，又可利用内电压为晶闸管提供触发条件，如图12-24所示。

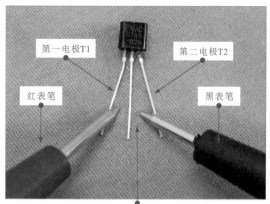

① 将万用表的黑表笔搭在双向晶闸管的第二电极（T2）上，红表笔搭在第一电极（T1）上

② 观察万用表表盘指针位置，实测得的阻值为无穷大

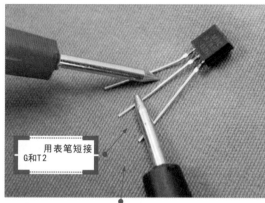

③ 保持红表笔位置不动，将黑表笔同时搭在第二电极（T2）和控制极（G）上

④ 万用表指针向右侧大范围摆动（若将表笔对换后进行检测，万用表指针也向右侧大范围摆动）。

表 明 双 向晶闸管已经导通

⑤ 保持黑表笔接触第二电极（T2）的前提下，脱开控制极（G）

⑥ 万用表指针仍指示低阻值状态

说明双向晶闸管处于维持导通状态，触发能力正常

图12-24　双向晶闸管触发能力的检测

　　上述检测方法是由万用表内电池产生的电流维持双向晶闸管的导通状态。但有些大电流晶闸管需要较大的电流才能维持导通状态，黑表笔脱离控制极（G）后，晶闸管不能维持导通状态，这也是正常的。这种情况需要借助如图12-25所示的电路检测。

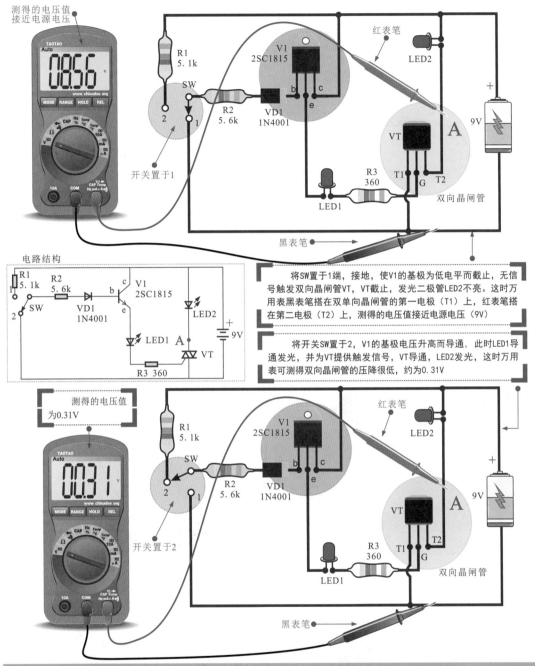

图12-25 在路检测双向晶闸管的触发能力

12.7 场效应晶体管的检测

12.7.1 结型场效应晶体管放大能力的检测

场效应晶体管的放大能力是其最基本的性能之一，一般可使用指针万用表粗略测量场效应晶体管是否具有放大能力，图12-26为结型场效应晶体管放大能力的检测方法示意图。

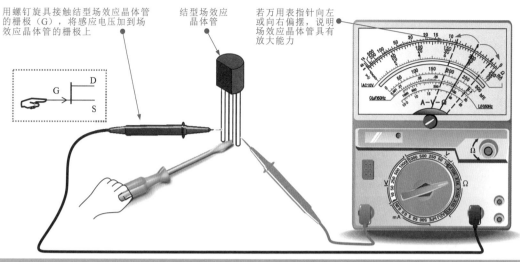

用螺钉旋具接触结型场效应晶体管的栅极（G），将感应电压加到场效应晶体管的栅极上

结型场效应晶体管

若万用表指针向左或向右偏摆，说明场效应晶体管具有放大能力

图12-26 结型场效应晶体管放大能力的检测方法示意图

　　根据结型场效应晶体管放大能力的检测方法和判断依据，选取一个已知性能良好的结型场效应晶体管，按检测方法和步骤判断该结型场效应晶体管的放大能力，具体操作方法，如图12-27所示。

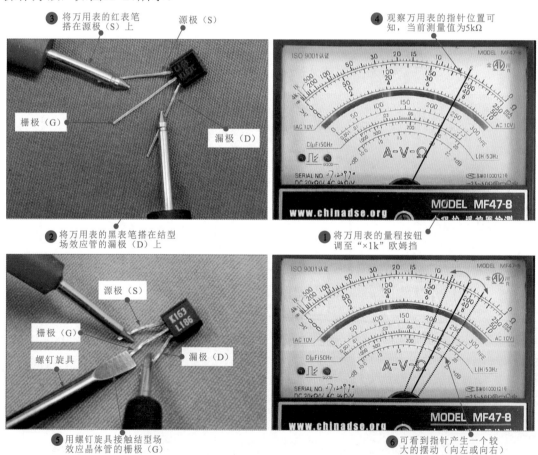

❸ 将万用表的红表笔搭在源极（S）上　　　源极（S）

❹ 观察万用表的指针位置可知，当前测量值为5kΩ

栅极（G）　　　　　　　漏极（D）

❷ 将万用表的黑表笔搭在结型场效应管的漏极（D）上

❶ 将万用表的量程按钮调至"×1k"欧姆挡

源极（S）

栅极（G）

螺钉旋具　　　　漏极（D）

❺ 用螺钉旋具接触结型场效应晶体管的栅极（G）

❻ 可看到指针产生一个较大的摆动（向左或向右）

图12-27 结型场效应晶体管放大能力的检测操作

提示说明

在正常情况下，万用表指针摆动的幅度越大，表明结型场效应晶体管的放大能力越好；反之，则表明放大能力越差。若螺钉旋具接触栅极（G）时指针不摆动，则表明结型场效应晶体管已失去放大能力。测量一次后再次测量，表针可能不动，这也正常，可能是因为在第一次测量时G、S之间结电容积累了电荷。为能够使万用表表针再次摆动，可在测量后短接一下G、S极。

12.7.2　绝缘栅型场效应晶体管放大能力的检测

绝缘栅型场效应晶体管放大能力的检测方法与结型场效应晶体管放大能力的检测方法相同。需要注意的是，为避免人体感应电压过高或人体静电使绝缘栅型场效应晶体管击穿，检测时尽量不用手碰触绝缘栅型场效应晶体管的引脚，借助螺钉旋具碰触栅极引脚完成检测，如图12-28所示。

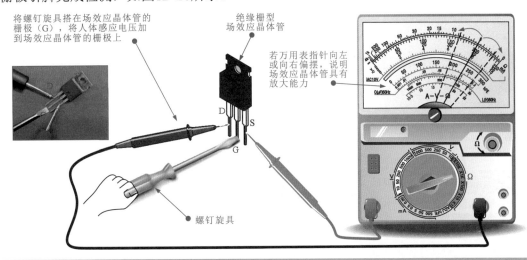

将螺钉旋具搭在场效应晶体管的栅极（G），将人体感应电压加到场效应晶体管的栅极上

绝缘栅型场效应晶体管

若万用表指针向左或向右偏摆，说明场效应晶体管具有放大能力

螺钉旋具

图12-28　绝缘栅型场效应晶体管放大能力的检测

12.8　集成电路的检测

检测集成电路的好坏，常用的方法主要有电阻检测法、电压检测法和信号检测法三种。下面筛选出几种典型集成电路，分别采用不同的检测方法，完成集成电路的检测训练。

12.8.1　三端稳压器的检测

三端稳压器是常用的一种中小功率集成稳压电路，该器件的功能是将输入端的直流电压稳压后输出一定值的直流电压。不同型号的三端稳压器其输出端的稳压值不同，图12-29为三端稳压器的功能示意图。

一般来说，三端稳压器输入端的电压可能会发生偏高或偏低变化，但都不影响输出侧电压值，只要输入侧电压在三端稳压器承受范围内，其输出侧均为稳定的一个数值，这也是三端稳压器最突出的功能特性。例如，常用的三端稳压器7805，它是一种5V三端稳压器，当该三端稳压器工作时，只要输入侧电压在该三端稳压器承受范围内（9～14V），其输出侧均为5V。

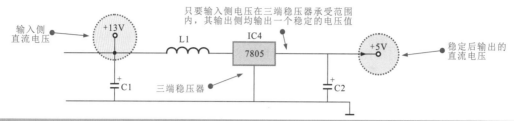

图12-29　三端稳压器的功能示意图

　　检测三端稳压器主要有两种方法：一种是将三端稳压器置于电路中，在其工作状态下，用万用表检测三端稳压器输入和输出端的电压值，根据实际测量值与标准值进行对比，从而判别三端稳压器的性能；另一种方法是在三端稳压器未通电工作状态下，对三端稳压器输入、输出端对地阻值进行检测，来判别三端稳压器的性能。

　　检测之前，应首先了解待测三端稳压器的各引脚功能以及标准输入输出电压和电阻值，为三端稳压器的检测提供参考标准，如图12-30所示。

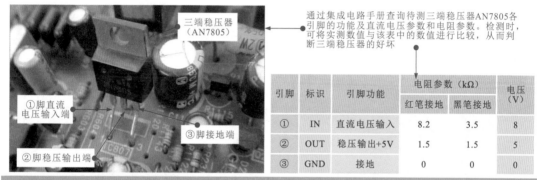

引脚	标识	引脚功能	电阻参数（kΩ）		电压（V）
			红笔接地	黑笔接地	
①	IN	直流电压输入	8.2	3.5	8
②	OUT	稳压输出+5V	1.5	1.5	5
③	GND	接地	0	0	0

图12-30　了解待测三端稳压器的各引脚功能及标准参数值

1　借助万用表检测三端稳压器输入、输出电压

　　借助万用表检测三端稳压器输入和输出端的电压，需要将三端稳压器置于实际工作环境中，然后用万用表分别检测输入、输出端的电压值来判断三端稳压器的好坏，如图12-31所示。

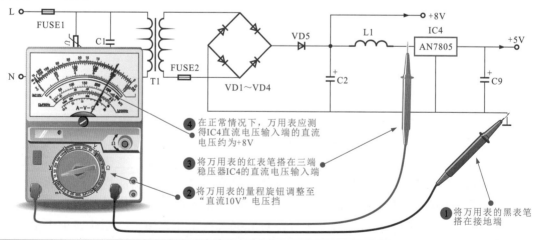

图12-31　三端稳压器输入端供电电压的检测方法

在正常情况下，在三端稳压器输入端应能够测得相应的直流电压值。根据电路标识，本例中实测三端稳压器输入端的电压为8 V。

接着，保持万用表的黑表笔不动，将红表笔搭在三端稳压器的输出端引脚上，如图12-32所示，检测三端稳压器输出端的电压值。

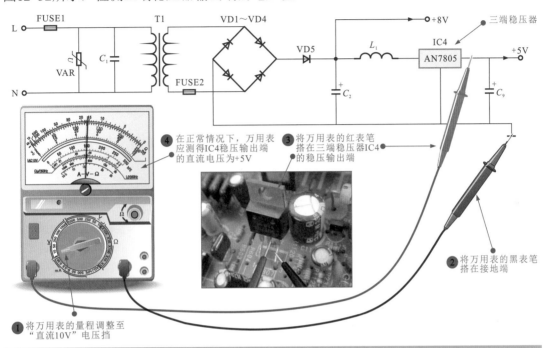

图12-32　5V电压输出端输出电压的检测方法

提示说明

在正常情况下，若三端稳压器的直流电压输入端电压正常，其稳压输出端应有稳压后的电压输出；若输入端电压正常，而无电压输出，则说明三端稳压器损坏。

2 使用万用表检测三端稳压器各引脚的阻值

判断三端稳压器的好坏，还可以借助万用表检测三端稳压器各引脚的阻值的方法来进行判断。借助万用表检测三端稳压器直流电压输入端和直流电压输出端阻值的正反向对地阻值，将实测结果与正常值比对，判断三端稳压器的好坏，如图12-33所示。

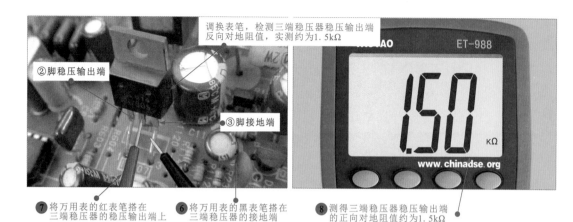

②脚稳压输出端

③脚接地端

调换表笔，检测三端稳压器稳压输出端反向对地阻值，实测约为1.5kΩ

⑦ 将万用表的红表笔搭在三端稳压器的稳压输出端上

⑥ 将万用表的黑表笔搭在三端稳压器的接地端

⑧ 测得三端稳压器稳压输出端的正向对地阻值约为1.5kΩ

图12-33　三端稳压器各引脚对地阻值的检测方法

提示说明

在正常情况下，三端稳压器各引脚阻值与表中正常的电阻值近似或相同；若阻值相差较大，则说明三端稳压器性能不良。

在路检测三端稳压器引脚正反向对地阻值判断好坏时，可能会受到外围元件的影响导致检测结果不准，可将三端稳压器从电路板焊下后再进行检测。

12.8.2　运算放大器的检测

运算放大器是电子产品中应用较为广泛的一类集成电路，具有很高放大倍数的电路单元。这种放大器早期应用于模拟计算机中，用以实现数字运算，故得名"运算放大器"。实际上这种放大器可以应用于很多的电子产品之中。

检测运算放大器主要有两种方法：一种是将运算放大器置于电路中，在其工作状态下，用万用表检测运算放大器各引脚的对地电压值是否正常；另一种方法是借助万用表检测运算放大器各引脚的对地阻值，从而判别运算放大器的好坏。检测前先通过集成电路手册查询待测运算放大器各引脚的直流电压和电阻参数，为运算放大器的检测提供参考标准，如图12-34所示。

引脚	标识	集成电路引脚功能	电阻参数（kΩ）		直流电压（V）
			红笔接地	黑笔接地	
①	OUT1	放大信号（1）输出	0.38	0.38	1.8
②	IN1-	反相信号（1）输入	6.3	7.6	2.2
③	IN1+	同相信号（1）输入	4.4	4.5	2.1
④	VCC	电源+5 V	0.31	0.22	5
⑤	IN2+	同相信号（2）输入	4.7	4.7	2.1
⑥	IN2-	反相信号（2）输入	6.3	7.6	2.1
⑦	OUT2	放大信号（2）输出	0.38	0.38	1.8
⑧	OUT3	放大信号（3）输出	6.7	23	0
⑨	IN3-	反相信号（3）输入	7.6	∞	0.5
⑩	IN3+	同相信号（3）输入	7.6	∞	0.5
⑪	GND	接地	0	0	0
⑫	IN4+	同相信号（4）输入	7.2	17.4	4.6
⑬	IN4-	反相信号（4）输入	4.4	4.6	2.1
⑭	OUT4	放大信号（4）输出	6.3	6.8	4.2

运算放大器（LM324）

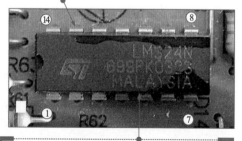

通过集成电路手册查询待测运算放大器LM324的直流电压参数和电阻参数。检测时，可将实测数值与该表中的数值进行比较，从而判断运算放大器的好坏

图12-34　待测运算放大器的各引脚功能及标准参数值

1 使用万用表检测运算放大器各引脚直流电压

使用万用表检测运算放大器各引脚直流电压值，需要先将运算放大器置于实际的工作环境中，然后，将万用表置于电压挡，分别检测各引脚的电压值来判断运算放大器的好坏，如图12-35所示。

❷ 黑表笔搭在运算放大器的接地端（⑪脚）

❹ 实测运算放大器③脚的直流电压约为2.1V

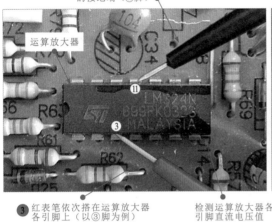

❸ 红表笔依次搭在运算放大器各引脚上（以③脚为例）

检测运算放大器各引脚直流电压值

❶ 将万用表的挡位旋钮调至"直流10V"电压挡

图12-35 运算放大器各引脚直流电压的检测

提示说明

在实际检测中，若检测电压与标准值比较相差较多时，不能轻易认为运算放大器故障，应首先排除是否是外围元件异常引起的；若输入信号正常，而无输出信号时，则说明该运算放大器已损坏。

另外需要注意的是，若集成电路接地引脚的静态直流电压不为零，一般有两种情况：一种是对地引脚上铜箔线路开裂，从而造成对地引脚与地线之间断开了；另一种情况是集成电路对地引脚存在虚焊或假焊情况。

2 使用万用表检测运算放大器各引脚的阻值

判断运算放大器的好坏，还可以通过万用表检测运算放大器各引脚的阻值的方法来进行判断。使用万用表检测运算放大器各引脚的正反向对地阻值，将实测结果与正常值比对，从而判断出运算放大器的好坏，如图12-36所示。

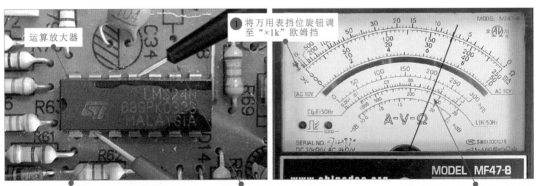

❶ 将万用表挡位旋钮调至"×1k"欧姆挡

❸ 红表笔依次搭在运算放大器各引脚上（以②脚为例）检测该引脚的正向对地阻值

❷ 黑表笔搭在运算放大器的接地端（⑪脚）

❹ 实测运算放大器②脚的正向对地阻值约为7.6kΩ

⑤ 调换表笔，将万用表红表笔搭在接地端，黑表笔依次搭在运算放大器各引脚上（以②脚为例）

⑥ 实测运算放大器②脚的反向对地阻值约为6.3kΩ

图12-36　运算放大器各引脚正反向对地阻值的检测方法

提示说明

在正常情况下，运算放大器各引脚的正反向对地阻值应与其正常值相近。若实测结果与对照表偏差较大，或出现多组数值为零或无穷大，多为运算放大器内部损坏。

12.8.3 音频功率放大器的检测

音频功率放大器是一种用于放大音频信号输出功率的集成电路，能够推动扬声器音圈振荡发出声音，在各种影音产品中应用十分广泛。

检测音频功率放大器时也可以通过检测各引脚动态电压值、各引脚正反向对地阻值来判断好坏，具体的检测方法和操作步骤与前面运算放大器的检测方法相同。另外，根据音频功率放大器对信号的放大处理特点，还可以通过信号检测法判断。将音频功率放大器置于实际的工作环境中，或搭建测试电路模拟实际工作条件，并向功率放大器输入指定信号，然后用示波器检测输入、输出端信号波形来判断好坏。

下面以典型彩色电视机中的音频功率放大器（TDA8944J）为例，介绍音频功率放大器的检测方法。首先根据相关电路图纸或集成电路手册，了解和明确待测音频功率放大器各引脚功能，为音频功率放大器的检测做好准备，如图12-37所示。

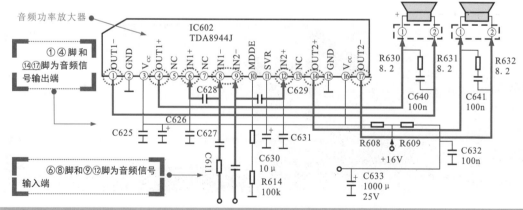

图12-37　了解和明确待测音频功率放大器各引脚功能

提示说明

由图12-37可知，音频功率放大器（TDA8944J）的③脚和⑯脚为电源供电端；⑥脚和⑧脚分别为左声道信号输入端；⑨脚和⑫脚分别为右声道信号输入端；①脚和④脚分别为左声道信号输出端；⑭脚和⑰脚分别为右声道信号输出端；这些引脚是音频信号主要检测点。除了检测输入输出的音频信号，还需对电源供电电压进行检测。

采用信号检测法检测音频功率放大器（TDA8944J），需要明确音频功率放大器的基本工作条件正常，如供电电压、输入端信号等，在满足其工作条件正常的基础上，再借助示波器检测其输出的音频信号来判断功率放大器的好坏。

音频功率放大器的检测方法如图12-38所示。

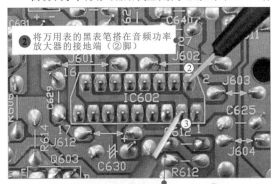

② 将万用表的黑表笔搭在音频功率放大器的接地端（②脚）

③ 将万用表的红表笔搭在音频功率放大器的供电引脚上（以③脚为例）

① 将万用表的挡位旋钮调至"直流50V"电压挡

④ 实测音频功率放大器③脚的直流电压约为16V

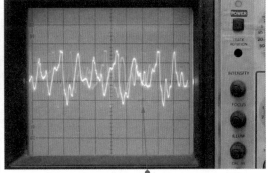

⑤ 将示波器接地夹接地，探头搭在音频功率放大器的音频信号输入端引脚上

⑥ 在正常情况下，在音频功率放大器音频信号输入端可测得音频信号波形

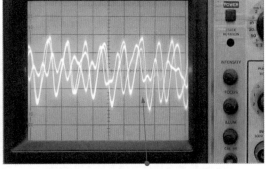

⑦ 将示波器的接地夹接地，探头搭在音频功率放大器的音频信号输出端引脚上

⑧ 在正常情况下，在音频功率放大器音频信号输出端可测得经过放大后的音频信号波形

图12-38　音频功率放大器的检测方法

若经检测，音频功率放大器的供电正常，输入侧信号也正常，但无输出或输出异常，则多为音频功率放大器内部损坏。需要注意的是，只有在明确功率放大器工作条件正常的前提下，对其输出端信号进行检测才有实际意义，否则即使音频功率放大器本身正常，工作条件异常，也将无法输出正常的音频信号，将直接影响对测量结果的判断。

检测音频功率放大器也可采用检测各引脚对地阻值的方法，如图12-39所示。

① 将万用表的黑表笔搭在接地端；红表笔依次搭在集成电路各引脚上，检测各引脚正向阻值　　在路测量电阻值时，应确保集成电路处于未通电状态　　② 从万用表的显示屏上读取出实测各正向阻值数值

③ 首先打开万用表电源开关　　④ 根据估算电容器的电容值，将万用表量程旋钮置于"2μF"挡

⑤ 将实测结果与集成电路手册中的标准值进行比较

黑笔接地	0.8	∞	27.2	40.2	150	0	0.8	30.2	0	30.2	30.2	0	30.2	实测结果
引脚号	①	②	③	④	⑤	⑥	⑦	⑧	⑨	⑩	⑪	⑫	⑬	
红笔接地	0.8	∞	12.1	5	11.4	0	0.8	8.5	0	8.5	8.5	0	8.5	

注：单位为kΩ

黑笔接地	0.78	∞	27	40.2	150	0	0.78	30.1	0	30.1	30.2	0	30.1	标准数值
引脚号	①	②	③	④	⑤	⑥	⑦	⑧	⑨	⑩	⑪	⑫	⑬	
红笔接地	0.78	∞	12	5	11.4	0	0.78	8.4	0	8.4	8.4	0	8.4	

注：单位为kΩ

图12-39　音频功率放大器对地阻值的检测方法

根据比较结果可对集成电路的好坏做出判断：

（1）若实测结果与标准值相同或十分相近，则说明集成电路正常。

（2）若出现多组引脚正反向阻值为零或无穷大时，表明集成电路内部损坏。

电阻法检测集成电路确实要求要有标准值进行对照才能对检测结果做出判断，如果无法找到集成电路的手册资料，可找一台与所测机器型号相同的、正常的机器作为参照，通过实测相同部位的集成电路

12.8.4 微处理器的检测

微处理器简称CPU，它是将控制器、运算器、存储器、稳压电路、输入和输出通道、时钟信号产生电路等集成于一体的大规模集成电路。由于它具有分析和判断功能，犹如人的大脑，因而又称为微电脑，广泛地应用于各种电子电器产品之中，为产品增添了智能功能，它有很多的品种和型号。

检测微处理器主要有两种方法：一种是使用万用表检测微处理器各引脚的电压值或正反向对地阻值，根据检测结果判别微处理器的性能；另一种方法是将微处理器置于工作环境中，在工作状态下，使用万用表及示波器检测关键引脚的电压或信号波形，根据检测结果判断微处理器的性能。

检测之前，首先通过集成电路手册查询待测微处理器相关性能参数，作为微处理器实际检测结果的比对标准，如图12-40所示。

电路板上待测
的微处理器

图12-40　待测微处理器的实物外形

使用万用表检测微处理器各引脚直流电压或正反向对地阻值的方法，与运算放大器的检测方法相同。下面以检测微处理器各引脚正反向对地阻值为例。

首先将万用表的黑表笔搭在微处理器的接地端，红表笔依次搭在其他各引脚上，检测引脚的正向对地阻值，然后调换表笔检测引脚的反向对地阻值，如图12-41所示。

调换表笔，检测微处理器该脚
的反向对地阻值约为9.2kΩ

接地端

❸ 红表笔依次搭在微处理器各引脚上（以㉚脚为例）
❷ 将万用表的黑表笔搭在微处理器的接地端（㉑脚）
❶ 将万用表的挡位旋钮调至"×1k"欧姆挡，并进行欧姆调零操作
❹ 实测微处理器该的正向对地阻值约为6.1kΩ

图12-41　微处理器各引脚对地阻值的检测方法

> **提示说明**
>
> 　　在正常情况下，微处理器各引脚的正反向对地阻值应与其正常值相近，否则，可能为微处理器内部损坏，需要用同型号集成电路替换。

　　微处理器的型号不同，引脚功能也不同，但基本都包括供电端、晶振端、复位端、I²C总线信号端和控制信号输出端，因此，判断微处理器的性能可通过对这些引脚的电压或信号参数进行检测，若这些关键引脚参数均正常，但微处理器控制功能仍无法实现，则多为微处理器内部电路异常。

　　微处理器供电及复位电压的检测方法与前面集成电路供电电压检测方法相同。这里主要是用示波器检测微处理器的晶振信号、I²C总线信号，如图12-42所示。

❶ 将示波器的接地夹接地，探头搭在微处理器的晶振信号端（⑱脚或⑲脚上）

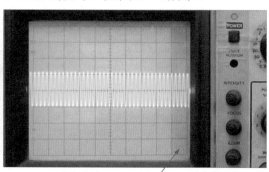

❷ 在正常情况下，可测得晶振信号波形

❸ 将示波器的接地夹接地，探头搭在微处理器I²C总线信号中的串行时钟信号端（⑩脚）

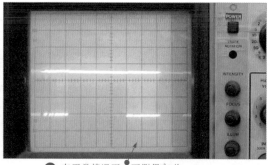

❹ 在正常情况下，可测得I²C总线串行时钟信号（SCL）波形

❺ 将示波器的接地夹接地，探头搭在微处理器I²C总线信号中的数据信号端（⑪脚）

❻ 在正常情况下，可测得I²C总线数据信号（SDA）波形

图12-42　使用示波器检测微处理器的晶振信号、I²C总线信号

提示说明

　　I²C总线信号是微处理器中标志性的信号之一，该信号是微处理器对其他电路进行控制的重要手段，若该信号消失，则可以说明微处理器没有处于工作状态。

　　在正常情况下，若微处理器供电、复位和晶振三大基本条件正常，一些标志性输入信号正常，但I²C总线信号异常或输出端的控制信号异常，则多为微处理器内部损坏。

第13章　电子产品常见信号的测量 »

13.1　交流正弦信号的特点与测量

13.1.1　交流正弦信号的特点及相关电路

1 **交流正弦信号的特点**

交流正弦信号是按照正弦规律变化的信号。交流电就是一种典型的交流正弦信号。正弦交流信号的波形如图13-1所示。

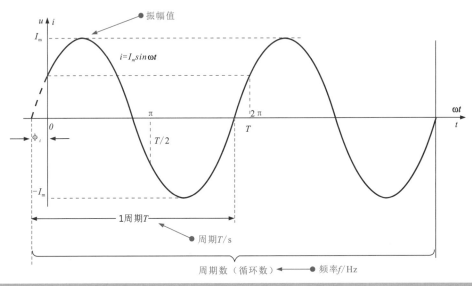

图13-1　正弦交流信号的波形

在正弦交流信号中随时间按正弦规律做周期变化的量称为正弦量。正弦量的振幅值、瞬时值、频率（或角频率）、周期和相位称为正弦量的主要参数。

（1）振幅值正弦交流电瞬时值中最大的数值叫做最大值或振幅值。振幅值决定正弦量的大小。最大值通常用$Um.Im$表示。

（2）瞬时值瞬时值通常用小写字母（如u，i）表示，瞬时值的概念中含有大小和方向，而最大值只有大小之分，不含方向。值得注意的是，瞬时值是随时间t而周期性变化的（$i=Im\sin\omega t$），而最大值却是一定的。

（3）周期正弦量变化一次所需的时间（秒），用"T"表示。

（4）频率正弦量在单位时间内变化的次数，用"f"表示，单位为赫兹，简称"赫"，用字母"Hz"表示。频率决定正弦量变化快慢。频率是周期的倒数，其关系为$f=1/T$。

（5）角频率正弦量单位时间内变化的弧度数，用"w"表示，单位是弧度/秒，用字母"rad/s"表示，角频率和频率的关系可用下面公式表示：$\omega=2\pi/T=2\pi f$

（6）相位、初相位和相位差。相位是反映正弦量变化的进程。正弦量是随时间而变化的，要确定一个正弦量还必须从计时起点（$t=0$）上看。索取的时间起点不同，正弦量的初始值就不同，到达最大值或某一特定值所需的时间也就不同。

2 交流正弦信号的相关电路

（1）产生交流正弦信号的条件。交流正弦信号产生电路的功能就是使电路产生一定频率和幅度的正弦波，一般是在放大电路中引入正反馈，并创造条件，使其产生稳定可靠的振荡。

正弦波产生电路的基本结构是引入正反馈的反馈网络和放大电路。其中，形成正反馈是产生振荡的首要条件，它又被称为相位条件。产生振荡必须满足幅度条件，要保证输出波形为单一频率的正弦波，必须具有选频特性，同时它还应具有稳幅特性。因此，正弦波产生电路一般包括：放大电路、反馈网络、选频网络、稳幅电路四个部分。

（2）RC正弦波振荡电路。按选频网络的元件类型分类，可以把正弦振荡电路分为：RC正弦波振荡电路、LC正弦波振荡电路、石英晶体正弦波振荡电路。

常见的RC正弦波振荡电路如图13-2所示。

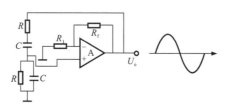

图13-2　RC正弦波振荡电路

该电路是RC串并联式正弦波振荡电路，它又被称为文氏桥正弦波振荡电路。串并联网络在此作为选频和反馈网络。

它的起振条件为：$R_f>2R_1$，它的振荡频率为：$f_0=\dfrac{1}{2\pi RC}$。由于RC正弦波振荡电路主要用于低频振荡，要想产生更高频率的正弦信号，一般采用LC正弦波振荡电路，振荡频率为：$f_0=\dfrac{1}{2\pi\sqrt{LC}}$，而石英振荡器的特点是其振荡频率特别稳定，它常用于振荡频率高度稳定的场合。

13.1.2 交流正弦信号的测量

对于交流正弦信号，一般采用示波器进行测量，即将示波器测试探头测试电子产品中包含交流正弦信号的部位，即可将信号直观的显示在示波器显示屏上的方法。下面以信号发生器产生的交流正弦信号的检测操作为例，演示交流正弦信号的测量方法。

信号发生器一般可以产生频率和幅度可调的正弦波，将其输出端与示波器测试端相连接即可进行测试。

典型信号发生器的实物外形如图13-3所示。

图13-3　典型信号发生器的实物外形及正弦波输出功能区标识

检测前，根据信号发生器上的功能标识找到正弦波输出功能区。首先将信号发生器与示波器进行连接，然后分别打开信号发生器和示波器的电源开关，将示波器探头接信号发生器的信号输出端即可。图13-4为信号发生器与测试仪器（示波器）的连接。

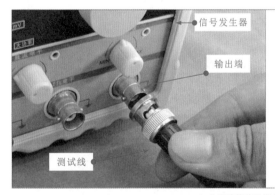
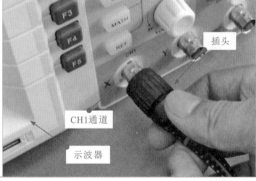

a）分别连接信号发生器和示波器的测试线

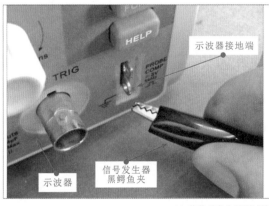
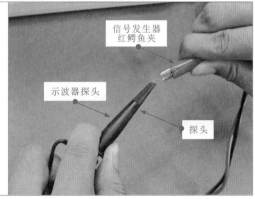

b）将信号发生器测试线的测试线与示波器测试线连接

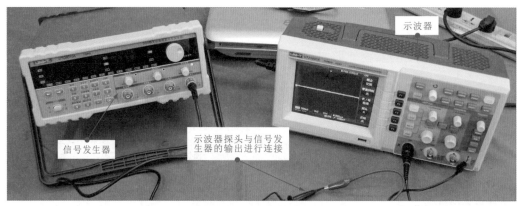

c）连接完成后打开信号发生器及示波器的电源

图1-4　信号发生器与测试仪器（示波器）的连接

　　连接好测试仪器后便可以进行测试操作了，首先调整信号发生器使其输出正弦波信号，也适当调整示波器功能旋钮使测试到的波形清晰的显示在示波器显示屏上，便于观察。图13-5为信号发生器产生的交流正弦信号的检测方法。

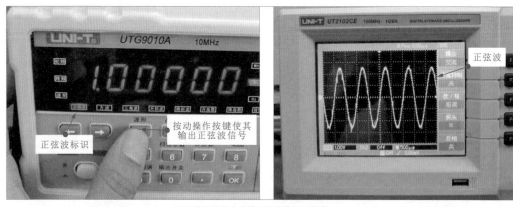

a）设置信号发生器输出为交流正弦信号

b）适当调整示波器幅度、周期旋钮使示波器显示屏波形显示清晰

图13-5　信号发生器产生的交流正弦波信号的检测方法

　　测量时，示波器挡位调整设置不同，示波器显示屏显示的交流正弦信号波形也会有所区别。对测得交流正弦信号波形参数的识读如图13-6所示。

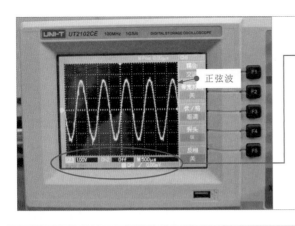

示波器显示该波形时显示数值："CH1：1.00V　M：500μs"

由此，可以识读出该信号波形参数：

（1）"CH1：1.00V"标识示波器屏中每格为1V，由图可知，该波形上下幅度约为5格，表明其幅度为5V。

（2）"M：500μs"表示显示屏坐标网格一格的时间为500μs，由图可知，该波形一个周期为2格，表明其周期T为500μs×2=1000μs

（3）根据频率与周期关系公式f=1/T可知，该波形的频率f=1/1000μs=1/0.001s=1000Hz=1kHz

图13-6　交流正弦信号波形参数的识读

当交流正弦信号波形频率在不同的波段时，示波器上显示的正弦信号会随着频率不同而产生变化。图13-7为不同频率的交流正弦波形。

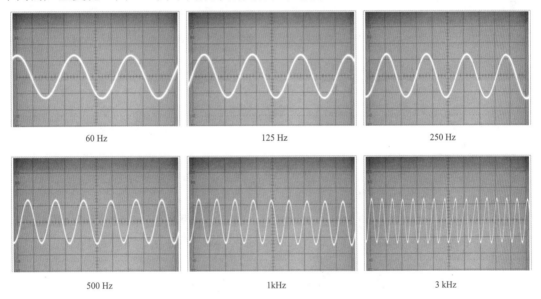

60 Hz	125 Hz	250 Hz
500 Hz	1kHz	3 kHz

图13-7　不同频率的交流正弦波形

当幅度过大、过小或有其他因素影响时，会使正弦信号发生失真现象，在两图的对比中可以发现交流正弦信号顶部产生了失真现象，如图13-8所示。

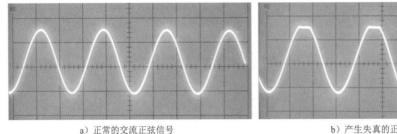

a）正常的交流正弦信号　　　　　　　b）产生失真的正弦信号

图13-8　交流正弦信号顶部产生的失真现象

13.2 音频信号的特点与测量

13.2.1 音频信号的特点及相关电路

音频信号是指带有语音、音乐和音效的信号。音频信号的频率和幅度与声音的音调和强弱相对应。声音的三个要素是音调、音强和音色。

在电子产品中音频信号分为两种：模拟音频信号和数字音频信号。

图13-9为电子产品中常见模拟音频信号和数字音频信号波形。

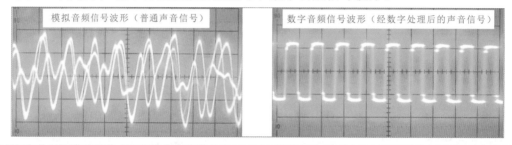

图13-9 常见模拟音频信号和数字音频信号波形

音频信号的应用十分广泛，几乎所有能发声的设备，如电声、电视等影音类家电产品中都存在音频信号，其中主要相关的电路包括音频输入信号接口部分、音频信号切换电路、音频信号处理电路和音频信号功率放大器等。

图13-10为彩色电视中与音频信号相关的电路及对应的音频信号波形。

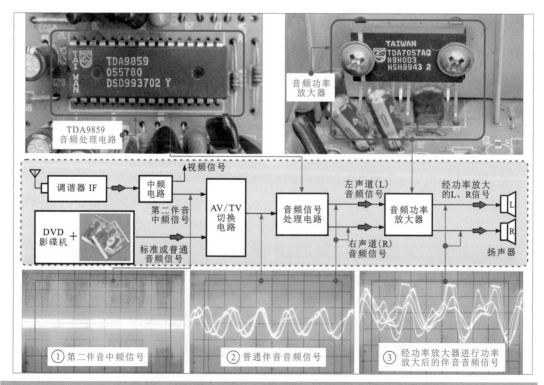

图13-10 彩色电视中与音频信号相关的电路及对应的音频信号波形

如果当一个电声产品出现无声的故障时，通过检测与音频相关的电路模块中输入与输出的音频信号即可以判断电路故障的具体部位，因此了解音频信号的特点及检测方法对学习家电产品维修十分重要。

通过上面的介绍可知看到，普通声音的信号是根据声调的高低而随机变化，看起来是"杂乱无章"的信号波形，在学习家用电子产品检修时，常会用到专业的测试光盘，其中播放的为1kHz的标准音频信号（正弦信号），该类信号测试时，图13-11为1kHz标准正弦波音频信号波形。

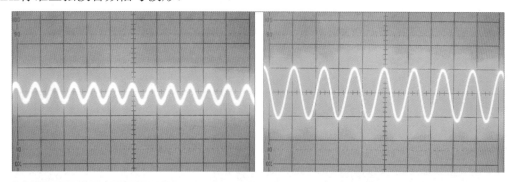

图16-11　1kHz标准正弦波音频信号波形

13.2.2　音频信号的测量

音频信号的检测通常使用示波器进行。检测前应首先了解待测电子产品音频信号处理通道的关键器件，然后理清音频信号处理通道中，相关电路的信号流程，接着用示波器顺着电路的信号流程逐级检测各器件音频信号输入和输出引脚的信号即可。

下面以检测液晶电视机中的音频信号为例，具体介绍其测量方法。

首先了解该待测液晶电视机中音频信号通道中的关键器件，然后理清该音频信号处理电路部分的信号流程。如图13-12所示。

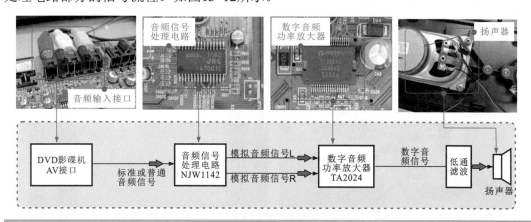

图13-12　理清音频信号处理电路部分的流程

根据上述信号流程进行找到图13-12中接口、音频信号处理电路、数字音频功率放大器及扬声器的音频信号输入和输出引脚，用示波器进行测试，检测前首先将示波器接地夹接地，具体检测方法如图13-13所示。

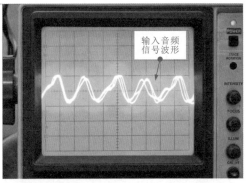

a）检测AV接口处输入的音频信号

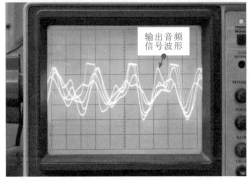

b）检测音频信号处理电路输出的音频信号

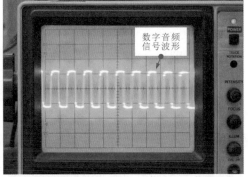

c）检测经数字音频功率放大器输出的音频信号

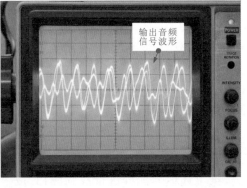

d）检测扬声器输出的音频信号

图13-13　用示波器检测液晶电视机中音频信号处理电路的基本方法

上述检测过程是根据信号流程逐级递进的，前级器件的输出与后一级器件的输入处信号应该是相同的，若经检测某一器件处的输入端信号正常，还需要借助万用表检测各个器件的电压条件是否正常，若条件也正常，而无输出信号时，表明该器件故障。由此也可以看到，掌握音频信号的检测方法对于学习电声类家用电子产品十分关键。

13.3　视频信号的特点及测量

13.3.1　视频信号的特点及相关电路

视频信号是一种包含亮度和色度图像内容的信号，其中还包含行同步、场同步和色同步等辅助信号，这些信号都是对图像还原起着重要作用的信号。认识这些信号的特征对于检测电路和判别故障是非常重要的。

1 视频信号的基本特点

视频信号简单的说是一种显示图像中信息的一种信号波形，其具体波形形状随图像内容的不同而有所不同，例如，对于普通景物图像，视频信号波形随图像内容的变化而变化；对于标准的彩条图像信号或黑白阶梯图像来说，其输出信号波形基本保持不变。黑白阶梯图像及其相应信号波形如图13-14所示。

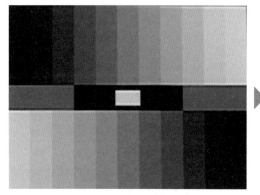

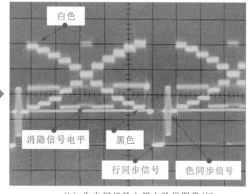

（a）黑白阶梯图像(标准测试卡)　　　　（b）为电视机输入黑白阶梯图像(标准测试卡)时，测得的视频信号波形

图13-14　黑白阶梯图像及其相应信号波形

图13-14（a）是一个黑白阶梯图像标准测试卡。在该图像中的上半段，右侧为白色，左侧为黑色，中间从白色到黑色的变换是的呈阶梯状逐级加深的。在图像的下半段，左侧为白色，右侧为黑色，由白色到黑色的过渡也是呈阶梯状过渡。图13-14（b）是将该黑白阶梯图像送入显示器或电视机后测得的信号波形。

这个图像的波形内容为：最下面低的脉冲为行同步信号，旁边的一个为色同步信号，上面最高的一个电平是表示白色的图像部分，最低的表示黑色的图像，从白色到黑色的变换在信号表现上是呈阶梯状变化的。由于黑白阶梯图像是由上下两部分组成，上面部分从左向右是由黑色到白色的阶梯变化，下面部分与上面正好相反，其变化效果是从左向右由白色到黑色。所以在这个波形中呈现为两个阶梯的信号波形，即交叉的两条阶梯的信号波形。

通常，在图像信号中用电平的高低表示图像的明暗，图像越亮电平越高，图像越暗电平越低，白色物体的亮度电平最高，而黑色电平和消隐电平基本相等。

标准彩条图像及其相应信号波形见图13-15。

图13-15（a）为一个标准的彩条测试卡。从右到左颜色的变化依次为：白、黄、青、绿、品、红、蓝、黑。图13-15（b）为将该标准的彩条图像送入显示器或电视机后测得的信号波形。

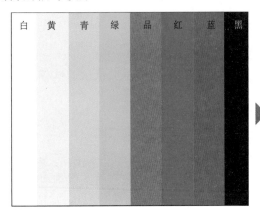
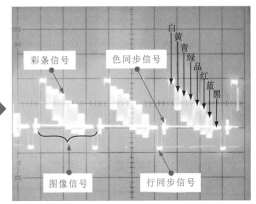

（a）标准彩条图像

（b）为电视机输入标准彩条图像时，测得的视频信号波形

图13-15　标准彩条图像及其相应信号波形

这个图像的波形内容为：从左侧的行同步到右侧最近的行同步为一行信号，头朝下的脉冲是行同步信号；在行同步信号右侧的一小段信号是色同步信号；两组同步信号之间的部分是图像信号，它与彩条测试卡的排列相对应，每一种颜色的彩条信号，它里面是由4.43 MHz的色副载波的相位不同表示不同的颜色；彩条信号最左侧为白信号，白信号是没有色副载波的；彩条信号最右侧，与消隐电平重合的为黑信号。

普通景物图像及其相应信号波形如图13-16所示。

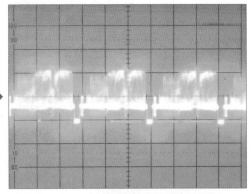

（a）普通景物图像

（b）为电视机输入普通景物图像时，测得的视频信号波形

图13-16　普通景物图像及其相应信号波形

当接收景物图像时，视频信号的波形随景物内容变化。图13-16（a）是一个普通的景物图像。图13-16（b）是将该景物图像送入显示器或电视机后测得的信号波形。

　　行同步信号是由摄像机在拍摄景物的时候由编码形成的信号，它在电视机或显示器中要对其进行解码，即先将其中的亮度信号和色度信号进行分离，然后对色度信号进行分解，将色度信号变成色差信号，最后形成控制显像管三个阴极的RGB信号，才能够在显像管上重现图像信号。

2 视频信号的相关电路及应用

　　视频信号的应用十分广泛，几乎所有能显示图像的电子产品，如电视机等影音产品中都存在视频信号，其中亮度信号和色度信号处理电路就是处理视频图像信号的电路，即对亮度信号和色度信号分别进行处理，把摄像机拍摄的图像还原出来，这是解码电路的任务。

　　亮度和色度信号处理电路又是处理视频信号的电路，因为它主要对色度信号进行解码，所以又称为视频解码电路，都是指的处理亮度和色度信号电路，因为亮度信号和色度信号合起来叫视频信号。可能在名称上有些不同但是实质上是一样的。

　　例如，欣赏电视节目时，就是电视机将接收的电台信号，还原为图像信号的过程，那么该过程中视频信号就始终贯穿在"处理"的过程中，如亮度、色度信号处理电路等。

　　图13-17为彩色电视中与视频信号相关的电路及对应的视频信号波形。

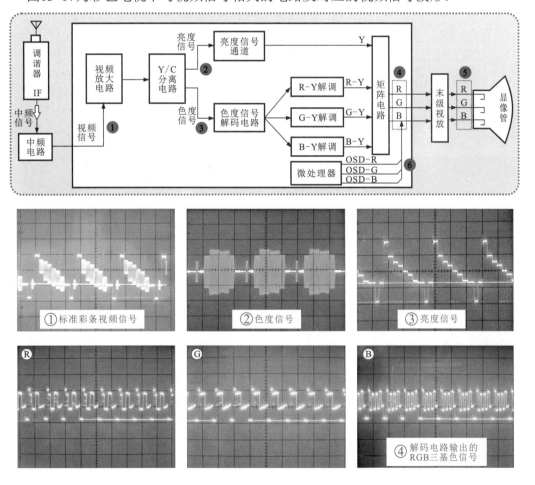

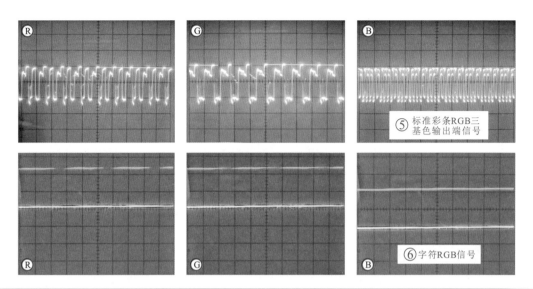

图13-17　彩色电视中与视频信号相关的电路及对应的视频信号波形

除上述电路及相关的视频信号外，很多数码影音产品中还包含有处理数字视频信号的电路，处理数字视频信号的电路及相关信号波形（液晶电视机）如图13-18所示。

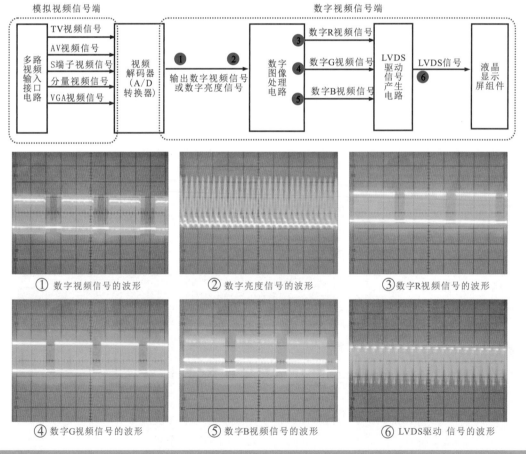

图13-18　处理数字视频信号的电路及相关信号波形（液晶电视机）

13.3.2 视频信号的测量

视频信号的测量方法与音频信号基本相同，一般也使用示波器进行检测。检测前应首先了解待测电子产品视频信号处理通道的关键器件，然后理清视频信号处理通道中，相关电路的信号流程，接着用示波器顺着电路的信号流程逐级检测各器件视频信号输入和输出引脚的信号即可。

下面以检测DVD机输出的视频信号为例，具体介绍其测量方法。

DVD机是一种将光盘信号读取后进行处理，最后经AV接口将音视频信号输出的一种电子产品，图13-19为DVD机输出视频信号处理流程。

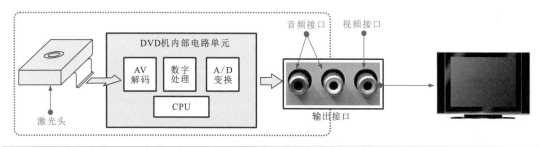

图13-19　DVD机输出视频信号处理流程

由图13-19可以看到，检测视频信号则可以在AV输出接口中的视频接口处进行检测。视频信号的测量方法如图13-20所示。

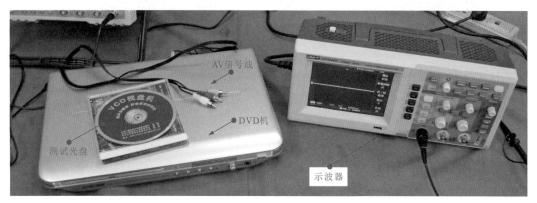

a）准备测试仪器（示波器）、待测的视频输出DVD机及辅助设备（测试光盘、AV信号线）

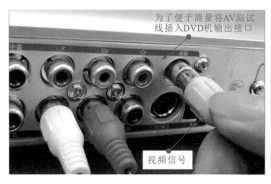

b）使用AV测试线连接DVD机AV接口，并装入测试光盘

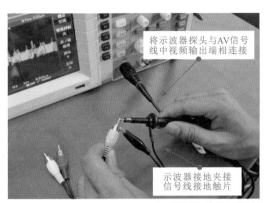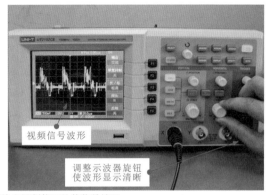

c）用示波器检测AV信号线输出视频接口处的信号波形

图13-20　视频信号的测量方法

值得注意的是，当DVD机播放光盘内容为标准彩条图像时，测试其信号的波形如图13-21所示，若经检测该信号波形正常，则表明DVD输出正常。

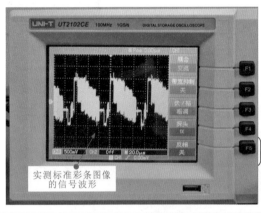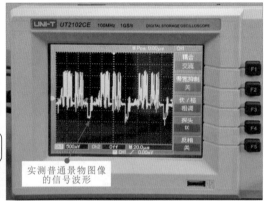

图13-21　实测DVD机输出标准彩条图像的信号波形

那么，由此可知，通过检测相关电路和部件的视频信号即可以判断相应电路的工作状态。视频和音频信号是电声、电视类家电中的主要信号，掌握并灵活运用视频和音频信号的测量方法，对于学习和提高家电维修技能十分重要。

13.4　脉冲信号的特点及测量

13.4.1　脉冲信号的特点及相关电路

1　脉冲信号的基本特点

脉冲信号是指一种持续时间极短的电压或电流波形。从广义上讲，凡不具有持续正弦形状的波形，几乎都可以称为脉冲信号。它可以是周期性的，也可以是非周期性的。

几种常见的脉冲信号波形如图13-22所示。

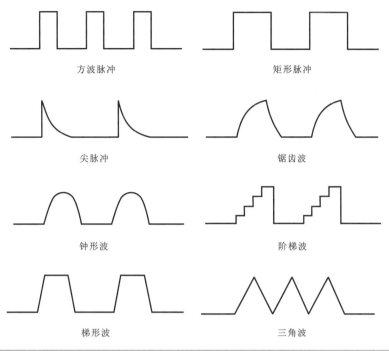

方波脉冲   矩形脉冲

尖脉冲   锯齿波

钟形波   阶梯波

梯形波   三角波

图13-22   常见的脉冲信号波形

若按极性分，常把相对于零电平或某一基准电平，幅值为正时的脉冲称为正极性脉冲，反之称为负极性脉冲。

正负脉冲如图13-23所示。

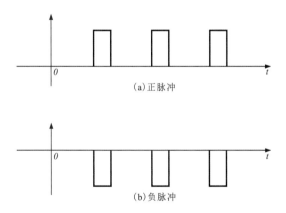

(a)正脉冲

(b)负脉冲

图13-23   正与负脉冲波形

任何波形都可以用一些参数来描述它的特征，但由于脉冲波形多种多样，对不同的波形需定义不同的参数。下面以常见的矩形脉冲为例介绍它的几个主要参数。

理想的矩形脉冲如图13-23（a）所示，它由低电平到高电平或从高电平到低电平，都是突然垂直变化的。但实际上，脉冲从一种电位状态过渡到另一种电位状态总是要经历一定时间，且与理想波形相比，波形也会发生一些畸变。

实际矩形脉冲波形如图13-24所示。

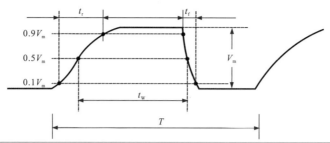

图13-24　实际矩形脉冲波形

2　脉冲信号的相关电路及应用

（1）脉冲信号产生电路。脉冲信号产生电路是数字脉冲电路中的基本电路，它是指专门用来产生脉冲信号的电路。通常，将能够产生脉冲信号的电路称为振荡器。常见的脉冲信号产生电路主要可分为晶体振荡器和多谐振荡器两种。

脉冲信号产生电路的基本工作流程如图13-25所示。

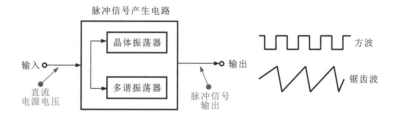

图13-25　脉冲信号产生电路的基本工作流程

1）晶体振荡器。晶体振荡器是一种高精度和高稳定度的振荡器，被广泛应用于彩电、计算机、遥控器等各类振荡电路中，用于为数据处理设备产生时钟信号或基准信号。

晶体振荡器主要是由石英晶体和外围元件构成的谐振器件。石英是一种自然界中天然形成的结晶物质，具有一种称为压电效应的特性。晶体受到机械应力的作用会发生振动，由此产生电压信号的频率等于此机械振动的频率。当晶体两端施加交流电压时，它会在该输入电压频率的作用下振动。在晶体的自然谐振频率下，会产生最强烈的振动现象。晶体的自然谐振频率由其实体尺寸以及切割方式来决定。

一般来说，使用在电子电路中的晶体由架在两个电极之间的石英薄芯片以及用来密封晶体的保护外壳所构成。

晶体及晶体功能如图13-26所示。

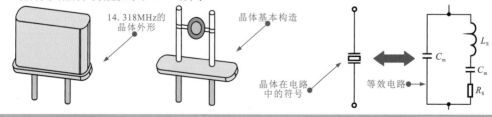

图13-26　晶体及晶体的功能

2）多谐振荡器。多谐振荡器是一种可自动产生一定频率和幅度的矩形波或方波的电路，其核心元件为对称的两只晶体管，或将两只晶体进行集成后的集成电路部分。

（2）脉冲信号整形和变换电路。晶体振荡器和多谐振荡器是数字电路中用于产生脉冲信号的电路，其产生的信号波形多为正负半轴对称的脉冲波形，而实际应用中有时可能只需用到其正半周波形，此时就需要用到脉冲整形电路和变换电路。

常见的脉冲信号整形和变换电路主要有：RC微分电路（将矩形波转换为尖脉冲）、RC积分电路、单稳态触发电路、双稳态触发电路等。这些电路有一个共同的特点：它们不能产生脉冲信号，只能将输入端的脉冲信号整形或变换为另一种脉冲信号。

由RC构成的微分和积分脉冲信号整形和变换电路，以及其输入和整形后输出的脉冲信号如图13-26、图13-27所示。

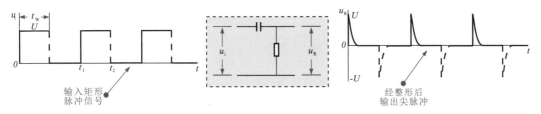

图13-26　RC微分电路及输入输出信号波形

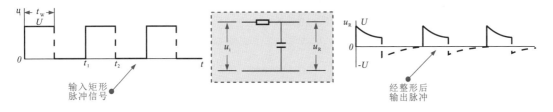

图13-27　RC积分电路及输入输出信号波形

（3）脉冲信号的实际应用。脉冲信号是电子产品中的重要的信号，数字电路中的时钟信号、数据信号、控制信号、指令信号、地址信号、编码信号等都是由脉冲信号组成的。

家电产品中，常见的脉冲信号类型多种多样，如电视机行电路中的行/场同步脉冲信号、行场激励信号，电源电路中的开关振荡脉冲信号，系统控制电路中的数据总线和地址总线信号等。

几种常见脉冲信号的实物外形如图13-28所示。

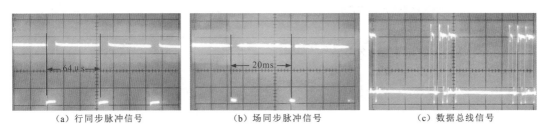

（a）行同步脉冲信号　　　　　（b）场同步脉冲信号　　　　　（c）数据总线信号

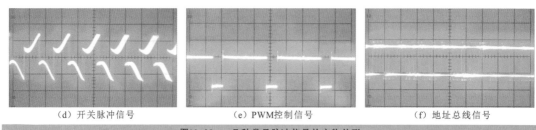

（d）开关脉冲信号　　　　　　　（e）PWM控制信号　　　　　　　（f）地址总线信号

图13-28　几种常见脉冲信号的实物外形

13.4.2 脉冲信号的测量

　　测量脉冲信号通常使用示波器进行检测，在检测前也应首先了解待测设备中脉冲信号的具体检测部位或检测点，然后用示波器探头搭在相关部件脉冲信号输出引脚上即可。下面以检测彩色电视机中的场扫描电路中的脉冲信号为例，具体介绍其测量方法。

　　彩色电视机场扫描电路中的脉冲信号是用于驱动场集成电路的信号，经场输出集成电路处理后由其输出端输出场锯齿波信号，最后去驱动场偏转线圈，图13-29为典型场脉冲信号处理过程。

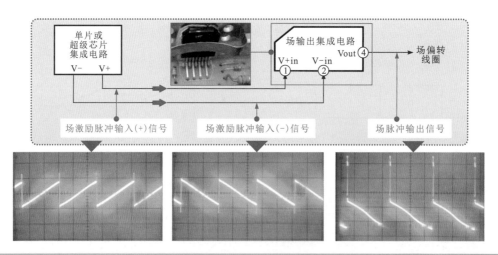

图13-29　场脉冲信号处理过程

彩色电视场扫描电路中脉冲信号的测量方法如图13-30所示。

a）准备测量用示波器，并将示波器接地夹接地

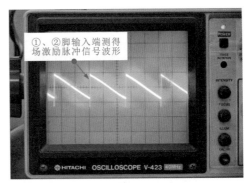

①、②脚输入端测得场激励脉冲信号波形

b）检测场输出集成电路输入端激励脉冲信号

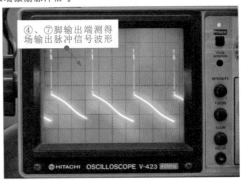

④、⑦脚输出端测得场输出脉冲信号波形

c）检测场输出集成电路输出端脉冲信号

图13-30　　　彩色电视场扫描电路中脉冲信号的测量方法

13.5　数字信号的特点与测量

13.5.1　数字信号的特点及相关电路

模拟信号和数字信号的波形有很大的区别，如图13-31所示。

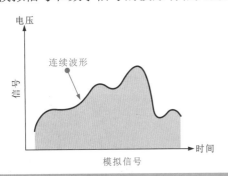
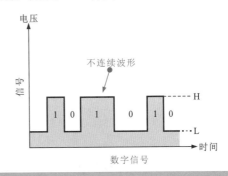

模拟信号　　　　　　　　　　　　　　数字信号

图16-31　　　模拟信号和数字信号的波形

数字信号大都是由"0"和"1"组成的二进制信号，在数字电路中"0"和"1"往往是由电压的"低"和"高"来表示的（也可以用电流的有无或其他的电量来表示），要表示很多的数字信号，即很多的低电平和高电平组合的信号就是脉冲信号。因而数字信号是由脉冲信号来表现的，处理数字信号的电路就是处理脉冲信号的电路，但脉冲信号并不一定就是数字信号，这个关系要清楚。

　　数字信号的特点是代表信息的物理量以一系列数据组的形式来表示，它在时间轴上是不连续的。以一定的时间间隔对模拟信号取样，再将样值用数字组来表示。可见数字信号在时间轴上是离散的，表示幅度值的数字量也是离散的，因为幅度值是由有限个状态数来表示的。

　　目前在数字电视、数码音响、影碟机和数码外设等产品中都实现了数字化，与此同时也开发了各种数字信号处理集成电路，将处理数字信号的电路称为数字电路，如常见的D/A变换电路等。

　　数码影碟机中的数字信号如图13-32所示。

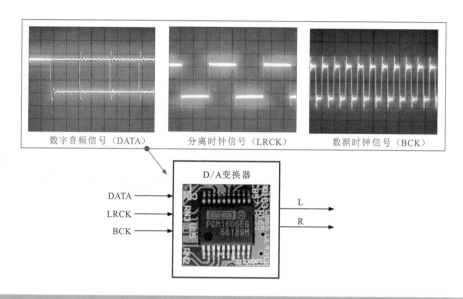

图13-32　　数码影碟机中的数字信号

13.5.2　数字信号的测量

　　数字信号是由脉冲信号组成的，测量数字信号实际也就是测量脉冲信号的过程。下面以测量数码影碟机中D/A变换电路中的数字信号为例，具体介绍其测量方法。

　　数字信号的测量方法如图13-33所示。

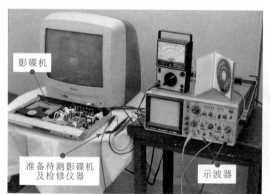

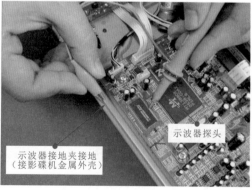

（a）准备测量用示波器，并将示波器接地夹接地

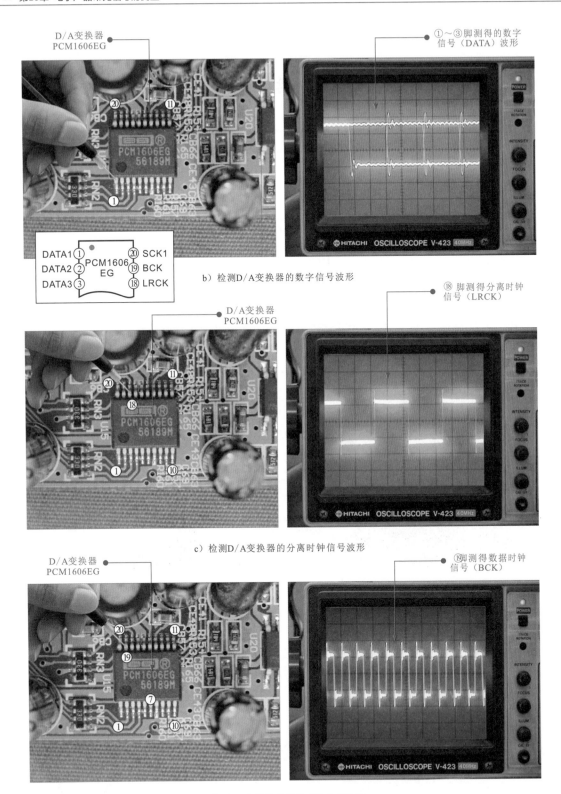

D/A变换器
PCM1606EG

①～③脚测得的数字
信号（DATA）波形

DATA1 ① PCM1606 ⑳ SCK1
DATA2 ② EG ⑲ BCK
DATA3 ③ ⑱ LRCK

b）检测D/A变换器的数字信号波形

D/A变换器
PCM1606EG

⑱ 脚测得分离时钟
信号（LRCK）

c）检测D/A变换器的分离时钟信号波形

D/A变换器
PCM1606EG

⑲脚测得数据时钟
信号（BCK）

d）检测D/A变换器的数据时钟信号波形

图13-33 数码影碟机中数字信号的测量方法

第14章 小家电产品的电路与检修 >>

14.1 电热水壶的电路与检修

14.1.1 电热水壶的结构

电热水壶是用来快速加热饮水的小家电产品，也是目前很多家庭中的生活中必备品，电热水壶的种类多样，外形设计也各具特色，但不论电热水壶的设计如何独特，外形如何变化，电热水壶的基本结构组成还是大同小异的，图14-1为典型电热水壶的结构。

由图14-1可知，电热水壶是由电源底座、壶身底座、蒸汽式自动断电开关等构成的，其中电源底座、蒸汽式自动断电开关等为电热水壶的机械部件。

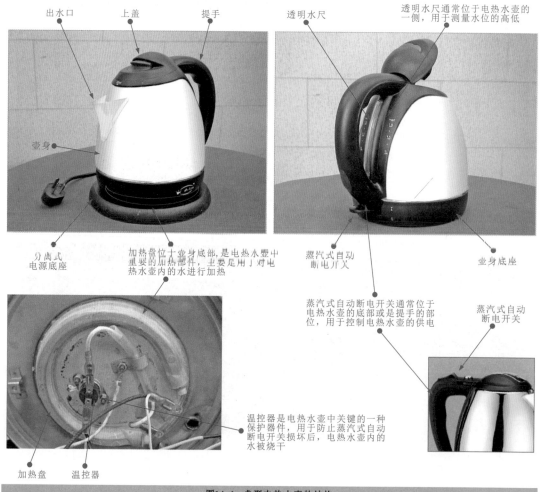

出水口　　上盖　　提手　　　透明水尺　　　　透明水尺通常位于电热水壶的一侧，用于测量水位的高低

壶身

分离式电源底座

加热盘位于壶身底部，是电热水壶中重要的加热部件，主要是用于对电热水壶内的水进行加热

蒸汽式自动断电开关

壶身底座

蒸汽式自动断电开关通常位于电热水壶的底部或是提手的部位，用于控制电热水壶的供电

蒸汽式自动断电开关

温控器是电热水壶中关键的一种保护器件，用于防止蒸汽式自动断电开关损坏后，电热水壶内的水被烧干

加热盘　　温控器

图14-1　典型电热水壶的结构

14.1.2 电热水壶的电路原理

不同电热水壶的电路虽结构各异，但其基本过程大致相同，为了更加深入了解电热水壶工作过程，以典型电热水壶为例对其工作过程进行介绍。

电热水壶的工作原理如图14-2所示，可以看到，其主要是由控制部件（蒸汽式自动断电开关S1、温控器ST、热熔断器FU）、电热部件（加热盘EH）等部分构成的。

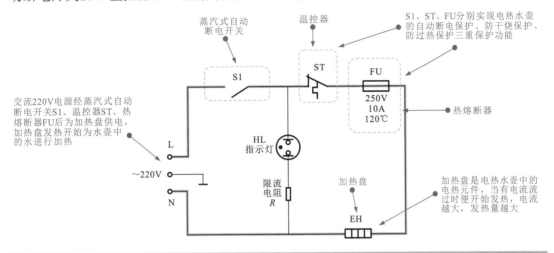

图14-2　电热水壶的工作原理

提示说明

当电热水壶中加上水后，接通交流220V电源，交流电源的L（相线）端经蒸汽式自动断电开关、温控器ST和热熔断器FU加到加热盘的一端，经过加热盘与交流电源的N（零线）端形成回路，开始加热。

当电热水壶中的水烧开后，会产生高温蒸汽，产生的水蒸气经过水壶内的蒸汽导管送到水壶底部的橡胶管，由蒸汽导板再将蒸汽送入蒸汽式自动断电开关S1内。蒸汽式自动断电开关S1内部的断电弹簧片会受热变形，使开关触点动作，从而实现自动断电的作用。

若电热水壶工作中，蒸汽式自动断电开关失常，水壶内的水会不断减少，当水位过低或出现干烧状态时，温度超高状态下，温控器ST内的双金属片会变形，带动其触点断开，切断电热水壶供电线路，实现防烧干保护。

若蒸汽式自动断电开关S1、温控器ST均失去保护功能时，壶内温度会不断升高（139℃）左右，此时热熔断器会被熔断，同样使电热水壶断电，起到保护作用。

14.1.3 电热水壶的检测维修

电热水壶出现故障主要表现为无法通电、通电后不加热、水开后不能自动断电等。电热水壶作为一种典型的家用电热产品，其核心器件就是电热部件，该部件由相应的控制部件控制。

因此，在电热水壶出现上述故障后，除了对基本机械部件和电源线通断进行检查外，重点是检测其电热部件和控制部件部分。即根据电热水壶的结构和工作过程，分别检测电路中的加热盘、蒸汽式自动断电开关、温控器、热熔断器等器件，通过对各部件性能参数的检测判断好坏，从而完成电热水壶的故障检修。

图14-3为电热水壶的主要检测点。

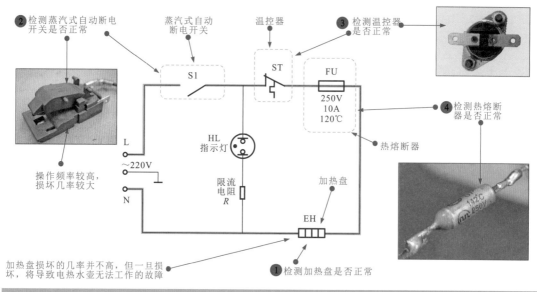

图14-3　电热水壶的主要检测点

1　加热盘的检测方法

　　加热盘不轻易损坏，若损坏后会导致电热水壶无法正常加热。检测加热盘时，可以使用万用表检测加热盘阻值的方法判断其好坏。图14-4为加热盘的检测方法。

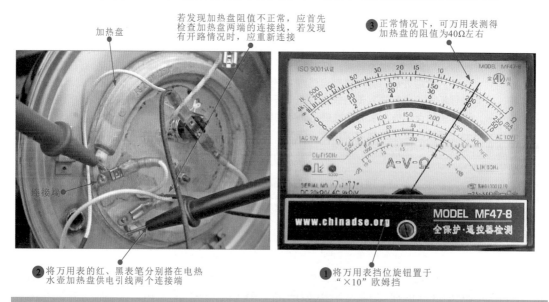

图14-4　加热盘的检测方法

提示说明

　　正常情况下，使用万用表检测加热盘的阻值为应几十欧姆；若测得阻值为无穷大或零甚至几百至几千欧姆，均表示加热盘已经损坏。

　　在检修的过程中，加热盘阻值出现无穷大，有可能是由于加热器的连接端断裂导致加热器阻值不正常，需检查后对加热器的连接端进行检修，再次检测加热器的阻值。从而排除故障。

2 蒸汽式自动断电开关的检测方法

　　检测蒸汽式自动断电开关时，可先通过直接观察法检查开关与电路的连接、橡胶管的连接、蒸汽开关、压断电弹簧片、弓形弹簧片以及接触端等部件的状态和关系，即先排除机械故障。若从表面无法找到故障，可检测蒸汽式自动断电开关是否能够正常的控制"通、断"状态。图14-5为蒸汽式自动断电开关的检测方法。

当蒸汽式自动断电开关检测到蒸汽温度时，内部金属片变形动作，触点断开，此时万用表测其触点间阻值应为无穷大

3 开关被压下，处于闭合状态时，万用表测触点间阻值应为零

蒸汽式自动
断电开关

2 将万用表的红、黑表笔分别搭在蒸汽式断电开关的两个接线端子上

1 将万用表的挡位旋钮置于"×1"欧姆挡

图14-5　蒸汽式自动断电开关的检测方法

3 热熔断器的检测方法

　　热熔断器是整机的过热保护器件，若该器件损坏，可能会导致电热水壶无法工作。判断热熔断器是否正常时，可使用万用表检测其阻值，正常情况下，热熔断器的阻值为零，若实测阻值为无穷大说明热熔断器损坏。图14-6为热熔断器的检测方法。

热熔断器

3 在正常情况下，用万用表测热熔断器的阻值应为零

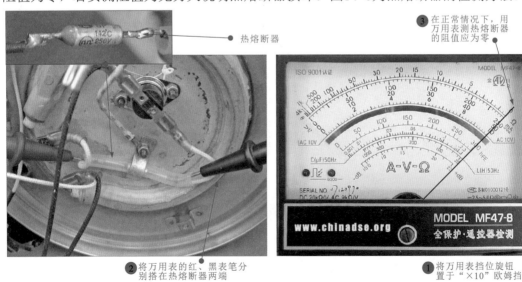

2 将万用表的红、黑表笔分别搭在热熔断器两端

1 将万用表挡位旋钮置于"×10"欧姆挡

图14-6　热熔断器的检测方法

4 **温控器的检测方法**

　　温控器是电热水壶中关键的保护器件，用于防止蒸汽式自动断电开关损坏后，水被烧干。如果温控器损坏将会导致电热水壶加热完成后不能自动跳闸，以及无法加热故障。判断温控器是否正常时，可在不同温度条件下检测温控器两引脚间的通断情况。图14-7为温控器的检测方法。

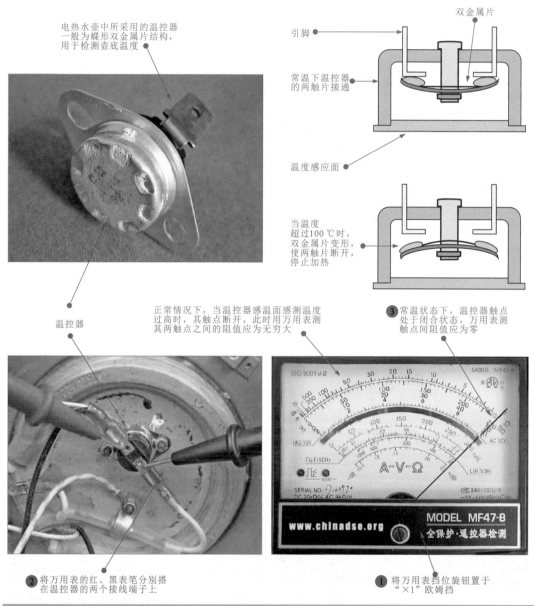

电热水壶中所采用的温控器一般为蝶形双金属片结构，用于检测壶底温度

双金属片

引脚

常温下温控器的两触片接通

温度感应面

当温度超过100 ℃时，双金属片变形，使两触片断开，停止加热

温控器

正常情况下，当温控器感温面感测温度过高时，其触点断开，此时用万用表测其两触点之间的阻值应为无穷大

❸ 常温状态下，温控器触点处于闭合状态，万用表测触点间阻值应为零

❷ 将万用表的红、黑表笔分别搭在温控器的两个接线端子上

❶ 将万用表挡位旋钮置于"×1"欧姆挡

图14-7　温控器的检测方法

提示说明

　　由于电热水壶使用的频率较高，出现不加热或加热异常时，除了检测以上的主要器件外，还可检测其他的机械部件，例如电源底座、导管及电源线等。

14.2　电风扇的电路与检修

14.2.1　电风扇的结构

电风扇是夏季时家庭日常生活中必备的家电产品之一，是用于增强室内空气的流动，达到清凉目的的一种家用设备，图14-8为典型电风扇的结构。

由图可知，电风扇主要是由扇叶、前后护罩、电动机（风扇电动机、摇头电动机）、启动电容器、控制部件（调速开关、摇头开关、定时器）等部分构成的。

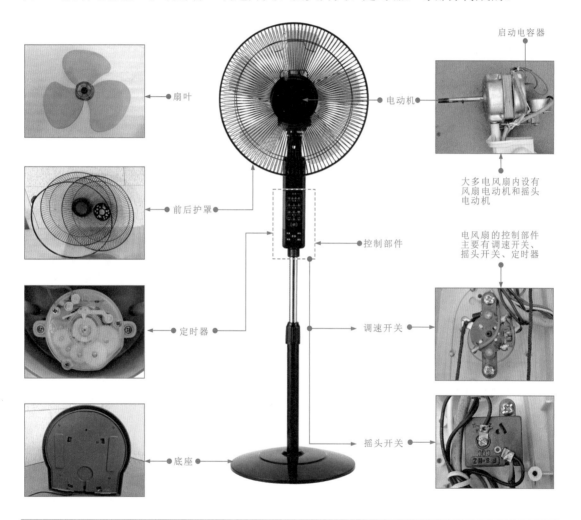

图14-8　典型电风扇的结构

14.2.2　电风扇的电路原理

不同电风扇的电路虽结构各异，但其基本工作过程大致相同，为了更加深入了解电风扇工作过程，以典型电风扇为例对其工作过程进行介绍。图14-9为典型电风扇电路原理图。

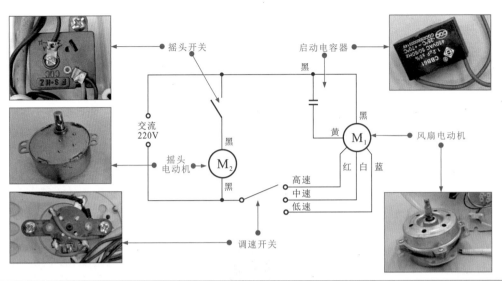

图14-9　典型电风扇电路原理图

1　电风扇的启动控制过程

　　电风扇的启动控制即为由启动电容器控制风扇电动机启动运转的过程，电风扇通电启动后，交流供电经启动电容器加到启动绕组上，在启动电容器的作用下，启动绕组中所加电流的相位与运行绕组形成90°，定子和转子之间形成启动转矩，使转子旋转起来。风扇电动机开始高速旋转，并带动扇叶一起旋转，扇叶旋转时会对空气产生推力，从而加速空气流通。图14-10为电风扇的启动控制过程示意图。

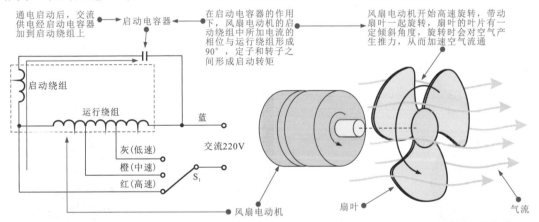

图14-10　电风扇的启动控制过程示意图

2　电风扇的调速控制过程

　　风扇电动机的调速采用绕组线圈抽头的方法比较多，即绕组线圈抽头与调速开关的不同挡位相连，通过改变绕组线圈的数量，从而使定子线圈所产生磁场强度发生变化，实现速度调整。图14-11为典型电风扇电动机绕组的结构，运行绕组中设有两个抽头，这样就可以实现三速可变的风扇电动机。由于两组线圈接成L字母型，也就被称之为L型绕组结构。若两个绕组接成T字母型，便被称为T型绕组结构。

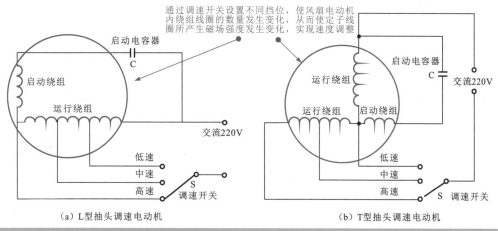

（a）L型抽头调速电动机   （b）T型抽头调速电动机

图14-11 典型电风扇电动机绕组的结构

14.2.3 电风扇的检测维修

电风扇出现故障主要表现为通电开机后不旋转，能正常旋转但不摇头，风速、风向、摇头等控制失灵，噪声过大等。

电风扇的核心器件就是电动机，并由控制部分进行控制，因此在其出现上述故障后，对其检修时，应重点检修其电动机和控制部分，即根据电风扇的整机结构和工作过程，确定主要检测部位。图14-12为电风扇的主要检测点。

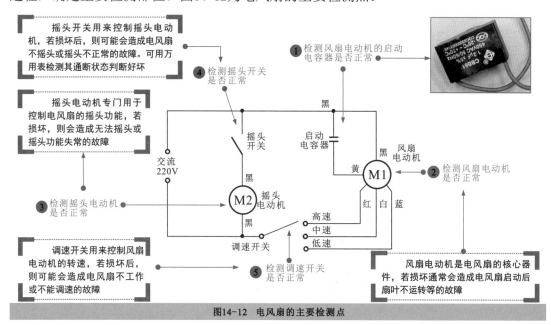

图14-12 电风扇的主要检测点

1 启动电容器的检测方法

启动电容器用于为电风扇中的风扇电动机提供启动电压，是控制风扇电动机启动运转的重要部件，检测启动电容器是否正常时，可通过检测启动电容器的电容量来判断启动电容器是否损坏。图14-13为启动电容器的检测方法。

❶ 将启动电容器从电风扇中取下

❷ 识读启动电容器的基本参数信息，标称电容量：1.2μF±5%

❸ 将万用表的量程调整至电容挡

❹ 将万用表的红黑表笔分别搭在启动电容器的两引脚端

❺ 观察万用表表盘读出实测数值为1.2μF

若实测值与标称值相同或相近表明启动电容器容量正常；若实测数值小于标称值，则说明其性能不良

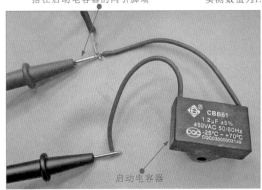
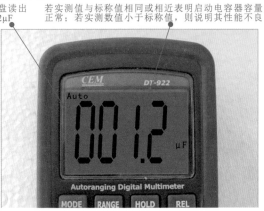

图14-13 启动电容器的检测方法

2 风扇电动机的检测方法

风扇电动机是电风扇的动力源，与风扇相连，带动风叶转动。若风扇电动机出现故障时，开机运行电风扇没有任何反应。检测风扇电动机是否正常时，可通过检测风扇电动机各绕组之间的阻值，来判断风扇电动机的好坏。

首先识别风扇电动机各引线，如图14-14所示。

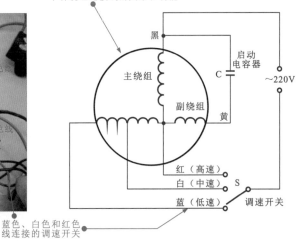

图14-14 识别风扇电动机各引线

在正常情况下，黑色线与其他引线之间的阻值为几百欧姆至几千欧姆，并且黑色线与黄色线之间的阻值始终为最大阻值。

若检测中，万用表读数为零、无穷大，或所测得的阻值与正常值偏差很大，均表明风扇电动机损坏。图14-15为风扇电动机的检测方法。

① 将万用表的量程旋钮调整至"×100"欧姆挡

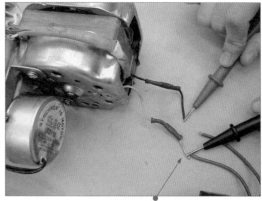

② 将万用表的红黑表笔分别接在黑色线和其他线上，检测黑色线与其他线之间的阻值

③ 实测黑-黄线之间的阻值为11×100=1100Ω

④ 实测黑-白、黑-蓝线之间的阻值为6×100=600Ω

⑤ 实测黑-红线之间的阻值为4×100=400Ω

图14-15　风扇电动机的检测方法

3　摇头电动机的检测方法

摇头电动机用于为电风扇的摇头提供动力，控制风叶机构摆动，使电风扇向不同方向送风。若摇头电动机损坏，将无法实现电风扇的摇头功能。检测摇头电动机时，可通过检测引线间的阻值，来判断摇头电动机是否损坏，如图14-16所示。

摇头电动机一根黑色引线连接摇头开关

摇头电动机另一根黑色引线连接调速开关

① 根据摇头电动机的连接线，找到摇头电动机两条黑色引线的连接点

② 将万用表的量程旋钮调至"×1k"欧姆挡，并进行欧姆调零操作

❸ 将万用表的红黑表笔分别搭在摇头电动机在调速开关和摇头开关的接点上

❹ 实测摇头电动机绕组的阻值为：$9×1k=9k\,\Omega$

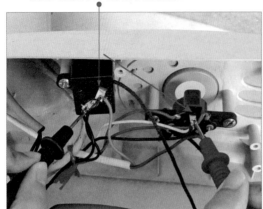

图14-16　摇头电动机的检测方法

4　摇头开关的检测方法

电风扇的摇头工作主要是由摇头开关控制的，若摇头开关不正常，则电风扇只能保持在一个角度送风。检测摇头开关时，可通过检测摇头开关通、断状态下的阻值，来判断摇头开关是否损坏。图14-17为摇头开关的检测方法。

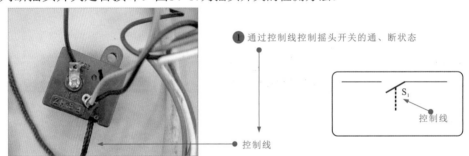

❶ 通过控制线控制摇头开关的通、断状态

控制线

❸ 将万用表的红黑表笔分别搭在摇头开关的两个接线端

❹ 摇头开关断开状态下，万用表的实测数值为无穷大

❻ 开关处于闭合状态下，两个接线端接通阻值应为零

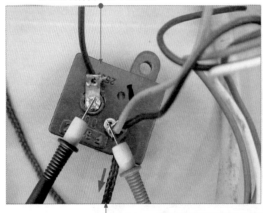

控制线　❺ 保持万用表表笔位置不动拉动摇头开关的控制线，使开关处于闭合状态

❷ 将万用表的量程旋钮调至"×1"欧姆挡，并进行欧姆调零操作

图14-17　摇头开关的检测方法

5 调速开关的检测方法

电风扇的风速主要是由调速开关控制，当调速开关损坏时，经常会引起电风扇扇叶不转动、无法改变电风扇的风速等故障。检测调整开关时，可通过检测各挡位开关通、断状态下的阻值，来判断调速开关是否损坏。图14-18为调整开关的检测方法。

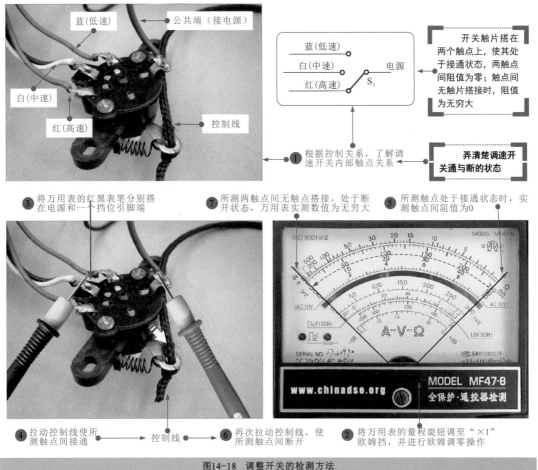

图14-18　调整开关的检测方法

14.3 电饭煲的电路与检修

14.3.1 电饭煲的结构

电饭煲俗称电饭锅，是家庭中常用的电炊具之一，是根据人工操作控制完成烧饭、加热功能的小家电产品，可利用锅体底部的电热器（电热丝）加热产生高能量，以实现炊饭功能的器具，根据其功能特点，若在使用中出现异常故障，可使用仪表对其检测。

典型电饭煲的结构，如图14-19所示，可以看到，典型电饭煲主要是由上盖、自动排气橡胶阀、内锅、外壳、机械按键、加热杠杆开关、供电微动开关、双金属片恒温器、磁钢限温器、加热盘等部分构成的。

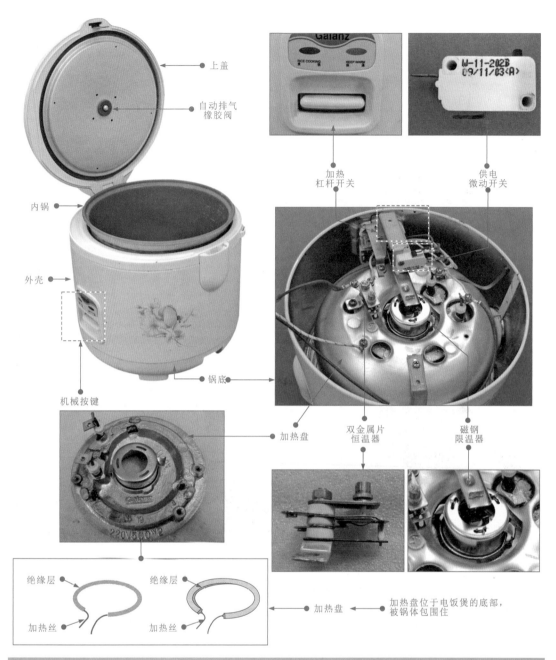

图14-19 典型电饭煲的结构

14.3.2 电饭煲的电路原理

不同电饭煲的电路虽结构各异，但其基本工作过程大致相同，为了更加深入了解电饭煲工作过程，以典型机械控制式电饭煲为例介绍其工作过程。

图14-20为典型机械控制式电饭煲整机工作过程示意图。电饭煲中的各个部件及电路都不是独立存在的，在电饭煲工作时，各部件及电路之间相互配合，共同协作，完成煮饭的功能，这是一个较为复杂的过程。

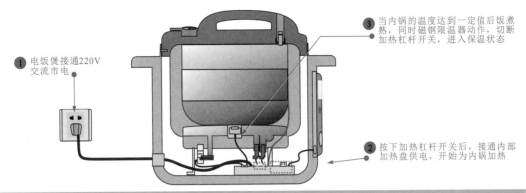

① 电饭煲接通220V
交流市电

③ 当内锅的温度达到一定值后饭煮
熟，同时磁钢限温器动作，切断
加热杠杆开关，进入保温状态

② 按下加热杠杆开关后，接通内部
加热盘供电，开始为内锅加热

图14-20　典型机械控制式电饭煲整机工作过程示意图

　　电饭煲工作时，由交流220V电压经电源开关加到加热盘上，加热盘发热，开始对内锅进行加热，同时电饭煲中的加热指示灯亮；当饭煮好的时候，温度会一直停留在沸点，直至水分蒸发后，电饭煲里的温度便会再次上升。当温度上升超过100 ℃后，磁钢限温器内的感温磁钢失去磁性，释放永磁体，使炊饭开关断开。图14-21为典型电饭煲的工作过程。

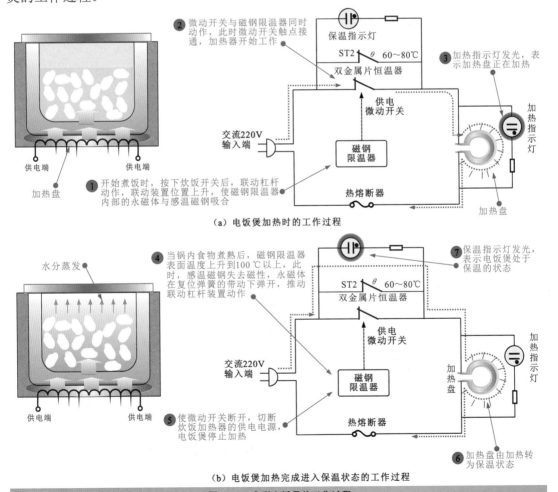

② 微动开关与磁钢限温器同时
动作，此时微动开关触点接
通，加热器开始工作

保温指示灯

ST2　θ　60～80℃

双金属片恒温器

供电
微动开关

交流220V
输入端

磁钢
限温器

热熔断器

③ 加热指示灯发光，表
示加热盘正在加热

加热
指示
灯

加热盘

供电端　　供电端

加热盘

① 开始煮饭时，按下炊饭开关后，联动杠杆
动作，联动装置位置上升，使磁钢限温器
内部的永磁体与感温磁钢吸合

(a) 电饭煲加热时的工作过程

水分蒸发

④ 当锅内食物煮熟后，磁钢限温器
表面温度上升到100 ℃以上，此
时，感温磁钢失去磁性，永磁体
在复位弹簧的带动下弹开，推动
联动杠杆装置动作

保温指示灯发光，
表示电饭煲处于
保温的状态 ⑦

ST2　θ　60～80℃

双金属片恒温器

供电
微动开关

交流220V
输入端

磁钢
限温器

热熔断器

加热
盘

加热
指示
灯

供电端　　供电端

⑤ 使微动开关断开，切断
炊饭加热器的供电电源，
电饭煲停止加热

⑥ 加热盘由加热转
为保温状态

(b) 电饭煲加热完成进入保温状态的工作过程

图14-21　典型电饭煲的工作过程

14.3.3　电饭煲的检测维修

　　电饭煲出现故障主要表现为不通电、不加热、不保温等。电饭煲作为一种典型的家用电热产品，其核心器件就是电热部件，该部件由相应的控制部件控制。

　　因此，在电饭煲出现上述故障后，除了检查基本机械部件和电源线通断外，重点是用万用表检测其电热部件和控制部件部分。即根据电饭煲的结构特点和工作过程，对电路中的磁钢限温器、双金属片恒温器、加热盘等进行检测，通过对各部件性能参数的检测判断好坏，从而完成电饭煲的故障检修。图14-22为电饭煲的主要检测点。

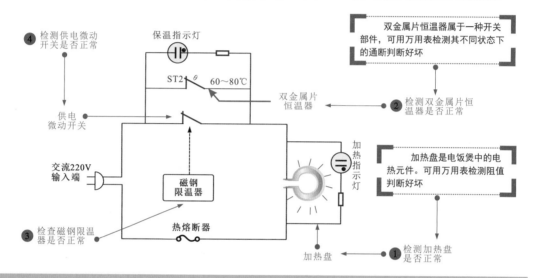

图14-22　电饭煲的主要检测点

1　加热盘的检测

　　加热盘是用来为电饭煲提供热源的部件。当加热盘损坏，多会引起电饭煲出现不炊饭、炊饭不良等故障。检测加热盘时，可通过检测加热盘两端的阻值，来判断加热盘是否损坏。图14-23为加热盘的检测方法。

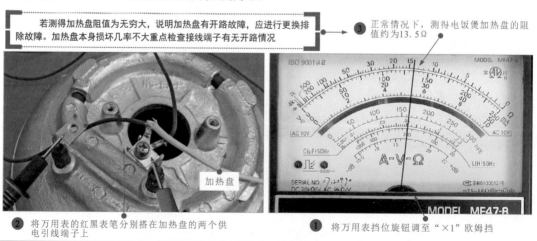

图14-23　加热盘的检测方法

2 双金属片恒温器的检测

双金属片恒温器并联在磁钢限温器上，是电饭煲中自动保温的装置，在检测该器件时，通常检测两接线片之间的阻值来进行判断是否损坏。图14-24为双金属片恒温器的检测方法。

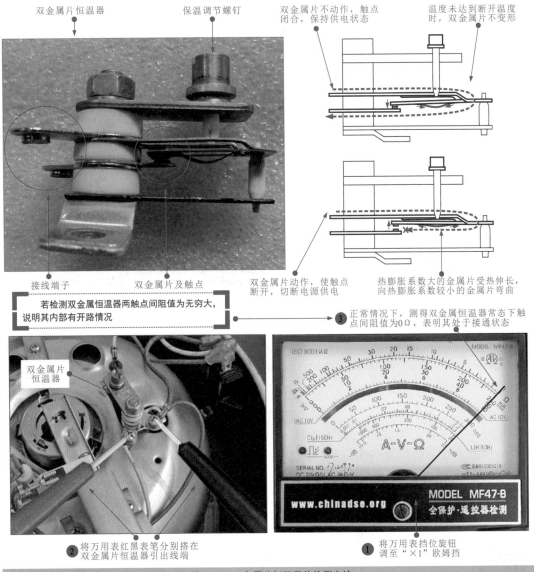

图14-24 双金属片恒温器的检测方法

3 微动开关的检测

微动开关是机械控制式电饭煲中非常重要的器件之一。在调试、检测电饭煲时，万用表对电饭煲中的微动开关的检测操作都是非常必要的，通常检测电饭煲中微动开关时，可以分为在路检测和开路检测两种。由于在路检测比较危险，一般选择开路检测微动开关的阻值来判断它的好坏。图14-25为微动开关的检测方法。

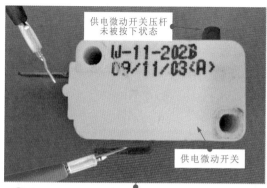

② 将万用表红黑表笔分别搭在供电微动开关的接线端

① 将万用表挡位旋钮调至"×1"欧姆挡

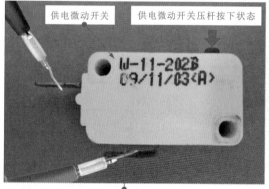

⑤ 保持万用表红黑表笔位置不动

④ 保持万用表挡位置于"×1"欧姆挡

图14-25　微动开关的检测方法

14.4　微波炉的电路与检修

14.4.1　微波炉的结构

　　微波炉是一种靠微波加热食物的厨房电器，其微波频率一般为2.4 GHz的电磁波，微波的频率很高，可以被金属反射，并且可以穿过玻璃、陶瓷、塑料等绝缘材料。

　　微波炉的外形、控制方式虽有不同，但内部的结构却大同小异，都是由保护装置、微波发射装置、转盘装置、烧烤装置、控制装置等几部分构成，如图14-26所示。

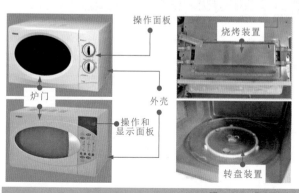

图14-26　典型微波炉的结构

14.4.2　微波炉的电路原理

微波炉是由各单元电路协同工作，完成对食物的加热，这是一个非常复杂的过程。图14-27为微波炉的控制关系示意图。在工作时，由电源供电电路为各单元电路提供工作电压，微处理器通过控制继电器对微波炉内的主要部件的供电进行控制。

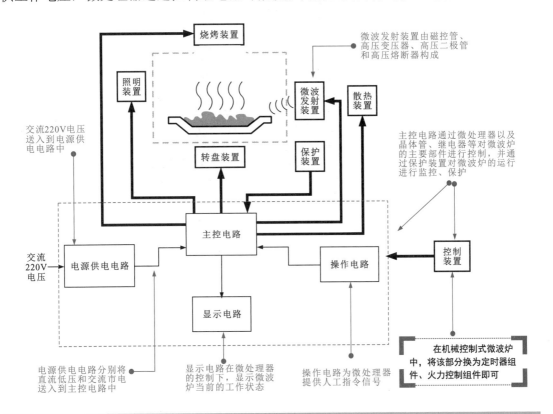

图14-27　微波炉的控制关系示意图

提示说明

电源供电电路输出直流低压和交流220V电压，其中直流低压为其他电路供电，而交流220V则为高压变压器、照明灯等主要部件供电。主控电路是整个微波炉的控制核心，其主要作用就是对各主要部件进行控制，协调各部分的正常工作。

14.4.3　微波炉的检测维修

在检修微波炉之前，应对故障现象有一定的了解。由于微波炉在工作时，内部的一些关键元器件承受着高电压、大电流的不断冲击，以及外部自然因素的干扰，这些元件往往会比较容易损坏而导致微波炉出现故障。

无论微波炉出现任何问题，都应先检查"高压"回路再检查"低压"部分，因为在微波炉故障中高压部分的故障率是最高的。微波炉的基本元器件都是体积比较大且十分明显，在检修过程中先对这些体积比较大的元器件进行检测排除，然后再对相关的元器件进行检测。图14-28为微波炉的主要检测点。

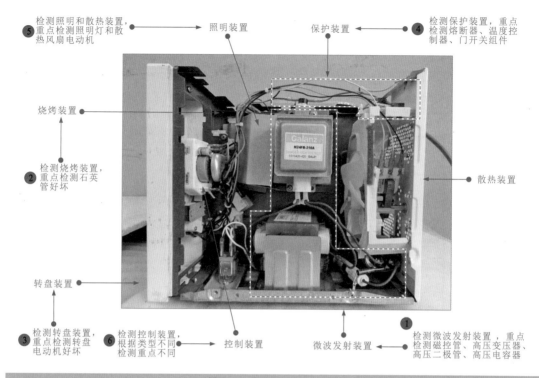

⑤ 检测照明和散热装置，重点检测照明灯和散热风扇电动机 ——→ 照明装置

保护装置 ←—— ④ 检测保护装置，重点检测熔断器、温度控制器、门开关组件

烧烤装置

② 检测烧烤装置，重点检测石英管好坏

散热装置

转盘装置

③ 检测转盘装置，重点检测转盘电动机好坏

⑥ 检测控制装置，根据类型不同检测重点不同 ——→ 控制装置

微波发射装置 ←—— ① 检测微波发射装置，重点检测磁控管、高压变压器、高压二极管、高压电容器

图14-28　微波炉的主要检测点

1 磁控管的检测

　　磁控管是微波炉的主要器件，它通过微波天线将电能转换成微波能，辐射到炉腔中，来对食物加热。当磁控管出现故障时，微波炉会出现转盘转动正常，但微波出的食物不热的故障。检测磁控管时，一般可在断电状态下，检测磁控管灯丝端的阻值，来判断磁控管是否损坏。图14-29为磁控管的检测方法。

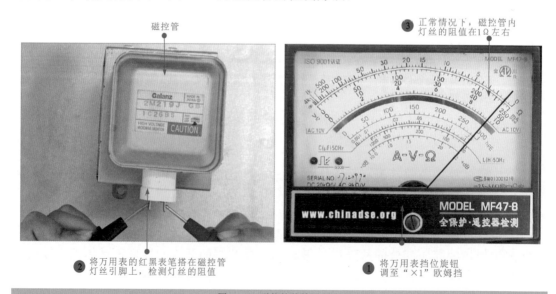

磁控管

③ 正常情况下，磁控管内灯丝的阻值在1Ω左右

② 将万用表的红黑表笔搭在磁控管灯丝引脚上，检测灯丝的阻值

① 将万用表挡位旋钮调至"×1"欧姆挡

图14-29　磁控管的检测方法

提示说明

　　检测磁控管时，也可在通电状态下检测磁控管输出波形的方法判断是否正常。首先将微波炉进行通电，使用示波器探头靠近磁控管的灯丝端，感应磁控管的振荡信号，如图14-30所示。

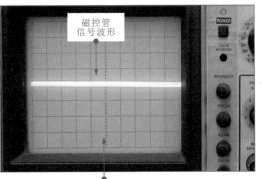

将示波器探头靠近磁控管灯丝供电部分　　　　　　　正常情况下，可测的磁控管信号波形

图14-30　检测磁控管的输出波形

2　高压变压器的检测

　　高压变压器也称作高压稳定变压器，在微波炉中主要用来为磁控管提供高压电压和灯丝电压的。当高压变压器损坏，将引起微波炉出现不微波的故障。

　　检测高压变压器时，可在断电状态下，通过检测高压变压器各绕组之间的阻值，来判断高压变压器是否损坏。图14-31为高压变压器的检测方法。

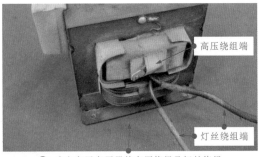

❶ 根据待测高压变压器与其他部件的连接关系，确定一次绕组集电源输入端

❷ 确定高压变压器的高压绕组及灯丝绕组

❺ 正常情况下测得电源输入端（一次绕组）的阻值约为1.1Ω

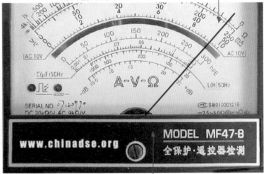

❹ 将万用表的红黑表笔分别搭在高压变压器的电源输入端

❸ 将万用表量程旋钮调至"×1"欧姆挡

图14-31　高压变压器的检测方法

3 高压电容器的检测

高压电容器主要是起着滤波的作用，若高压高压电容器变质或损坏，常会引起微波炉出现不开机、不微波的故障。检测高压电容器时，一般可用数字万用表检测其电容量的方法判断好坏。图14-32为高压电容器的检测方法。

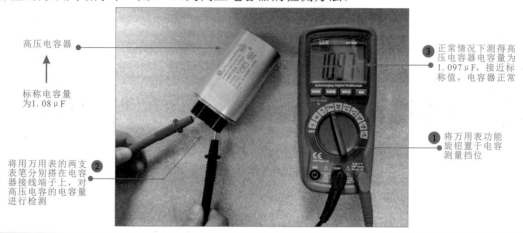

高压电容器

标称电容量为1.08μF

将用万用表的两支表笔分别搭在电容器接线端子上，对高压电容的电容量进行检测 ②

③ 正常情况下测得高压电容器电容量为1.097μF，接近标称值，电容器正常

① 将万用表功能旋钮置于电容测量挡位

图14-32　高压电容器的检测方法

4 高压二极管的检测

微波炉中的高压二极管接在高压变压器的高压绕组输出端，对交流输出进行整流。检测高压二极管是否正常时，一般可用万用表检测其正反向阻值的方法判断好坏。图14-33为高压二极管器的检测方法。

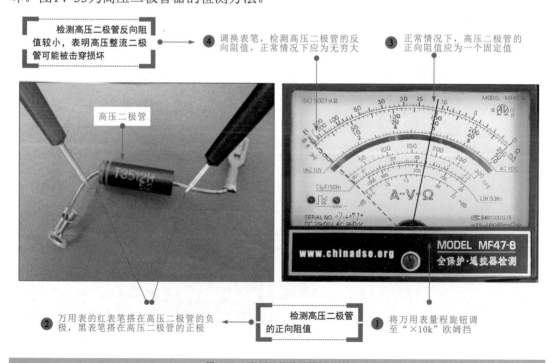

检测高压二极管反向阻值较小，表明高压整流二极管可能被击穿损坏

④ 调换表笔，检测高压二极管的反向阻值，正常情况下应为无穷大

③ 正常情况下，高压二极管的正向阻值应为一个固定值

高压二极管

② 万用表的红表笔搭在高压二极管的负极，黑表笔搭在高压二极管的正极

检测高压二极管的正向阻值

① 将万用表量程旋钮调至"×10k"欧姆挡

图14-33　高压二极管的检测方法

5　石英管的检测

　　石英管是微波炉中实现烧烤功能的主要器件，怀疑是石英管损坏引起微波炉烧烤功能失常时，可先检查石英管连接线是否出现松动、断裂、烧焦或接触不良等现象，然后借助仪表再对石英管阻值进行检测来判断好坏。图14-34为石英管的检测方法。

①检查石英管连接线是否有松动现象，若有松动，重新将其插接好

②检查石英管连接线有无断线情况，即将万用表搭在连接线的两端

正常情况下，连接线为导通状态。万用表检测其阻值应为0Ω ③

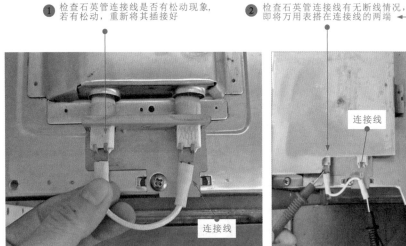
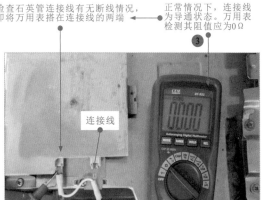

石英管引出端

正常情况下可检测到47.5Ω左右的阻值 ⑤

④微波炉石英管串联连接，使用万用表检测两个石英管串联后的阻值

若检测到无穷大，说明有石英管损坏

正常情况下可检测到24.2Ω左右的阻值 ⑦

⑥对单个石英管进行检测。将一个石英管两端的连接线均拔下。用万用表检测一根石英管两端的阻值

若检测到的石英管的阻值为无穷大，说明该石英管内部已断路损坏

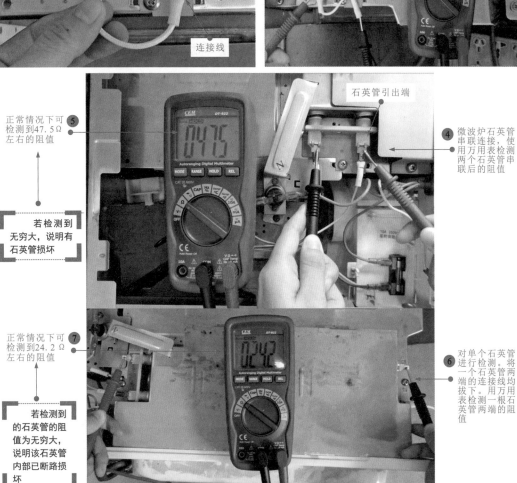

图14-34　石英管的检测方法

6　转盘电动机的检测

微波炉的转盘电动机是托动转盘旋转的动力部件，当转盘电动机损坏，经常会引起微波炉出现加热不均匀的故障。检测转盘电动机时，可在断电情况下，通过万用表检测转盘电动机的绕组阻值的方法，来判断转盘电动机好坏。图14-35为转盘电动机的检测方法。

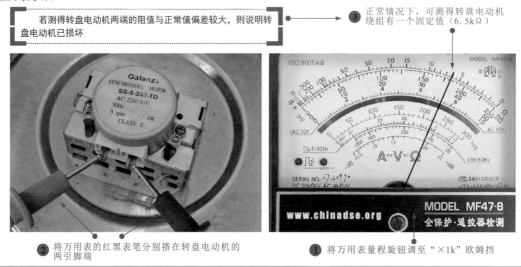

若测得转盘电动机两端的阻值与正常值偏差较大，则说明转盘电动机已损坏

❸ 正常情况下，可测得转盘电动机绕组有一个固定值（6.5kΩ）

❷ 将万用表的红黑表笔分别搭在转盘电动机的两引脚端

❶ 将万用表量程旋钮调至"×1k"欧姆挡

图14-35　转盘电动机的检测方法

7　定时器组件的检测

在常见的微波炉中，通常是由定时器组件控制加热食物的时间，若该组件异常将引起微波炉无法定时或定时失常的故障。可重点检测定时组件中的同步电动机是否正常，检测同步电动机时，一般可使用万用表检测两引脚间的阻值的方法判断好坏，如图14-36所示。

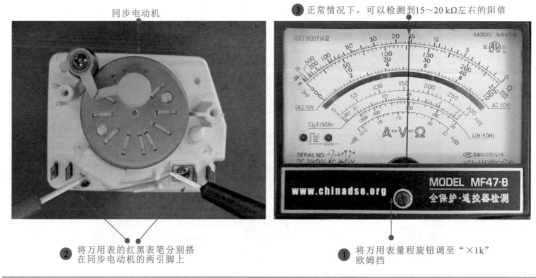

同步电动机

❸ 正常情况下，可以检测到15～20 kΩ左右的阻值

❷ 将万用表的红黑表笔分别搭在同步电动机的两引脚上

❶ 将万用表量程旋钮调至"×1k"欧姆挡

图14-36　定时器组件的检测方法

8 火力控制组件的检测

在火力控制组件中，微动开关的状态决定火力控制功能的实现，若微动开关异常，将引起微波炉火力控制功能失常的故障。检测火力控制组件中的微动开关时，一般可检测其引脚间通断状态判断好坏，如图14-37所示。

根据微动开关接通和断开状态下，只可检测出0Ω或无穷大两种情况，若检测出其他阻值，则表明微动开关出现故障

③ 微动开关的公共端与引脚端关系：在接通状态下的阻值应为零欧姆；在断开状态下的阻值应为无穷大

② 将万用表的红、黑表笔分别搭在微动开关的公共端和两个引脚端

① 将万用表量程旋钮调至"×1"欧姆挡

图14-37 火力控制组件的检测方法

14.5 电磁炉的电路与检修

14.5.1 电磁炉的结构

电磁炉是近几年迅速发展起来的一种利用电能实现炊饭功能的电热产品，可以实现煎、炒、蒸、煮等各种烹饪，使用非常方便，图14-38为典型电磁炉的结构。由图可知，电磁炉主要是由外壳、灶台、操作显示面板、操作显示电路、控制及检测电路、电源及功率输出电路、炉盘线圈、散热风扇等部分构成的。

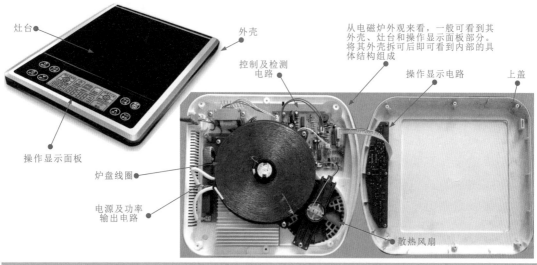

图14-38 典型电磁炉的结构

14.5.2　电磁炉的电路原理

不同电磁炉的电路虽结构各异，但其基本工作过程大致相同，为了更加深入了解电磁炉工作过程，以典型电磁炉为例介绍其工作原理。

图14-39为电磁炉的加热原理示意图。

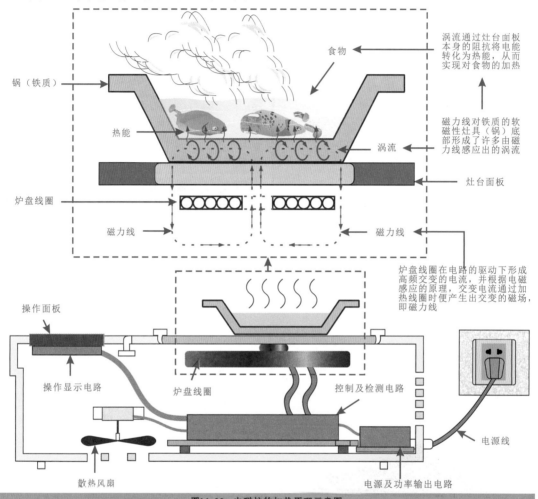

食物

涡流通过灶台面板本身的阻抗将电能转化为热能，从而实现对食物的加热

锅（铁质）

热能

磁力线对铁质的软磁性灶具（锅）底部形成了许多由磁力线感应出的涡流

涡流

灶台面板

炉盘线圈

磁力线

磁力线

炉盘线圈在电路的驱动下形成高频交变的电流，并根据电磁感应的原理，交变电流通过加热线圈时便产生出交变的磁场，即磁力线

操作面板

操作显示电路

炉盘线圈

控制及检测电路

电源线

散热风扇

电源及功率输出电路

图14-39　电磁炉的加热原理示意图

图14-40为典型电磁炉的整机工作过程。可以看到，电磁炉在工作时，由电源电路为各单元电路及功能部件提供工作时所需要的各种电压。

市电AC 220V进入电磁炉以后，分为两路：一路经电源变压器降压、低压整流滤波电路后输出直流低压，为微处理器MCU或其他电路供电；另一路经过高压整流滤波电路生成300V直流电压送入功率输出电路（炉盘线圈及IGBT）。通常炉盘线圈与谐振电容构成并联谐振电路，将炉盘线圈两端的电压送入同步振荡和锅质检测电路中，通过两个信号的比较，分别输出锅质检测信号和锯齿波脉冲信号，分别送入微处理器MCU和PWM调制电路中。微处理器MCU对接收到的锅质检测信号进行判断，若有锅且锅质正常，则输出PWM信号送往PWM调制电路中。

功率输出电路由温度检测电路、锅质检测电路、IGBT过压保护电路进行控制，经检测到的信号分别送入MCU智能控制电路或PWM调制电路当中，对主电路进行监控、保护。风扇驱动电路和报警驱动电路也是由MCU智能控制电路进行控制的

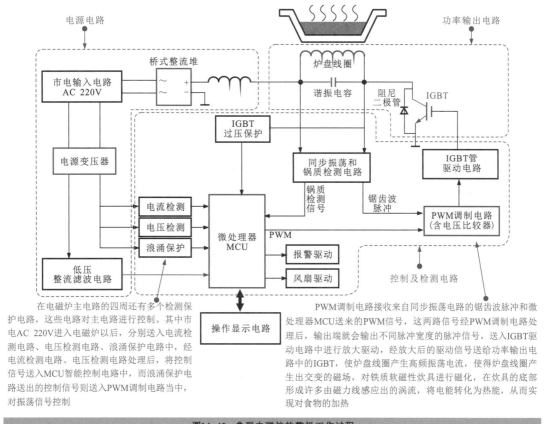

在电磁炉主电路的四周还有多个检测保护电路，这些电路对主电路进行控制。其中市电AC 220V进入电磁炉以后，分别送入电流检测电路、电压检测电路、浪涌保护电路中，经电流检测电路、电压检测电路处理后，将控制信号送入MCU智能控制电路中，而浪涌保护电路送出的控制信号则送入PWM调制电路当中，对振荡信号控制

PWM调制电路接收来自同步振荡电路的锯齿波脉冲和微处理器MCU送来的PWM信号，这两路信号经PWM调制电路处理后，输出端就会输出不同脉冲宽度的脉冲信号，送入IGBT驱动电路中进行放大驱动，经放大后的驱动信号送给功率输出电路中的IGBT，使炉盘线圈产生高频振荡电流，使得炉盘线圈产生出交变的磁场，对铁质软磁性炊具进行磁化，在炊具的底部形成许多由磁力线感应出的涡流，将电能转化为热能，从而实现对食物的加热

图14-40　典型电磁炉的整机工作过程

14.5.3　电磁炉的检测维修

电磁炉出现故障主要表现为通电不工作、不加热、加热失控等，在电磁炉出现上述故障后，除了对基本机械部件和电源线通断进行检查外，重点可检测其电热部件、控制及检测电路、电源及功率输出电路，即根据电磁炉的结构特点和工作过程，检测电路中的炉盘线圈、控制及检测电路、电源及功率输出电路等，通过对各部件性能参数的检测判断好坏，从而完成电磁炉的故障检修。图14-41为电磁炉的主要检测点。

图14-41　电磁炉的主要检测点

1 炉盘线圈的检测

炉盘线圈是电磁炉中的电热部件，若炉盘线圈损坏，将直接导致电磁炉无法加热的故障。怀疑炉盘线圈异常时，可使用仪表测炉盘线圈阻值是否正常，图14-42为炉盘线圈的方法。

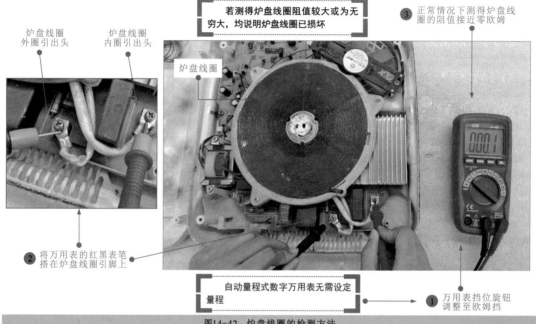

若测得炉盘线圈阻值较大或为无穷大，均说明炉盘线圈已损坏

③ 正常情况下测得炉盘线圈的阻值接近零欧姆

炉盘线圈外圈引出头　　炉盘线圈内圈引出头

炉盘线圈

② 将万用表的红黑表笔搭在炉盘线圈引脚上

自动量程式数字万用表无需设定量程

① 万用表挡位旋钮调整至欧姆挡

图14-42　炉盘线圈的检测方法

2 直流电压的检测

电源电路是将交流220 V电压转换为多路直流电压后输出的电路，以满足电路板上各单元电路及电子器件工作的需要。若某路直流电压输出异常，则会引起电磁炉出现部分功能失常的故障，如风扇不运转、蜂鸣器无报警提示声、操作显示面板无指示等。判断电磁炉中是否有正常的直流电压供电，可在通电状态下用万用表检测直流电压输出插件端的电压值，以此判断电源部分输出是否正常，如图14-43所示。

② 将万用表黑表笔搭在电路板的接地端

③ 将万用表红表笔搭在电源及功率输出电路直流电压输出插件的+18V输出端

④ 正常情况下可测的电源部分输出直流低压为18V左右

① 将万用表挡位调至"直流50V"电压挡

图14-43　电源电路输出直流电压的检测方法

3 电源变压器的检测

电源变压器是电磁炉中的电压变换元件，主要用于将交流220V电源降压，若电源变压器故障，将导致电磁炉不工作或加热不良等现象。若怀疑电源变压器异常，可在通电的状态下，检测其输入侧和输出侧的电压值是否正常，如图14-44所示。

❷ 将万用表红黑表笔搭在电源变压器交流输入端插件上　　❶ 将万用表挡位调至"交流250V"电压挡

❺ 将万用表红黑表笔搭在电源变压器交流输出端插件上　　❹ 将万用表挡位调至"交流50V"电压挡

图14-44　电源变压器检测方法

> **提示说明**
>
> 若怀疑电源变压器异常时，也可在断电的状态下，使用万用表检测其一次绕组之间、二次绕组之间以及一次绕组和二次绕组之间的电阻值的方法判断其好坏。
> 　　正常情况下，其一次绕组、二次绕组应均有一定阻值，一次绕组和二次绕组之间阻值应为无穷大，否则说明电源变压器损坏。

4 桥式整流堆的检测

桥式整流堆用于将输入电磁炉中的交流220V电压整流成+300V直流电压，为功率输出电路供电，若桥式整流堆损坏，则会引起电磁炉出现不开机、不加热、开机无反应等故障。当怀疑电磁炉中的桥式整流堆异常时，应检测桥式整流堆的输入、输出端电压值，根据检测结果判断桥式整流堆的好坏。图14-45为桥式整流堆的检测方法。

桥式整流堆位于散热片下面，根据电路
板的标识识读出桥式整流堆各引脚功能

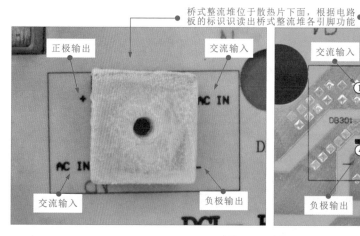

正极输出　　　　交流输入

交流输入　　　　负极输出

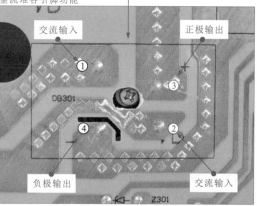

交流输入　　　　正极输出

负极输出　　　　交流输入

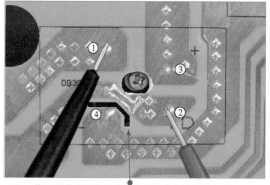

❷ 将万用表的两表笔分别搭在桥式整流堆的交流
　输入引脚端

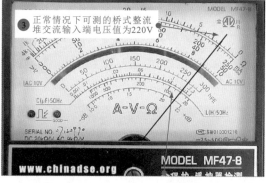

❸ 正常情况下可测的桥式整流
　堆交流输入端电压值为220V

❶ 将万用表挡位调至"交流250V"电压挡

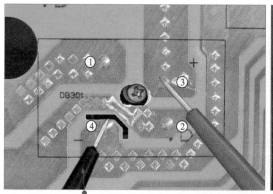

❺ 将万用表的红表笔搭在桥式整流堆的正极输出引脚端，
　将万用表的黑表笔搭在桥式整流堆的负极输出引脚端

❻ 正常情况下可测的桥式整流堆
　直流输出端电压值约为300V

❹ 将万用表挡位调至"直流500V"电压挡

图14-45　桥式整流堆的检测方法

5　IGBT的检测

　　IGBT用于控制炉盘线圈的电流，即在高频脉冲信号的驱动下使流过炉盘线圈的电流形成高速开关电流，并使炉盘线圈与并联电容形成高压谐振，也正是由于其工作环境特性，导致IGBT是电磁炉中损坏率最高的元件之一。若IGBT损坏，将引起电磁炉出现开机跳闸、烧熔断器、无法开机或不加热等故障，可通过检测IGBT各引脚间的正反向阻值，来判断IGBT的好坏，图14-46为IGBT的检测方法。

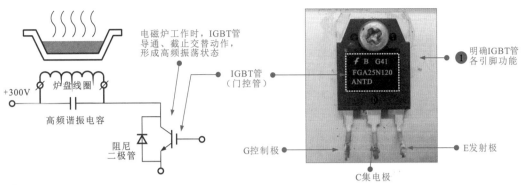

电磁炉工作时，IGBT管导通、截止交替动作，形成高频振荡状态

IGBT管（门控管）

+300V

炉盘线圈

高频谐振电容

阻尼二极管

❶ 明确IGBT管各引脚功能

G控制极

C集电极

E发射极

❷ 将万用表的黑表笔搭在IGBT管的控制极G引脚端

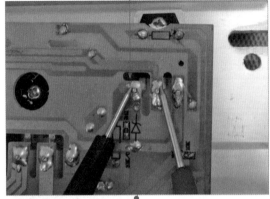

❹ 实测G-C引脚间阻值为9×1kΩ=9kΩ

❸ 将两表笔搭在可变电阻器的定片引脚和动片引脚上，使用螺钉旋具分别顺时针和逆时针调节调整旋钮

❶ 将万用表挡位调至"×1k"欧姆挡

❻ 调换万用表的表笔，即将万用表的红表笔搭在IGBT管的控制极G引脚端

❽ 观察万用表表盘读出实测数值为无穷大

❼ 将万用表的黑表笔搭在IGBT管的集电极C引脚端，对控制极与集电极之间反向阻值进行检测

❺ 保持万用表挡位位置不变

图14-46 IGBT的检测方法

提示说明

在正常情况下，IGBT在路检测时，控制极与集电极之间正向阻值为9kΩ左右，反向阻值为无穷大；控制极与发射极之间正向阻值为3kΩ、反向阻值为5kΩ左右，若实际检测时，发现检测值与正常值有很大差异，则说明该IGBT损坏。

另外，有些IGBT内部集成有阻尼二极管，因此检测集电极与发射极之间的阻值受内部阻尼二极管的影响，发射极与集电极之间二极管的正向阻值为3kΩ，反向阻值为无穷大。而单独IGBT集电极与发射极之间的正反向阻值均为无穷大。

6 谐振电容的检测

谐振电容与炉盘线圈构成LC谐振电路,若谐振电容损坏,电磁炉无法形成振荡回路,因此当谐振电容损坏时,将引起电磁炉出现加热功率低、不加热、击穿IGBT等故障。判断谐振电容是否正常时,可检测其电容量,将实测电容量值与标称值相比较来判断好坏,图14-47为谐振电容的检测方法。

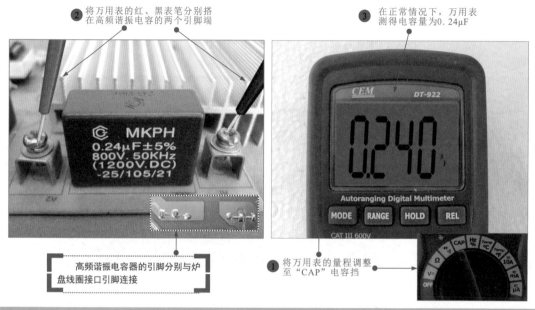

图14-47 谐振电容的检测方法

7 微处理器的检测

微处理器在检测及控制电路中乃至电磁炉整机中,都是非常重要的器件。若微处理器损坏将直接导致电磁炉不开机、控制失常等故障。怀疑微处理器异常时,可使用万用表对其基本工作条件进行检测,即检测供电电压、复位电压和时钟信号,若三大工作条件满足前提下,微处理器不工作,则多为微处理器本身损坏,图14-48为微处理器的检测方法。

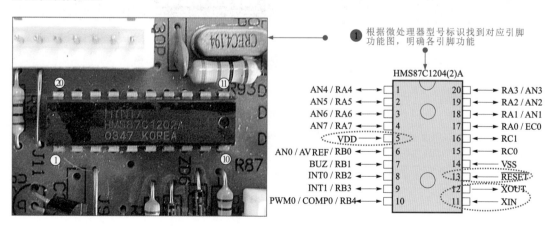

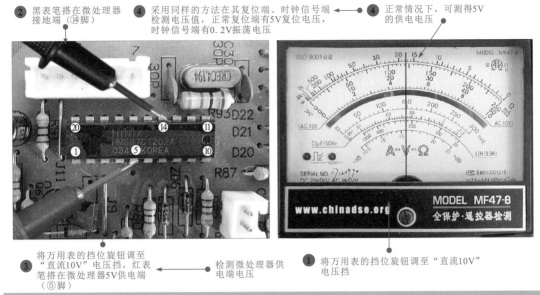

② 黑表笔搭在微处理器接地端（⑭脚）

④ 采用同样的方法在其复位端、时钟信号端检测电压值，正常复位端有5V复位电压，时钟信号端有0.2V振荡电压

④ 正常情况下，可测得5V的供电电压

③ 将万用表的挡位旋钮调至"直流10V"电压挡，红表笔搭在微处理器5V供电端（⑤脚）

检测微处理器供电端电压

① 将万用表的挡位旋钮调至"直流10V"电压挡

图14-48　微处理器的检测方法

8　电压比较器的检测

电压比较器是电磁炉中的关键元件之一，在电磁炉中采用较多的电压比较器为LM339，许多检测信号比较、判断及产生都是由该芯片完成的，若该元件异常将引起电磁炉不加热或加热异常故障。判断电压比较器是否正常时，可在断电条件下用万用表检测各引脚对地阻值的方法判断好坏，图14-49为电压比较器的检测方法。

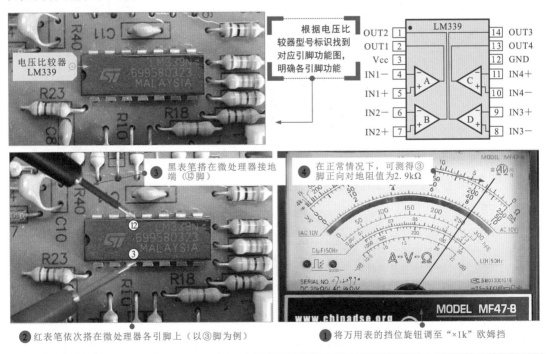

根据电压比较器型号标识找到对应引脚功能图，明确各引脚功能

电压比较器LM339

	LM339	
OUT2 1		14 OUT3
OUT1 2		13 OUT4
Vcc 3		12 GND
IN1− 4	A　C	11 IN4+
IN1+ 5		10 IN4−
IN2− 6	B　D	9 IN3+
IN2+ 7		8 IN3−

③ 黑表笔搭在微处理器接地端（⑫脚）

④ 在正常情况下，可测得③脚正向对地阻值为2.9kΩ

② 红表笔依次搭在微处理器各引脚上（以③脚为例）

① 将万用表的挡位旋钮调至"×1k"欧姆挡

图14-49　电压比较器的检测方法

　　将实测结果与正常结果相比较，若偏差较大，则多为电压比较器内部损坏。一般情况下，若电压比较器引脚对地阻值未出现多组数值为零或为无穷大的情况，基本属于正常。

　　电压比较器各引脚对地阻值见表14-1，可作为参数数据对照判断。

表14-1　电压比较器LM339各引脚对地阻值

引脚	对地阻值（kΩ）	引脚	对地阻值（kΩ）	引脚	对地阻值（kΩ）	引脚	对地阻值（kΩ）
①	7.4	⑤	7.4	⑨	4.5	⑬	5.2
②	3	⑥	1.7	⑩	8.5	⑭	5.4
③	2.9	⑦	4.5	⑪	7.4	—	—
④	5.5	⑧	9.4	⑫	0	—	—

9 风扇电动机的检测

　　风扇电动机主要用于带动风扇扇叶转动，将电磁炉中的热量散发出去，若风扇电动机损坏，常会引起电磁炉出现保护停机的故障。

　　当电磁炉散热风扇通电不转，怀疑风扇电动机异常时，可检测风扇电动机的阻值，通过阻值判断风扇电动机是否正常。图14-50为风扇电动机的检测方法。

在正常情况下，当表笔接触风扇电动机引线时，风扇会自行运转，并同时可测得一定的阻值，若风扇没有运转或阻值与实际检测值偏差较大，均说明风扇电动机损坏

③ 在正常情况下，可测的散热风扇电动机绕组阻值为35.3Ω

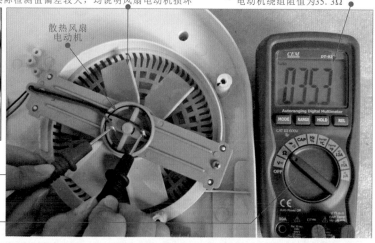

散热风扇电动机

② 将万用表的红、黑表笔分别搭在散热风扇电动机引脚上检测散热风扇电动机绕组的阻值

① 万用表挡位旋钮调整至欧姆挡，自动量程式数字万用表无需设定量程

图14-50　风扇电动机的检测方法

　　电磁炉的指令输入部分主要是由操作按键来完成的，若操作功能失灵，除了检测微处理器及相关器件外，还需要检测操作按键，判断操作按键是否正常时，可使用仪表检测操作按键的通、断状态来判断，如图14-51所示。

① 将万用表的红、黑表笔分别搭在操作按键的两个引脚端

② 按下操作按键时，检测两引脚间的阻值

③ 按下操作按键，使其处于导通状态，阻值为0Ω；松开后阻值应为无穷大

图14-51　操作按键的检测方法

第15章 电视产品的电路与检修 》》

15.1 彩色电视机的电路与检修

15.1.1 彩色电视机的结构

　　彩色电视机作为典型的电视产品，其检修技能在社会上有着广泛的市场需求，检测彩色电视机之前，应先了解一下它的结构部分，在此基础上完成彩色电视机的电路原理分析、检修等。图15-1为典型彩色电视机的外部结构。

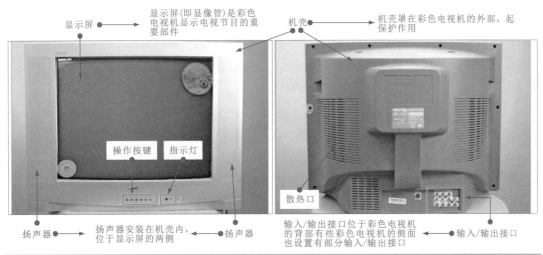

显示屏 → 显示屏(即显像管)是彩色电视机显示电视节目的重要部件

机壳 → 机壳罩在彩色电视机的外部，起保护作用

操作按键　指示灯

散热口

扬声器 ← 扬声器安装在机壳内，位于显示屏的两侧 → 扬声器

输入/输出接口位于彩色电视机的背部有些彩色电视机的侧面也设置有部分输入/输出接口 ← 输入/输出接口

图15-1 典型彩色电视机的外部结构

　　彩色电视机除了其外部的前后机壳外，内部主要由显像管、功能电路（主电路板）等部分构成，如图15-2所示。

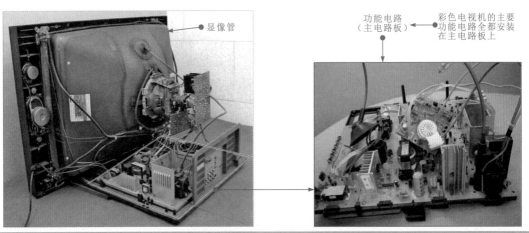

显像管

功能电路（主电路板） ← 彩色电视机的主要功能电路全都安装在主电路板上

图15-2 典型彩色电视机的内部结构

彩色电视机内部的功能电路是彩色电视机中最主要的组成部分，这些电路集成在一块主电路板上，如图15-3所示。

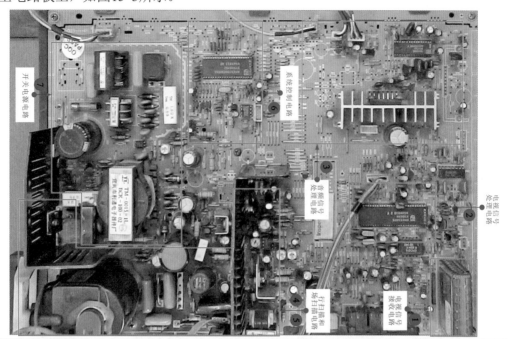

图15-3 彩色电视机中的功能电路

提示说明

由图15-3可知，彩色电视机的功能电路按照不同功能可以划分为电视信号接收电路、电视信号处理电路、音频信号处理电路、行扫描和场扫描电路、系统控制电路、开关电源电路等部分。

（1）电视信号接收电路：主要用来处理送入的射频信号，从射频信号中分离出视频和音频信号。该电路主要由调谐器和中频电路等构成，调谐器是一个带有射频输入接口的金属盒，外形特征十分明显。

（2）电视信号处理电路：主要用于处理视图图像信号，使彩色电视机最终输出图像画面。该电路通常由大规模集成电路及外围元件构成。

（3）音频信号处理电路：主要处理音频信号，最终使扬声器发声。该电路主要由音频信号处理电路和音频功率放大器等构成，通常音频功率放大器安装在散热片上。

（4）行扫描电路：主要为行偏转线圈提供行扫描锯齿波信号，是彩色电视机正常显像的条件之一，也是显像管屏幕点亮的首要因素，属于彩色电视机工作条件电路。该电路中安装有体积最大的行回扫变压器。该电路主要是由行激励晶体管、行激励变压器、行输出晶体管、行输出变压器和行偏转线圈等外围部件组成。

（5）场扫描电路：主要为偏转线圈提供场扫描锯齿波信号。与行扫描电路配合，便可形成矩形光栅。该电路主要由场输出集成电路等构成，场输出集成电路通常安装在行扫描电路附近的散热片上，由行回扫变压器为其供电。

（6）系统控制电路：该电路可控制彩色电视机的整机运行，它的核心部分是微处理器。通常，在微处理器附近还可找到晶体以及小型的存储器。

（7）开关电源电路：是彩色电视机最基本的工作条件电路，为整机提供最基本的工作电压，该电路中有许多外形特征十分明显的元件，如熔断器、滤波电容（体积很大）、开关变压器等，并且开关电源电路与其他电路之间有明显的分界线，用以区分电路板的冷地、热地。

另外，还包括显像管尾管上连接的显像管电路：该电路与显像管尾部的电子枪相连，所处部位十分明显。该电路通过控制电子枪，使屏幕显示出带有颜色的图像。通常在显像管电路上可找到显像管基座以及三组相同结构的末级视放电路。

15.1.2 彩色电视机的电路原理

彩色电视机归根究底就是一种输出图像和声音设备，因此，其整机工作的过程就是图像信号和声音信号的处理过程，如图15-4所示。

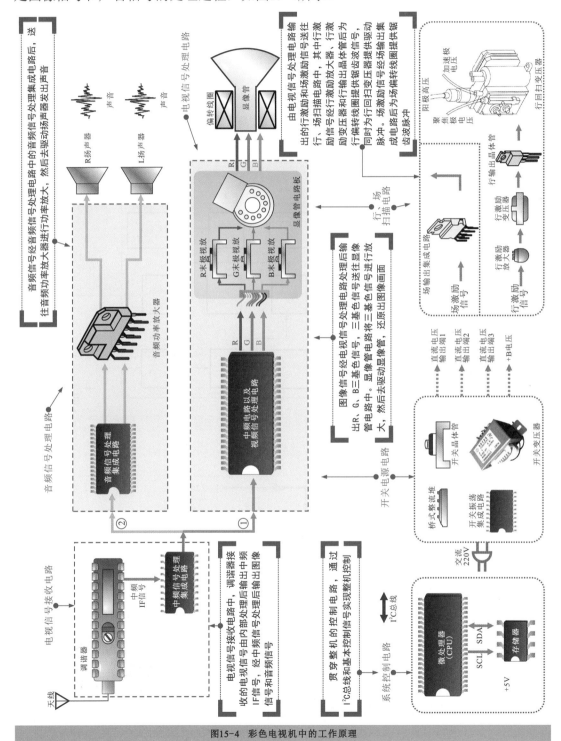

图15-4 彩色电视机中的工作原理

15.1.3　彩色电视机的检测维修

由于彩色电视机电路部分较为复杂，排查故障时可针对功能电路进行检测，从而缩小故障范围，找到故障电路。

1 电视信号接收电路的检测

彩色电视机的电视信号接收电路是接收电视信号的重要电路，若该电路出现故障，常会引起无图像、无伴音、屏幕有雪花噪点等现象。检测该电路时，一般可顺或逆电路信号流程，逐级检测电路各关键元件输入和输出信号波形，信号消失的地方即为主要的故障点，图15-5为电视信号接收电路的主要检测点。

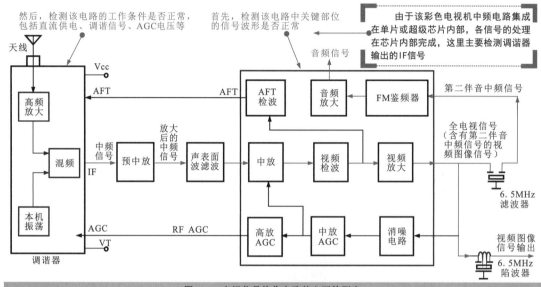

图15-5　电视信号接收电路的主要检测点

图15-6为电视信号接收电路中调谐器输出IF信号波形的检测方法。

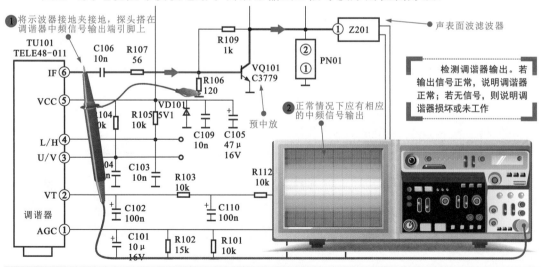

图15-6　电视信号接收电路中调谐器输出IF信号波形的检测方法

　　当检测某一器件无信号输出时，还不能立即判断为所测器件损坏，还需要对器件的基本工作条件进行检测。例如，检测调谐器IF端无中频信号输出，则接下来需要首先判断其直流供电条件是否正常。若供电异常，调谐器无法工作。图15-7为电视信号接收电路工作条件的检测方法。

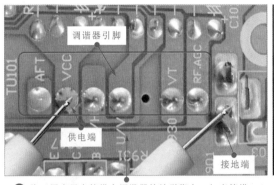

① 将万用表黑表笔搭在调谐器接地引脚上，红表笔搭在调谐器供电端

② 正常情况下，可测得一个固定直流电压值（实测故障机为8V）

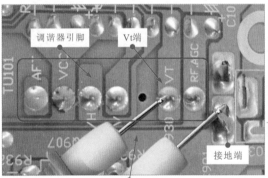

③ 将万用表黑表笔搭在调谐器接地引脚上，红表笔搭在调谐器VT端。

④ 在接收电视节目时，VT引脚的电压为20V左右；在搜索状态下，VT引脚的电压为0～30V变化。

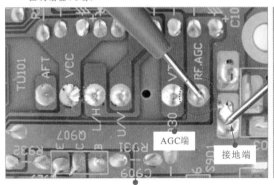

⑤ 将万用表的黑表笔搭在接地端，红表笔搭在AGC端

⑥ 正常情况下，AGC电压在1.7～4.6 V变化

图15-7　电视信号接收电路工作条件的检测方法

提示说明

　　AGC端是由中频通道送来的自动增益控制电压输入端。当调谐器接收信号过强时，AGC信号便会输出控制电压对调谐器中的高频放大器进行增益控制，使解调的视频信号稳定。因此当电视节目图像不良时，应对AGC电压进行检测。

2 电视信号处理电路的检测

彩色电视机的电视信号处理电路是处理视频信号的关键电路，若该电路出现故障会引起彩色电视机出现无图像、图像异常、显示颜色异常等现象。检测该电路时，需要先分析出故障机中与电视信号处理相关的功能部件，不同结构形式的电视信号处理电路，具体的检测部位有所不同，但检修思路相同，即检测关键元件输入信号、输出信号和工作条件。

图15-8为电视信号处理电路输入、输出信号波形的检测方法。

❶ 将示波器接地夹接地，探头搭在超级芯片的视频信号处理部分输出端引脚（R信号端）上

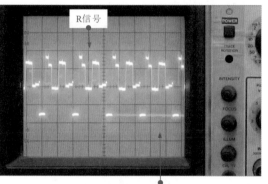

❷ 正常情况下，应可测得R信号波形，以同样的方法，检测该电路输出的G信号和B信号

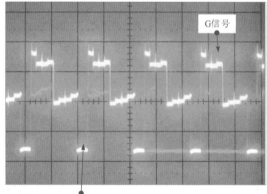

❸ 示波器探头接㉒（G信号端），可测得G信号输出波形

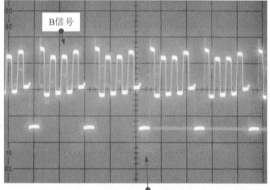

❹ 示波器探头接㉓（B信号端），可测得B信号输出波形

图15-8　电视信号处理电路输入、输出信号波形的检测方法

提示说明

大多情况下，电视信号处理电路最终输出RGB三基色信号到显像管电路中。因此，判断视频信号处理电路是否正常时，通常以检测该电路输出端的信号为入手点。

若输出端信号正常，则说明电视信号处理电路正常，排查故障时无需再对该电路及该电路关联的前级电路检测；若无信号输出，接下来可检测该电路输入端信号是否正常。

当检测电路无输出时，还不能立即判断为所测电路损坏，还需要检测该电路的基本工作条件。对于集成在超级芯片内的视频信号处理电路来说，同样要求满足基本的直流供电条件，找到供电端进行检测即可。

图15-9为电视信号处理电路供电条件的检测方法。

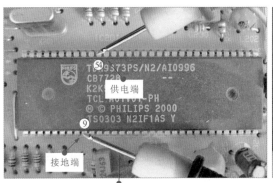

① 将万用表黑表笔搭在超级芯片的接地引
脚上，红表笔搭在超级芯片供电端

② 正常情况下，可测得一个固定直流
电压值（实测故障机为3.3V）

图15-9 电视信号处理电路供电条件的检测方法

在超级芯片中，除了包含有视频信号处理电路外，还集成了与图像信号有直接关联的扫描信号产生电路部分，该部分用于输出行场激励信号，用以驱动行场扫描电路工作。可用示波器检测超级芯片的行场激励信号输出端信号。

图15-10为电视信号处理电路中行场激励信号的检测方法。

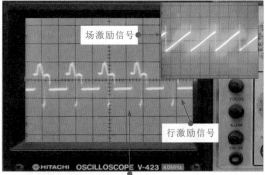

① 将示波器接地夹接地，探头搭在超级
芯片的行、场扫描信号端输出端

② 正常情况下，应可测得行、场激励
信号波形

图15-10 电视信号处理电路中行场激励信号的检测方法

提示说明

当遇到彩色电视机显示图像异常时，不要盲目拆机进行检测，可首先切换输入信号源，例如接收天线信号异常，可切换为AV接口输入信号，这两种输入信号方式信号输入通道不同，但后级的视频信号处理电路是同一个电路，当接收天线信号异常，但AV接口输入信号正常时，可首先排除为公共的视频信号处理部分，应查调谐器及中频部分；若AV输入也不正常，则应对公共的视频信号处理部分进行检测。如此一来，可以迅速、准确的圈定出故障范围。

3 系统控制电路的检测

系统控制电路是彩色电视机实现整机自动控制、各电路协调工作的核心电路。该电路出现故障通常会造成彩色电视机出现各种异常故障，如不开机、无规律死机、操作控制失常、不能记忆频道等现象。检测该电路时，主要围绕核心元件，即微处理器的工作条件、输入或检测信号、输出控制信号等展开测试。

图15-11为系统控制电路工作条件的检测方法。

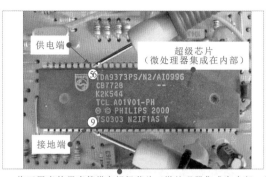

① 将万用表的黑表笔搭在超级芯片（微处理器集成在内部，以下均简称为微处理器）接地引脚上，红表笔搭在微处理器的供电端

② 正常情况下，可测得一个固定直流电压值（实测故障机为+5V）

图15-11　系统控制电路工作条件的检测方法

　　复位电路是通过对电源供电电压的监测产生一个复位信号。若微处理器的复位电路正常，但微处理器仍不能复位，可能是微处理器内部复位功能异常。此时，可将微处理器外接的复位电路元件全部取下，然后通电开机，用导线短接一下微处理器复位引脚和接地端，如果此时液晶电视机能够接收遥控信号，则说明微处理器内部正常，否则说明微处理器内部损坏。图15-12为系统控制电路中微处理器复位信号的检测方法。

① 将万用表的黑表多搭在接地端，红表笔搭在微处理器的复位端

② 在开机瞬间，万用表监测微处理器复位端一个电压值的跳变过程

图15-12　系统控制电路中复位信号的检测方法

　　时钟信号也是微处理器工作基本条件，若该信号异常，将引起微处理器不工作或控制功能错乱等现象。判断信号状态时需要注意，晶体或微处理器内部的振荡电路异常都可能导致该信号异常，需要从两个方面排查。图15-13为系统控制电路中微处理器时钟信号的检测方法。

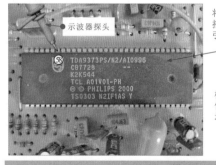

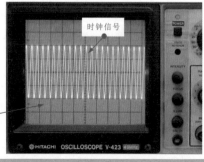

将示波器接地夹接地，探头搭在微处理器晶振端或晶体引脚上，检测信号

检测时钟信号正常，说明晶体和微处理器内部振荡电路均正常。

图15-13　系统控制电路中时钟信号的检测方法

若经过检测微处理器的各项工作条件均正常，接下来可通过检测微处理器引脚端输入的指令信号或检测信号、输出的各种控制信号的状态来判断微处理器好坏，下面以检测遥控信号为例进行检测，如图15-14所示。

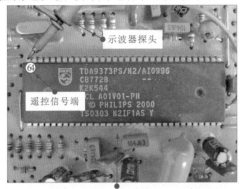

① 将示波器接地夹接地，探头搭在微处理器遥控信号输入端引脚上

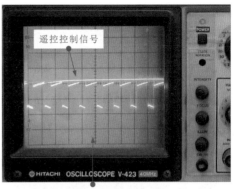

② 操作遥控器时，正常情况下，应可测得遥控控制信号波形

图15-14 微处理器输入遥控信号的检测方法

提示说明

采用同样的方法检测微处理器输出的音量控制信号、色度控制信号、I²C总线信号等。若输入信号，如遥控指令、键控指令正常，在控制信号输出端应有相应的控制信号输出，否则说明微处理器部分异常。图15-15为微处理器主要输入、输出信号的波形。

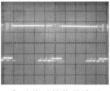

I²C总线时钟信号波形

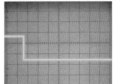

开机待机控制信号波形

色度控制信号波形

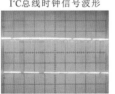

I²C总线数据信号波形

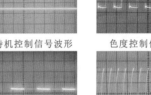

调谐控制信号波形

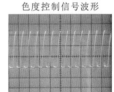

音量控制信号波形

图15-15 微处理器主要输入、输出信号的波形

4 音频信号处理电路的检测

音频信号处理电路是彩色电视机中专门处理音频信号的电路，该电路出现故障会引起彩色电视机无伴音、音质不好或有交流声等现象。检测该电路时，一般从电路的输出端作为检测入手点，逆电路信号流程逐级向前级电路检测，信号消失的地方即为主要的故障点，围绕该故障点检测相应器件的工作条件，排除故障。图15-16为音频信号处理电路的主要检测点。

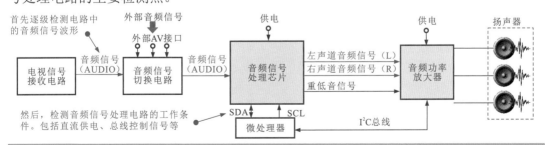

图15-16 音频信号处理电路的主要检测点

音频信号处理电路的最终目的是驱动扬声器发声。因此，在正常情况下，电路最末端器件的输出端应能测得音频信号波形，否则说明音频信号处理电路异常。

通常，音频功率放大器处于音频信号处理电路的末端，在其输出端引脚上应能测得音频信号输出，如图15-17所示。

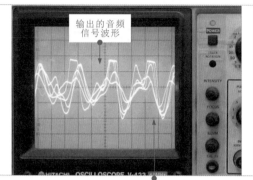

❶ 将示波器的接地夹接地，将探头搭在音频功率放大器的输出端引脚上（或搭在扬声器引脚上）　❷ 正常情况下，应能够测得音频信号波形，实测音频信号波形会根据信号源送入的声音信号不同、音调不同，实时发生变化

图15-17　音频信号处理电路输出信号的检测方法

音频信号处理电路最大特点是将整个电路中的音频信号贯穿始终，电路工作过程，是音频信号一级级传递的过程，因此逐级检测信号，能够快速找到故障点。若检测该电路无输出的信号波形，应检测前级电路（音频功率放大器的输入信号）是否正常，如图15-18所示。

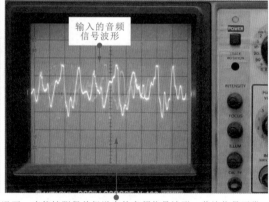

❶ 将示波器的接地夹接地，将探头搭在音频功率放大器的输入端引脚上　❷ 正常情况下，应能够测得前级送来的音频信号波形。若该信号正常，说明前级电路正常；若无信号输入，应沿信号流程检测前级电路

图15-18　音频信号处理电路输入信号的检测方法

音频信号处理芯片是音频功率放大器的前级电路器件，该芯片的输出，经印制线路板及中间器件后送到音频功率放大器的输入端。因此，其输出端信号波形，与音频功率放大器的输入端信号相同，若音频功率放大器的输入信号异常，可直接检测音频信号处理芯片的输入信号波形是否正常，如图15-19所示。

检测信号过程中需要注意：音频信号处理芯片输出的音频信号送入音频功率放大器的输入端。在两个信号端之间通常设有阻容元件，若这类中间元件损坏，将导致信号无法传递，从而导致后级电路无输入情况。

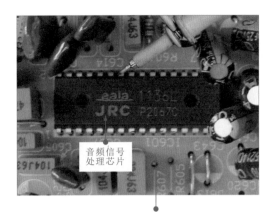 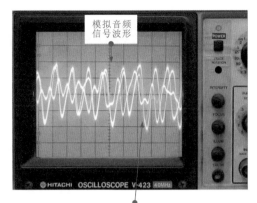

❶ 将示波器的接地夹接地，将探头搭在
音频信号处理芯片的输入端引脚上

❷ 正常情况下，应能够测得前级送来的音频信号波形。若该信号正常，
说明前级电路正常；若无信号输入，应沿信号流程检测前级电路

图15-19　音频信号处理芯片输入信号的检测方法

提示说明

　　音频功率放大器正常工作都要基本的供电条件。当满足输入信号正常，工作条件正常，无输出时，可判断为音频功率放大器损坏。音频信号处理芯片除了供电条件，还需要满足 I^2C 总线正常。当满足输入信号正常，工作条件正常，无输出时，可判断为所测器件损坏，具体检测方法如图15-20所示。

 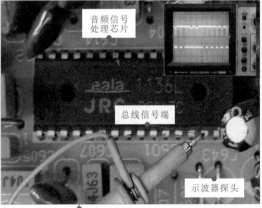

将万用表黑表笔搭在接地端，红表笔搭在供电端
正常情况下，应可以检测到16V直流电压

将示波器接地夹接地，探头搭在总线信号端，正常
情况下，应能检测到相应的总线信号波形

图15-20　音频功率放大器及音频信号处理芯片工作条件的检测方法

---

5 行、场扫描电路的检测

　　行、场扫描电路出现故障经常会引起彩色电视机出现无光栅、图像变窄、行失真、图像反折或叠像、场不同步、图像高度不足、图像不稳上下抖动、场失真、只有一条水平或垂直亮线等现象。

　　当怀疑该电路异常时，一般从电路的基本供电条件入手，在满足供电正常的前提下，逐级检测电路中各关键元件输入、输出的信号波形，信号消失的地方即为主要的故障点，围绕故障点对相应范围内的元器件展开检测，最终找到故障元件，排除故障。图15-21为行扫描电路工作条件的检测方法。

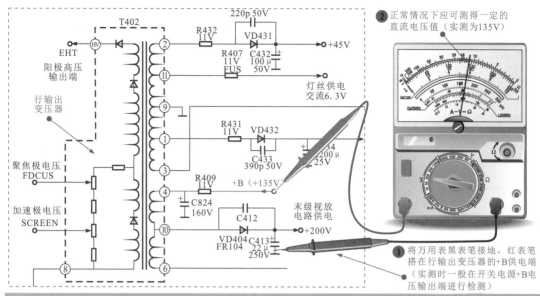

图15-21 行扫描电路工作条件的检测方法

　　若检测行扫描电路基本的供电条件正常，接下来可顺或逆信号流程逐级检测行扫描电路中各主要元件输入和输出端的信号波形。

　　正常情况下，前级扫描产生电路送来的行激励信号应经这些元件一级一级处理后送往行偏转线圈。下面顺信号流程检测由前级电路送入行激励晶体管的信号波形是否正常，如图15-22所示。

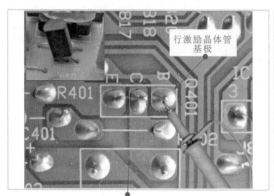

① 将示波器接地夹接地，探头搭在行激励晶体管的基极上，检测由前级行扫描电路送来的行激励信号波形

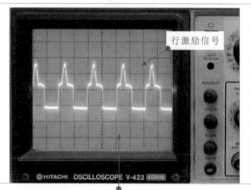

② 若实测行激励晶体管基极无信号波形，则多为前级扫描信号产生电路未工作，应查该电路部分

图15-22 行激励晶体管输入端信号波形的检测方法

提示说明

　　采用相同的方法对行激励晶体管输出、行激励变压、行输出晶体管、行输出变压器的信号波形进行检测，信号消失的地方即为故障点，图15-23为主要信号的波形图。

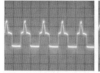
行激励晶体管基极
信号波形

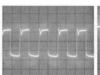
行激励集电极
信号波形

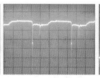
行输出晶体管基极
信号波形

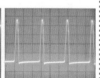
行输出变压器感应
信号波形

图15-23 主要信号的波形图

　　检修行扫描电路时，除了使用示波器检测信号波形快速查找故障点外，还可借助万用表检测电路中各关键点电压进行检测判断故障。一般，行扫描电路的几个关键点电压值为：

　　（1）+B电压（+115V或+125V或+145V，电视机屏幕尺寸不同电压值有所不同）：开关电源电路输出送给行扫描电路的电压值，是行扫描电路正常工作的基本条件。

　　（2）行输出晶体管基极电压（-0.08V）：行输出晶体管工作状态下基极为负压。

　　（3）灯丝电压（交流6.3V）：行输出变压器输出的灯丝供电电压。

　　（4）聚焦极电压、加速极电压、超高压。

　　（5）直流低压（+28V、+12V）等，为场扫描集成电路、音频功率放大器等供电。

　　场扫描电路的检测思路与行扫描电路相同，即检测工作条件、顺或逆信号流程检测关键元件（如场输出集成电路）输入、输出信号波形。当满足工作条件时，若输入端信号正常，无输出则说明所测元件或部位异常。

　　图15-24为场输出集成电路输出端的信号波形。

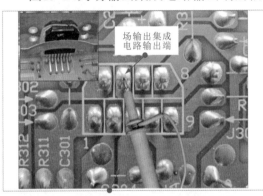 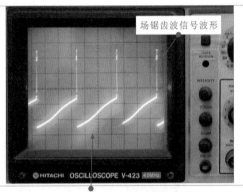

① 将示波器接地夹接地，探头搭在场输出集成电路输出端引脚上　　② 正常情况下，应检测到场锯齿波信号波形，若无信号，逆信号流程逐级检测即可

图15-24　场输出集成电路输出端的信号波形

　　除了以上的信号波形外，在场扫描电路中还可以检测到场激励信号（+）、场激励信号（-）及场逆程信号等，图15-25为这些信号波形的波形图。

 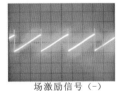 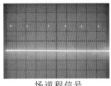

场激励信号（+）　　　　场激励信号（-）　　　　场逆程信号

图15-25　场扫描电路中其他主要的信号波形图

6　开关电源电路的检测

　　开关电源电路出现故障经常会引起彩色电视机开机三无、无声音、无图像、光栅幅度小、亮度低等故障现象。由于该电路以处理和输出电压为主，因此，检修该电路时，可重点检测电路中关键点的电压值，找到电压值异常的范围，再对该范围内相关器件进行检测，找到故障元件，排除故障。

　　开关电源电路输出多路直流低压，是整机正常工作的基本条件。从检测输出端电压作为检测开关电源电路的入手点，能够快速的判断出开关电源电路的工作状态，下面以检测+B电压为例，如图15-26所示。

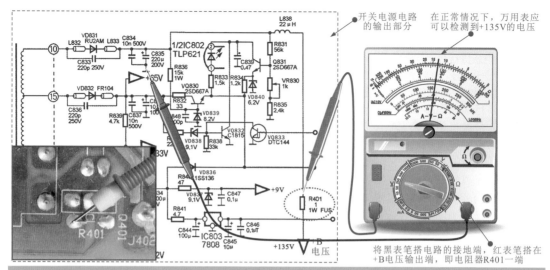

图15-26　开关电源电路中+B电压的检测方法

　　开关场效应晶体管是彩色电视机开关电源电路中最易损坏的元件之一，该晶体管较常见的故障主要有击穿短路或烧断等。值得注意的是，当开关场效应晶体管出现短路的故障时，常会引起电路中瞬间电流过大，进而直接导致电路中的熔丝烧断的现象，因此当开关电源电路中熔丝烧断时，应首先注意检测电路中的开关场效应晶体管是否损坏，图15-27为典型开关场效应晶体管的实物外形。

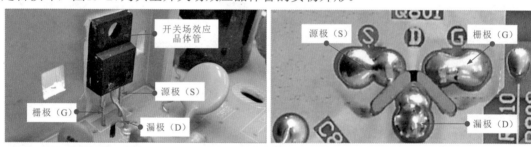

图15-27　典型开关场效应晶体管的实物外形

　　判断开关场效应晶体管的好坏，可使用万用表检测场效应晶体管引脚间的阻值来判断，如图15-28所示。需要注意的是，由于开关场效应晶体管外接有大量其他元器件，在路检测时会对检测结果造成影响，可将开关场效应晶体管拆下后再进行检测。

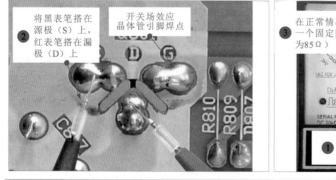
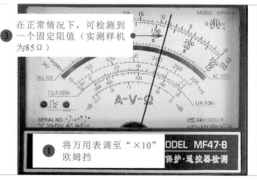

图15-28　开关场效应晶体管的检测方法

> **提示说明**
>
> 　　在开关电源电路中，桥式整流堆也是非常重要的器件之一，检测该器件是否正常时可采用万用表检测交流输入和直流输出端阻值的方法判断。正常情况下，交流输入端正反向阻值均为无穷大；直流输出端正向有一个固定阻值，反向为无穷大。
>
> 　　检修彩色电视机的开关电源电路时，一般以输出电压的实测情况，选择检修的直接入手点，如：
>
> 　　（1）无电压输出。应检测桥式整流堆输出的+300V直流电压，若该电压不正常，则应对桥式整流堆及交流输入部分进行检测；若+300V输出正常，则需要对开关振荡电路中的主要元器件进行检测，如开关变压器、开关振荡集成电路。
>
> 　　（2）仅一路电压无输出。查这一路输出电路中的整流二极管、滤波电容器及阻容元件。
>
> 　　（3）输出电压不稳（偏高或偏低）。查误差检测放大器、取样电阻器、光电耦合器及开关振荡集成电路以及相关的外部元器件等。

7　显像管电路的检测

　　显像管电路是为显像管电路板提供各种电压和驱动信号的电路，若该电路出现故障会引起彩色电视机出现无图像、缺色（偏色）、全白光栅、图像暗而且不清晰、屏幕上出现回扫线等现象。检修该电路时，一般可逆其信号流程从输出部分作为入手点逐级向前检测，信号消失的地方即可作为关键的故障点，再以此为基础对相关范围内的工作条件、关键元件进行检测，排除故障。

　　首先在通电开机的状态下，检测显像管电路中末级视放电路输出的R、G、B三基色信号，如图15-29所示，若检测无三基色信号输出或某一路无输出，则说明该路或前级电路可能出现故障。

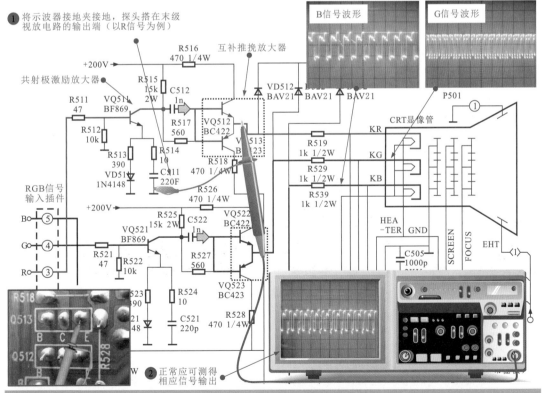

图15-29　显示管电路输出信号的检测方法

若检测末级视放电路输出端无R、G、B三基色信号时，接下来可先明确输入侧信号是否正常，如图15-30所示，即排除前级电路异常的情况。

若检测无三基色信号输入或某一路无输入，则说明前级电路可能出现故障，需要检修前级电路。

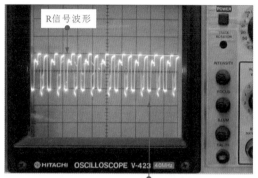

❶ 将示波器接地夹接地，探头搭在末级视放电路输入端（或接口插件上）

❷ 在正常情况下，应能够测得前级视频信号处理电路送来的信号波形（以R信号为例）

图15-30　显示管电路输入信号（R信号）的检测方法

提示说明

采用同样的方法检测显像管电路输入端的其他两路信号（B、G信号）波形。若无信号说明视频信号处理电路无输出。图15-31为显示管电路输入端的其他信号波形。

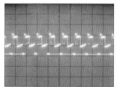

输入G信号波形

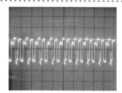

输入B信号波形

图15-31　显示管电路输入端的其他信号波形

若显像管电路中末级视放电路输入端的R、G、B三基色信号正常，而输出端无信号输出，还不能立即判断为末级视放电路损坏，需要明确电路的工作条件是否满足，接下来应检测该电路的直流供电条件（直流低压和直流高压），显示管电路工作条件的检测方法如图15-32所示。

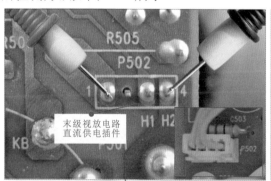

末级视放电路
直流供电插件

❷ 将黑表笔搭在直流电压输入插件的接地端，红表笔搭在直流供电输入端引脚上（+200V）

❶ 将万用表调至直流250V电压挡

❸ 在正常情况下，应测得相应的电压值，否则应查供电电路部分

图15-32　显示管电路工作条件的检测方法

提示说明

灯丝电压也是显像管正常工作的条件之一。若显像管电路中末级输出电路输出的R、G、B三基色信号均正常，而彩色电视机仍无图像显示，则应对其显像管的灯丝电压进行检测。若经检测灯丝电压异常，则应对前级行扫描电路进行检修。

15.2 液晶电视机的电路与检修

15.2.1 液晶电视机的结构

液晶电视机是一种采用液晶显示屏作为显示器件的视听设备，用于欣赏电视节目或播放影音信息，图15-33为典型液晶电视机的结构。

从外观来看，液晶电视机主要是由外壳、液晶显示屏、操作面板、扬声器、各种接口和支撑底座等构成，打开外壳，便可以看到内部包括几块电路板，分别是模拟信号电路、数字信号电路板、电源电路板、逆变器电路板、操作显示及遥控接收电路板、接口电路板等，它们之间通过线缆互相连接。

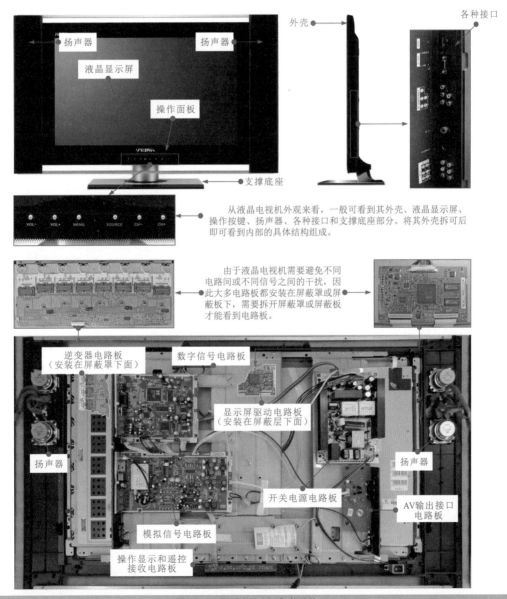

图15-33 典型液晶电视机的结构

提示说明

液晶电视机中的每个功能电路都有其各自的功能和工作特点：

（1）电视信号接收电路：该电路靠近电路板接口一侧，主要由调谐器和中频电路等构成，调谐器是一个带有天线接口的金属盒，外形特征十分明显。电视信号接收电路用来接收电视信号，并对其进行处理输出视频图像信号和音频信号，送往后级电路中。

（2）音频信号处理电路：该电路主要由音频信号处理电路和音频功率放大器等构成，电路中可找到与扬声器相连的接口。该电路主要用来处理来自中频通道的伴音信号和AV接口输入的音频信号，并驱动扬声器发声。

（3）数字信号处理电路：数字信号处理电路主要由各种集成电路构成，在电路附近可找到与显示屏驱动电路相连的接口，该电路主要用来对输入的模拟、数字视频信号进行数字处理，输出LVDS数字信号送到显示屏驱动电路中。

（4）系统控制电路：该电路是对液晶电视机的整机进行控制的电路，它的核心部分是微处理器。通常，在微处理器附近还可找到晶体以及小型的程序存储器。

（5）开关电源电路：电源电路用来为整机提供工作电压，它通常单独制作在一块电路板上，电路中有许多外形特征十分明显的元件，如熔断器、滤波电容（体积很大）、开关变压器等。

（6）逆变器电路：该电路是液晶电视机特有的电路之一，主要为冷阴极荧光灯管供电，由于液晶电视机的背光灯管较多，因此在逆变器电路上可找到多个升压变压器。

（7）操作显示及遥控接收电路：液晶电视机人工指令信号的输入电路。当用户操作按键或遥控器时，由该电路板将用户指令信号送入系统控制电路中。

（8）接口电路：接口电路全部位于各个电路板的边缘，用于连接外部设备，将设备中的信号送到液晶电视机的各个电路中。

15.2.2 液晶电视机的电路原理

液晶电视机归根究底就是一种输出图像和声音设备，因此，其整机工作的过程就是图像信号和声音信号的处理过程，如图15-34所示。

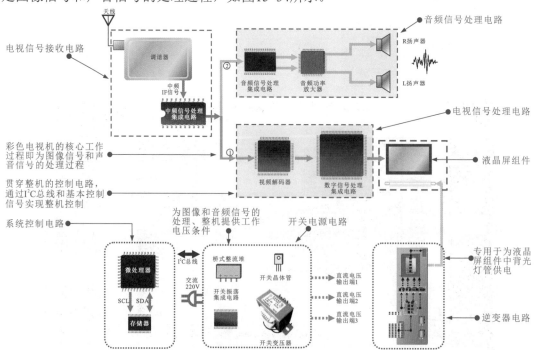

图15-34 液晶电视机整机的工作过程

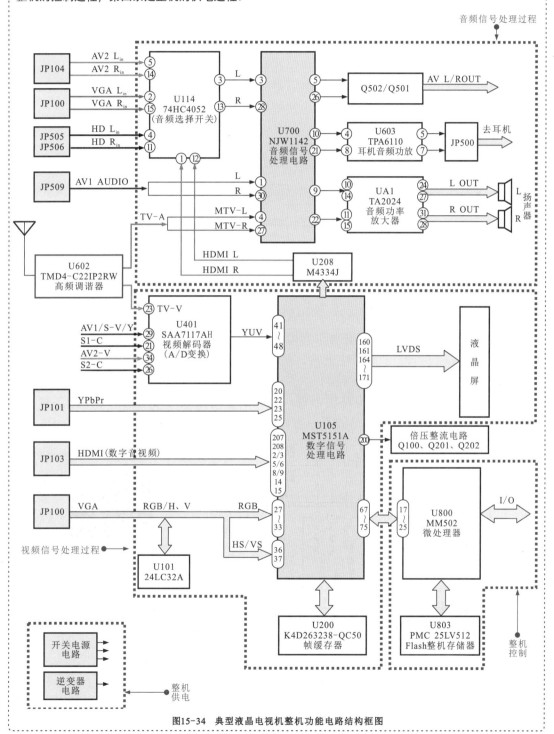

提示说明

　　液晶电视机的整机工作过程非常细致、复杂，为了能够更好的理清关系，可从液晶电视机的整机结构框图入手，理清主要信号线路及功能电路关系，如图15-34所示。可以看到，液晶电视机的整机电路工作过程可以分为四条线路：第一条是视频信号的处理过程，第二条是音频信号的处理过程，第三条是整机的控制过程，第四条是整机的供电过程。

图15-34 典型液晶电视机整机功能电路结构框图

15.2.3　液晶电视机的检测维修

由于液晶电视机电路部分较为复杂，排查故障时可针对不同的功能电路进行检测，从而缩小故障范围，找到故障电路。

1　电视信号接收电路的检测

液晶电视机的电视信号接收电路是接收电视信号的重要电路，若该电路出现故障，常会引起无图像、无伴音、屏幕有雪花噪点等现象。检测该电路时，首先依据故障现象分析推断出产生故障的原因，然后借助检测仪表、设备检测怀疑异常的部位，找到故障元件，排除故障。图15-35为电视信号接收电路的主要检测点。

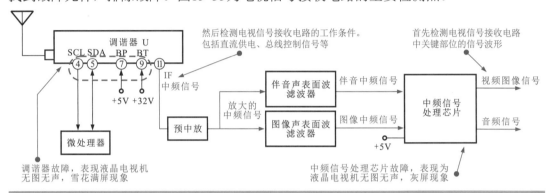

图15-35　电视信号接收电路的主要检测点

将电视信号接收电路的输出端作为检测的入手点，是检测该类以信号处理为主的电路的常用方法。当输出侧信号正常，说明该电路及前级部分均正常；若无信号输出，接下来便可对该电路进一步检测。

图15-36为电视信号接收电路输出视频信号的检测方法。在中频信号处理芯片音频信号输出端，应能测得音频信号波形，否则说明电路损坏或未工作。

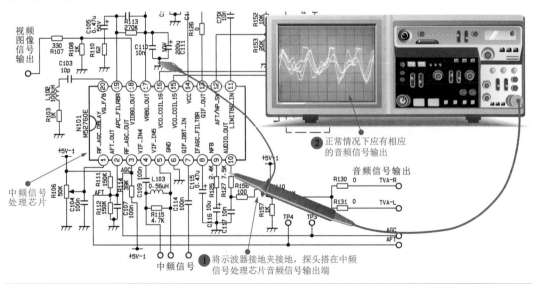

图15-36　电视信号接收电路输出视频信号的检测方法

图15-37为电视信号接收电路中几个关键部位测得的信号波形。检测的方法与检测中频信号处理芯片输出的音频信号相同。这就要求维修人员能够读懂和理清调谐器和中频电路的信号流程，分析出信号传输的基本线路，并能找到电路中的几个关键元器件，通过检测关键元器件输入端和输出端的信号，即可对电路的工作状态有一个大致判断。

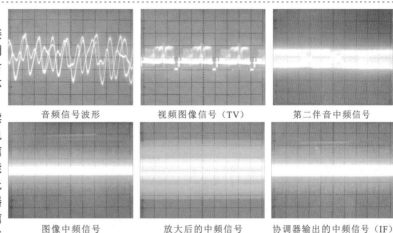

| 音频信号波形 | 视频图像信号（TV） | 第二伴音中频信号 |

| 图像中频信号 | 放大后的中频信号 | 协调器输出的中频信号（IF） |

图15-37　电视信号接收电路中几个关键部位的信号波形

当检测某一器件无信号输出时，还不能立即判断为所测器件损坏，还需要检测器件的基本工作条件。例如，检测调谐器IF端无中频信号输出，则需要判断其直流供电条件是否正常。若供电异常，调谐器则无法工作。

图15-38为调谐器供电电压的检测方法。

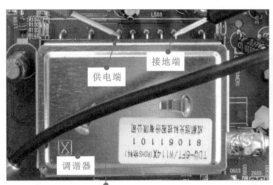

❶ 将万用表黑表笔搭在调谐器接地引脚上，红表笔搭在调谐器供电端

❷ 正常情况下，可测得直流5V电压

图15-38　调谐器供电电压的检测方法

无论是调谐器还是中频信号处理芯片，工作条件除了供电电压外，还需要微处理器提供的I²C总线控制信号才可以正常工作。

因此当检测电路中某器件输出的信号异常时，还需要检测其I²C总线控制信号端的信号波形。图15-39为调谐器I²C总线控制信号的检测方法。

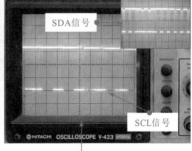

❶ 将示波器接地夹接地，探头搭在被测器件的I²C总线信号端

❷ 在正常情况下，应可测得I²C总线信号波形（SCL、SDA）否则应检查系统控制电路部分

图15-39　调谐器I²C总线控制信号的检测方法

2 音频信号处理电路的检测

音频信号处理电路是液晶电视机中的关键电路，该电路出现故障会引起液晶电视机无伴音、音质不好或有交流声等现象，检测该电路，一般从电路的输出端作为检测入手点，逆电路信号流程逐级向前级电路检测。音频信号消失的地方即为主要的故障点，围绕该故障点检测相应器件的工作条件等，排除故障。

图15-40为音频信号处理电路末端输出音频信号的检测方法。

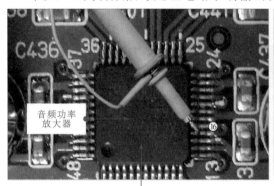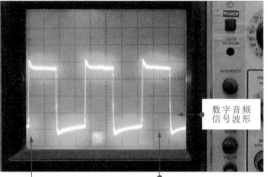

❶ 将示波器的接地夹接地，将探头搭在音频功率放大器的输出端引脚上

❷ 在正常情况下，应能够测得音频信号波形

数字音频信号波形

大多数液晶电视机的音频功率放大器为数字式，因此在其输出端输出的是数字音频信号，该信号经后级低通滤波后，变换为模拟音频信号，驱动扬声器发声

图15-40 音频信号处理电路末端输出音频信号的检测方法

提示说明

通常，音频功率放大器处于音频信号处理电路的末端，在其输出端引脚上应能测得音频信号输出。

音频信号处理电路最大特点是整个电路中的音频信号贯穿始终，电路工作过程，是音频信号一级级传递的过程，因此逐级检测信号，能够快速找到故障点。

判断该电路器件的好坏，从输出和输入端信号入手，输出正常，器件正常；无输入则需要查前级。图15-41为音频功率放大器输入信号的检测方法。

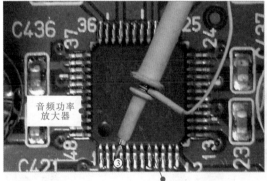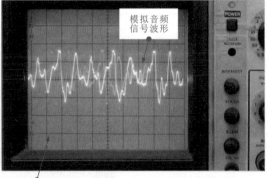

模拟音频信号波形

❶ 将示波器的接地夹接地，将探头搭在音频功率放大器的输入端引脚上

❷ 在正常情况下，应能够测得前级送来的音频信号波形

若该信号正常，说明前级电路正常；若无信号输入，应沿信号流程检测前级电路

图15-41 音频功率放大器输入信号的检测方法

音频信号处理芯片是音频功率放大器的前级电路器件，该芯片的输出经中间器件后送到音频功率放大器。因此其输出端信号波形，与音频功率放大器的输入端信号相同，若音频功率放大器的输入信号异常，应检测该芯片的输入是否正常，如图15-42所示。

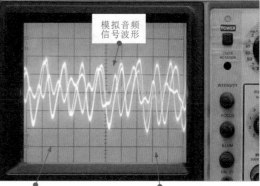

① 将示波器的接地夹接地，探头搭在音频信号处理芯片的输入端引脚上

② 正常情况下，应能够测得前级送来的音频信号波形

若该信号正常，说明前级电路正常；若无信号输入，应沿信号流程检测前级电路

图15-42 音频信号处理芯片输入端信号的检测方法

提示说明

检测信号过程中需要注意：音频信号处理芯片输出的音频信号送入音频功率放大器的输入端。在两个信号端之间通常设有阻容元件，若这类中间元件损坏，将导致信号无法传递，从而导致后级电路无输入情况。

音频功率放大器和音频信号处理芯片正常工作都需要基本的供电条件和I^2C总线信号进行控制。当满足输入信号正常，工作条件正常，无输出时，可判断为所测器件损坏。图15-43为音频信号处理电路主要器件工作条件的检测方法。

音频功率放大器正常工作需要基本的供电条件和I^2C总线信号，若输入信号、供电正常，无输出时则所测器件损坏

同样，检测音频信号处理芯片时，需要基本的供电条件和I^2C总线信号正常

图15-43 音频信号处理电路主要器件工作条件的检测方法

3 数字信号处理电路的检测

数字信号处理电路是液晶电视机中处理视频信号的关键电路，若该电路出现故障经常会引起液晶电视机出现无图像、黑屏、花屏、图像马赛克、满屏竖线干扰或不开机等现象，检测该电路时，可逆电路信号流程逐级检测；也可依据故障现象，先分析出可能产生故障的部位，有针对性的进行检测。

首先，可检测数字信号处理电路输出到后级电路中的LVDS（低压差分信号）信号波形是否正常，如图15-44所示。

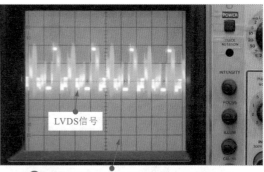

① 将示波器的探头搭在数字图像处理芯片的LVDS信号输出引脚

② 正常情况下，应可以检测到相应的信号波形

图15-44　数字信号处理电路输出LVDS信号波形的检测方法

提示说明

　　LVDS信号也可在芯片输出接口处检测，随图像信号不断变化，LVDS信号也不相同，图15-45为常见的LVDS信号波形。

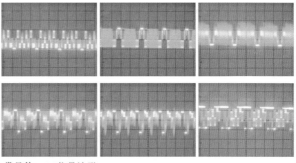

图15-45　常见的LVDS信号波形

　　若数字图像处理芯片无信号输出，则应检测输入端的信号是否正常，如图15-46所示，若数字图像处理芯片输入信号正常，则数字图像处理芯片前级电路基本正常。

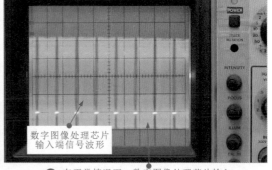

① 将示波器的探头搭在数字图像处理芯片的输入信号端

② 在正常情况下，数字图像处理芯片输入的信号波形

图15-46　数字图像处理芯片输入的检测方法

提示说明

　　数字图像处理芯片输入端信号及前级视频解码器输出的信号，该信号为三组8bit数字视频信号和一路时钟信号，如图15-47所示。

8bit数字视频信号（R）　　8bit数字视频信号（G）　　8bit数字视频信号（B）　　数据时钟信号

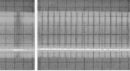

图15-47　数字视频信号波形和时钟信号波形

　　若数字图像处理芯片输入端无信号，即视频解码器无信号输出，则应检测视频解码器的输入信号。图15-48为视频解码器输入信号的检测方法，设定检测时由DVD机播放标准彩条信号，并经AV1接口输入信号。

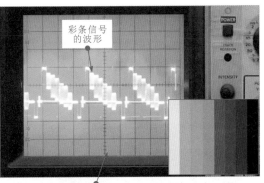

① 将示波器探头搭在视频解码器的信号输入端

② 在正常情况下，视频解码器输入端应检测到彩条信号波形

图15-48　视频解码器输入信号的检测方法

　　无论是数字图像处理芯片还是视频解码器都需要在满足一定工作条件前提下才可能正常工作。若工作条件不正常，即使芯片本身正常，也将无法工作，因此当检测芯片输入正常，无输出时，应检测该芯片各工作条件，包括直流供电、时钟信号、总线信号，如图15-49所示。

直流低压

时钟信号波形

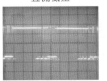
I^2C总线SCL信号波形

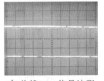
I^2C总线SDA信号波形

图15-48　数字图像处理芯片和视频解码器的工作条件

图像存储器

地址总线信号波形

数据总线信号波形

图15-49　数图像存储器工作时重要的两个信号波形

4 系统控制电路的检测

　　系统控制电路是液晶电视机实现整机自动控制、各电路协调工作的核心电路。该电路出现故障通常会造成液晶电视机出现各种异常故障，如不开机、无规律死机、操作控制失常、不能记忆频道等现象。检测该电路时，主要围绕核心元件，即微处理器的工作条件、输入或检测信号、输出控制信号等展开测试。

　　图15-50为微处理器直流供电电压的检测方法。直流供电电压是微处理器正常工作最基本的条件之一，若经检测无直流供电，则应对微处理器供电引脚端的外围元件及相关联电源电路进行检查，最终排除故障。

❶ 将万用表黑表笔搭在微处理器接地引脚上，红表笔搭在微处理器的供电端　　微处理器属于大规模集成电路，可能不只一个供电端，任何一个供电异常，都会导致微处理器工作异常 ➡　❷ 在正常情况下，万用表应可以检测到+5V直流供电

图15-50　微处理器直流供电电压的检测方法

　　复位信号是微处理器正常工作的条件之一，在开机瞬间，微处理器复位信号端得到复位信号，内部复位，为进入工作状态做好准备。若无复位信号，液晶电视机将无法启动。一般可在开机瞬间用万用表监测微处理器复位端有无电压变化来判断该信号是否正常，如图15-51所示。

❶ 将万用表黑表笔搭在微处理器接地引脚上，红表笔搭在微处理器的复位端　　微处理器属于大规模集成电路，可能不只一个供电端，任何一个供电异常，都会导致微处理器工作异常 ➡　❷ 在正常情况下，万用表应可以检测到+5V直流供电

图15-51　微处理器复位信号的检测方法

> **提示说明**
>
> 　　复位电路是通过对电源供电电压的监测产生一个复位信号。若微处理器的复位电路正常，但微处理器仍不能复位，可能是微处理器内部复位功能异常。此时，可将微处理器外接的复位电路元件全部取下，然后通电开机，用导线短接一下微处理器复位引脚和接地端，如果此时液晶电视机能够接收遥控信号，则说明微处理器内部正常，否则说明微处理器内部损坏。

　　时钟信号也是微处理器工作基本条件。若该信号异常，将引起微处理器不工作或控制功能错乱等现象。判断信号状态时需要注意，晶体或微处理器内部的振荡电路异常都可能导致该信号异常，需要从两个方面排查，图15-52为时钟信号的检测方法。

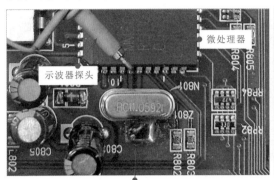
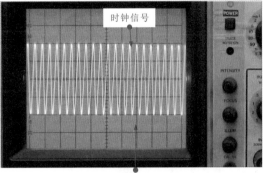

① 将示波器接地夹接地，探头搭在微处理器晶振端或晶体引脚上，检测信号

② 检测时钟信号正常，说明晶体和微处理器内部振荡电路均正常

图15-52　时钟信号的检测方法

提示说明

　　图15-53为在微处理器输入和输出控制端测得的主要信号波形。检测的方法与检测微处理器时钟信号的操作相同。这就要求维修人员能够了解微处理器各引脚功能，理清和分析出微处理器与外围电路的控制关系，找到电路中的几个关键信号点（如微处理器与程序存储器之间的总线控制信号、I²C总线信号、开机/待机控制信号、遥控信号、逆变器启动信号等），通过检测关键点信号波形，与正常波形比对，判断出系统控制电路的工作状态，排除故障。

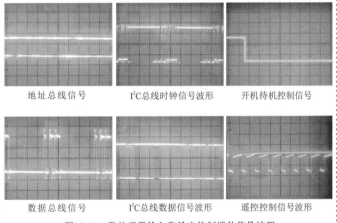

地址总线信号　　　　I²C总线时钟信号波形　　　　开机待机控制信号

数据总线信号　　　　I²C总线数据信号波形　　　　遥控控制信号波形

图15-53　微处理器输入和输出控制端的信号波形

　　操作显示及遥控接收电路是一块相对独立的电路，它是系统控制电路指令输出和状态信号输入部分。一般，当液晶电视机出现某个操作按键失常、遥控失常、指示灯不亮等故障时，除了对遥控器、微处理器等进行检测外，操作按键、遥控接收头或指示灯本身损坏也会造成上述故障，因此也需要对这些部件进行检测，如图15-54所示。

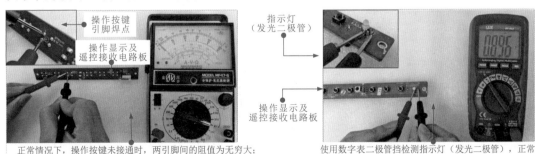

正常情况下，操作按键未接通时，两引脚间的阻值为无穷大；按下操作按键，两引脚接通，阻值为0。

使用数字表二极管挡检测指示灯（发光二极管），正常情况下，应能测得其正向导通电压。

图15-54　操作显示及遥控接收电路关键点的检测方法

5 开关电源电路的检测

开关电源电路出现故障经常会引起液晶电视机出现花屏、黑屏、屏幕有杂波、通电无反应、指示灯不亮、无声音、无图像等现象。由于该电路以处理和输出电压为主，因此，检测该电路时，可重点检测电路中关键点的电压值，找到电压值不正常的范围，再检测该范围内相关器件，找到故障元件，排除故障。

图15-55为开关电源电路输出直流低压的检测方法。

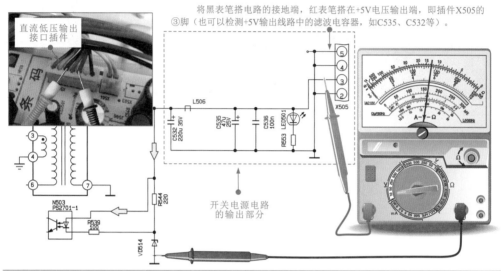

图15-55　开关电源电路输出直流低压的检测方法

提示说明

开关电源电路输出多路直流低压，是整机正常工作的基本条件。从检测输出端电压作为检测开关电源电路的入手点，能够快速的判断出开关电源电路的工作状态。开关电源电路中除了检测直流低压外，还需要检测其他的主要电压参数，例如+300V直流电压、直流输出电压、交流输入电压，具体检测方法基本相同，这里就不一一例举。

检测开关电源电路中的主要功能部件时，熔断器通过万用表检测通断即可，检测方法比较简单，下面选取易损部件桥式整流堆、开关场效应晶体管为例进行检测。图15-56为桥式整流堆的检测方法。

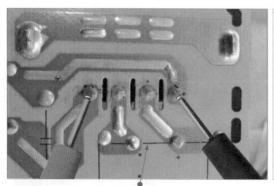

① 将万用表红黑表笔搭在桥式整流堆的正负极输出引脚端

② 在正常情况下，可得直流300V电压

图15-56　桥式整流堆的检测方法

　　开关场效应晶体管主要用来放大开关脉冲信号，去驱动开关变压器工作。开关场效应晶体管工作在高反应、大电流状态下，是液晶电视机开关电源电路故障率最高的器件。检测前需要首先识别开关场效应晶体管的三个引脚极性，如图15-55所示。

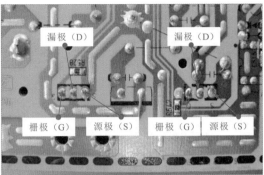

图15-55　开关场效应晶体管引脚极性的识别

　　检测开关场效应晶体管是否损坏，可使用万用表检测场效应晶体管引脚间的阻值来判断，如图15-56所示。在路检测时会对检测结果造成影响，可将开关场效应晶体管拆下后再检测。

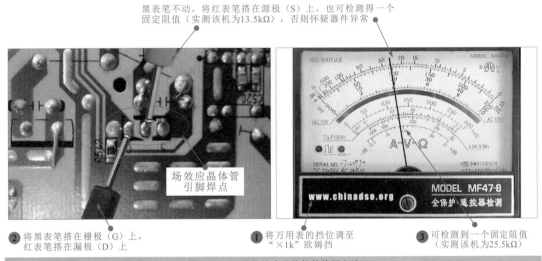

图15-56　开关场效应晶体管的检测方法

6　逆变器电路的检测

　　逆变器电路是液晶电视机中的专门为液晶显示屏背光灯管供电的电路，若该电路出现故障会影响液晶显示屏的图像显示，常见的故障现象主要有黑屏、屏幕闪烁、有干扰波纹等，检测该电路时，一般可逆着电路信号流程逐级检测电路关键点的信号波形，信号消失的地方即为关键故障点。

　　除此之外，还需要检测逆变器电路中的主要功能部件，例如PWM信号产生电路、场效应晶体管、升压变压器等。

　　图15-57为逆变器电路中主要检测点的信号波形。

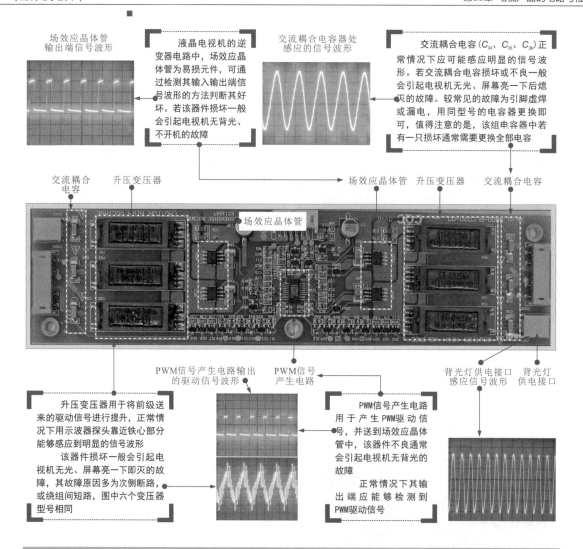

场效应晶体管
输出端信号波形

液晶电视机的逆变器电路中，场效应晶体管为易损元件，可通过检测其输入输出端信号波形的方法判断其好坏。若该器件损坏一般会引起电视机无背光、不开机的故障

交流耦合电容器处感应的信号波形

交流耦合电容（C_{34}、C_{35}、C_{36}）正常情况下应可能感应明显的信号波形。若交流耦合电容损坏或不良一般会引起电视机无光、屏幕亮一下后熄灭的故障。较常见的故障为引脚虚焊或漏电，用同型号的电容器更换即可，值得注意的是，该组电容器中若有一只损坏通常需要更换全部电容

交流耦合　　升压变压器　　　　　　　　　　　　　　场效应晶体管　升压变压器　　交流耦合电容
电容

场效应晶体管

升压变压器用于将前级送来的驱动信号进行提升，正常情况下用示波器探头靠近铁心部分能够感应到明显的信号波形
该器件损坏一般会引起电视机无光、屏幕亮一下即灭的故障，其故障原因多为次侧断路，或绕组间短路，图中六个变压器型号相同

PWM信号产生电路输出的驱动信号波形

PWM信号
产生电路

PWM信号产生电路用于产生PWM驱动信号，并送到场效应晶体管中，该器件不良通常会引起电视机无背光的故障
正常情况下其输出端应能够检测到PWM驱动信号

背光灯供电接口感应信号波形　背光灯供电接口

图15-57 逆变器电路中主要检测点的信号波形

提示说明

　　在正常情况下，用示波器感应背光灯供电接口处应有明显的PWM信号波形，由此也可表明逆变器电路部分工作正常。若该信号正常而电视机仍无背光，则表明背光灯管或液晶屏组件损坏。

　　检测逆变器电路中的主要功能部件时，PWM是一种集成芯片，检测方法与检测中频信号处理芯片、音频信号处理芯片等均相同，即检测输入、输出和工作条件，当满足工作条件正常，输入正常，无输出时说明芯片损坏，这里就不再复述。下面选取易损部件升压变压器为例进行检测。

　　升压变压器是一种液晶电视机逆变器电路中的关键元件，且一般在逆变器电路中通常会设有多个型号、规格完全相同的升压变压器。

　　若升压变压器异常经导致液晶电视机无背光、背光闪烁或开机保护故障。检测时，可在断电状系下，检测绕组阻值的方法判断好坏，找到与其他变压器参数值不同的元件，一般即为故障所在，如图15-58所示。

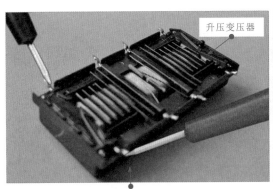

❶ 将万用表的红、黑表笔分别搭在升压变压器的一组绕组的两端，检测其电阻值

❷ 在正常情况下，应有一固定数值（实测该机中升压变压器为8Ω）

图15-58　升压变压器的检测方法

7　接口电路的检测

　　液晶电视机的接口电路是重要的功能电路，它是液晶电视机与外部设备或信号源（有线电视机末端接口）产生关联的"桥梁"，若该电路不正常，将直接导致信号传输功能失常，进而影响液晶电视机的影音输出功能。检测该部分电路时，应重点是找准接口，并明确各种接口输入信号的类型。

　　首先观察各接口本身及外接元件是否正常，然后检测接口或接口内元件的工作条件是否正常，最后连接好外部设备，检测接口电路是否能正常接收或传送信号。

　　图15-59为检查各接口本身及外接元件是否正常。

❶ 观察接口内、接口引脚是否有锈蚀或断裂的现象。

❷ 仔细观察接口焊装到电路板上的引脚有无断裂、脱焊、虚焊、搭接的现象。

图15-59　检查各接口本身及外接元件是否正常

各种接口工作都需要满足工作条件正常的前提，否则即使接口本身正常，也无法正常工作。因此检测接口电路工作条件是十分重要的环节。

接口电路一般以直流供电为基本工作条件，用万用表检测电压即可，如图15-60所示，若接口处无电压或电压异常，应进一步测量供电引脚外接线路相关元件。

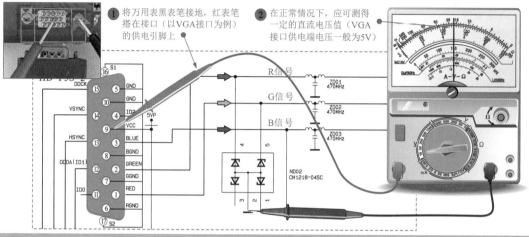

图15-60　接口电路中供电电压的检测方法

接口引脚处有信号，表明接口能够传送或接收信号。检测接口传送数据或信号时，应将当前检测的接口连接外部设备，并使液晶电视机工作在当前接口送入信号的状态下，否则即使接口电路正常，也无数据或信号传输，具体检测方法如图15-61所示。

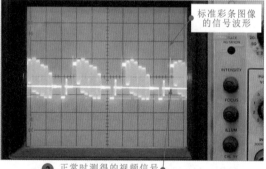

① 将示波器接地夹接地，探头搭在被测接口信号输入端引脚上（以AV接口的视频信号输入端为例）

② 正常时测得的视频信号为标准彩条信号波形

图15-61　接口输入端信号波形的检测方法

提示说明

　　不同类型的接口，传送数据或信号的类型有所区别，但检测方法与AV接口视频信号的检测方法相同。这里就不再逐一检测各接口的数据或信号。但维修人员需要了解并熟记不同接口的数据或信号波形，其波形如图15-62所示，以便能够将实测信号波形与正常信号波形比较，做出有效的故障判别。测试音频信号时注意，若检测不到音频信号时，需检查音频播放设备，如DVD机的音频信号输出是否属于双声道模式，若为单声道输出模式，接口处只能测得一个音频信号。

 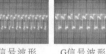

R信号波形
（VGA接口）　　G信号波形
（VGA接口）　　B信号波形
（VGA接口）　　色度C信号波形
（S端子）

亮度信号（Y）
（S端子或
分量视频接口）　　视频图像
信号（TV）
（调谐器接口）　　数据时钟
信号波形
（HDMI接口）　　数视频数据频
信号波形
（HDMI接口）

图15-62　主要接口引脚端输入的信号波形

第16章 通信设备的电路与检修 》》

16.1 电话机的电路与检修

16.1.1 电话机的结构

电话机是通过电信号相互传输话音的通话设备。在检测电话机之前，应先了解一下电话机的整机结构。电话机的结构相对比较简单，从外部来看，主要是由话机部分和主机两大部分构成的，如图16-1所示。一般情况下，电话机的话机部分通过底部插口和4芯线与主机相连接。正常时，话机放置在叉簧开关（挂机键）上。

图16-1 典型电话机的整机结构

16.1.2　电话机的电路原理

　　电话机是一种能够实现简单的双向通话功能的通信设备。简单来说，其主要是由内部电路控制人工指令信息，并进行电声、声电转换后实现的通话功能。图16-2为电话机的工作原理图。可以看到，在话机中，操作按键电路板是由主电路板上的拨号芯片控制的；操作显示电路板与主电路板之间通过连接排线进行数据传输；主电路板与话机部分通过4芯线连接，并通过2芯的用户电话线与外部线路通信。

　　不同电话机的电路虽结构各异，但其基本工作过程大致相同，为了更加深入地了解电话机的工作过程，以典型电话机为例对其工作过程进行介绍。

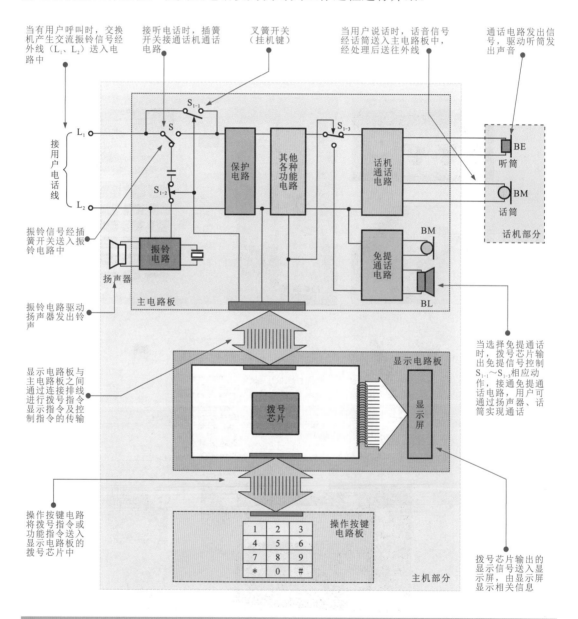

图16-2　典型电话机的工作原理图

16.1.3 电话机的检测维修

电话机在使用过程中，经常会出现各种各样的故障，如振铃不响或异常、无法拨号、手柄不能受/送话、通话音量过小等。在检修时，应先进行基本的检修分析，理清检修顺序或检修重点，然后检测维修可能出现故障的部件或电路，从而排除电话机的故障。图16-3为典型电话机检修中的主要检测点。

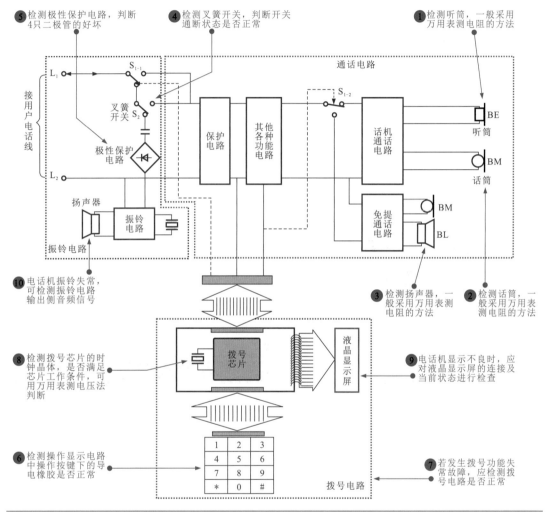

图16-3 典型电话机检修中的主要检测点

提示说明

当电话机出现无振铃音、振铃时断时续、振铃声音异常、振铃失真故障时，多是由振铃电路不良引起的。在该电路范围内，叉簧开关、极性保护电路、振铃芯片及外围保护电路是主要的检测部位。

当电话机出现不能拨号、部分按键不能拨号故障时，应将拨号电路作为主要检测点。如该电路范围内的叉簧开关、拨号芯片及外围保护电路、操作按键电路、导电橡胶等。

当电话机出现通话异常，如无送话或无受话、送受话均无、免提功能失效、受送话音小等故障时，多为通话电路故障，重点对通话电路中相关部件进行检测即可，如电路供电电路、通话电路、免提开关、话机部分、主机与外线的连接情况等。

图16-4为电话机听筒的检测方法。

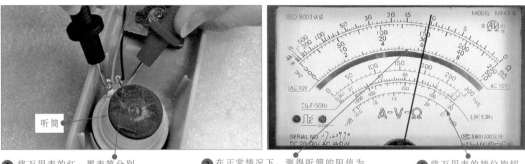

② 将万用表的红、黑表笔分别　　　③ 在正常情况下，测得听筒的阻值为　　　① 将万用表的挡位旋钮
搭在听筒的引脚焊点上　　　　　　　12×10=120Ω，同时听筒会发出"咔咔"声　　　调至"×10"欧姆挡

图16-4　电话机听筒的检测方法

2 电话机话筒的检测

话机中的话筒作为电话机的声音输入设备，它将声音信号变成电信号，送到电话机的内部电路，经内部电路处理后送往外线。当话筒出现故障时，会引起电话机出现送话不良的故障。检测话筒时，可检测话筒两引脚间的阻值是否正常，如图16-5所示。

② 将万用表的红、黑表笔分别　　　③ 正常情况下，测得话筒的　　　① 将万用表的挡位旋钮
搭在话筒的引脚焊点上　　　　　　阻值为10×100=1000Ω　　　调至"×100"欧姆挡

图16-5　电话机话筒的检测方法

3 扬声器的检测

扬声器作为一个独立的部件，通常用两根细小的引线焊接在扬声器端和电路板端，在拆机过程中很容易引起断裂，检测扬声器时，可使用万用表粗略检测其阻值判断其是否良好，如图16-6所示。

扬声器上标称的阻值8Ω是指该扬声器在有正常的交流信号驱动时所呈现的阻值，即交流阻值；万用表检测时，所测阻值为直流阻值。在正常情况下，直流阻值应接近标称交流阻值

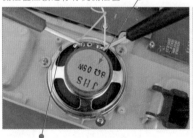

① 将数字万用表的红、黑表笔分别　　　② 在正常情况下，应可测得一
搭在扬声器的两个接线端上　　　　　个接近标称阻值的数值

图16-6　扬声器的检测方法

4 **主机中叉簧开关的检测**

叉簧开关作为一种机械开关，是用于实现通话电路和振铃电路与外线的接通、断开转换功能的器件。若叉簧开关损坏，将会引起电话机出现无法接通电话或电话总处于占线状态。一般可借助万用表检测叉簧开关通、断状态下的阻值，来判断叉簧开关是否损坏，如图16-7所示。

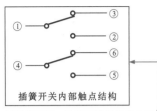

插簧开关内部触点结构

正常情况下，叉簧开关摘机状态下，①、③脚间的阻值为0Ω，①、②脚间阻值为无穷大；挂机状态下，①、③脚间的阻值为无穷大，①、②脚间阻值为0Ω

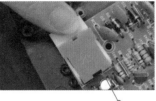

3 叉簧开关在挂机状态下，触点处于断开状态，阻值应为无穷大

4 叉簧开关在摘机状态下，触点处于闭合状态，阻值应为零

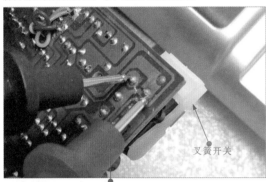

叉簧开关

2 将万用表的红、黑表笔分别搭在叉簧开关的一对触点端

1 将万用表的挡位旋钮调至"×1"欧姆挡

图16-7 主机中叉簧开关的检测方法

5 **主机中极性保护电路的检测**

极性保护电路用于将电话外线传来的极性不稳定的直流电压转换为极性稳定的直流电压。当极性保护电路损坏时，将会引起电话机出现不工作的故障。判断极性保护电路是否正常，可用数字万用表的二极管挡分别检测四个二极管的正反向导通电压的方法进行判断好坏，如图16-8所示。

极性保护电路中二极管

2 将万用表的红表笔搭在二极管的正极引脚端，黑表笔搭在负极引脚，检测其正向导通电压

3 在正常情况下，测得该二极管的正向导通电压为0.525V

1 将万用表的量程调整至蜂鸣/二极管测量挡

在正常情况下，四只二极管的正向导通电压有一固定值，反向导通电压为无穷大。若不满足该该规律，则说明二极管损坏

② 在正常情况下，二极管的反向导通电压应为无穷大

④ 调换表笔，测整流二极管的反向导通电压

保持万用表在蜂鸣/二极管测量挡不变

图16-8　主机中极性保护电路的检测方法

6　主机中导电橡胶的检测

导电橡胶是操作按键电路板上的主要部件，有弹性胶垫的一侧与操作按键相连，有导电圆片的一侧与操作按键印制板相连，每一个导电圆片对应印制板上的接点。当其损坏时，将引起电话机出现拨号、控制失灵的故障。检测导电橡胶是否正常时，可检测其任意两点间的阻值，根据阻值判断是否正常，如图16-9所示。

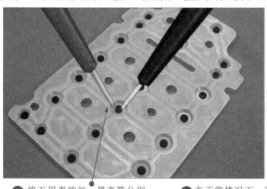

② 将万用表的红、黑表笔分别搭在导电圆片的不同位置

③ 在正常情况下，测得导电圆片的阻值约为40Ω，若阻值大于200Ω时，说明导电圆片已失效

① 将万用表的挡位旋钮调至"×10"欧姆挡

图16-9　主机中导电橡胶的检测方法

7　主机中拨号电路的检测

在典型电话机中，拨号芯片多采用大规模集成电路，对该类电路进行检测时，由于无法准确确认其引脚，一般可通过检测拨号芯片与其他电路板连接的排线引脚进行检测来判断，图16-10为拨号芯片及引脚排列。

测试点　　　拨号芯片　　　　测试点

塑封扁平接线排线

排线与电路板连接一端标有明确的功能标识，因此可以该处为拨号芯片的测试点

图16-10　拨号芯片及引脚排列

拨号电路是电话机中实现拨号功能的关键电路，检测该电路时，主要是通过检测判断电路是否能够实现拨号功能，检测该电路重点是检测其供电、启动信号HS端和输出信号DP端，如图16-11所示。

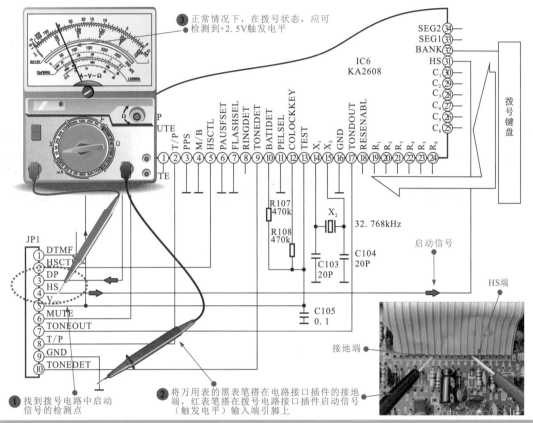

图16-11　拨号电路的检测方法

提示说明

检测该电路的实际供电电压端应为3.6V电压，DP端电压值应为0.35V。除该检测方法外，还可在检测电话机拨号电路时，用万用表直流50V电压挡测量外线接口电压，摘机后按数字键，正常时，万用表指针应有较剧烈的摆动，通过此法可大致判断电话机拨号电路的基本状态。

8　拨号芯片时钟晶体的检测

在电话机主机中，拨号芯片需要在时钟晶体配合下工作，若时钟晶体不正常，则拨号芯片也无法正常工作，从而导致电话机拨号功能失常的故障。通常，可检测时钟晶体引脚对地电压的方法判断晶体是否起振，如图16-12所示。

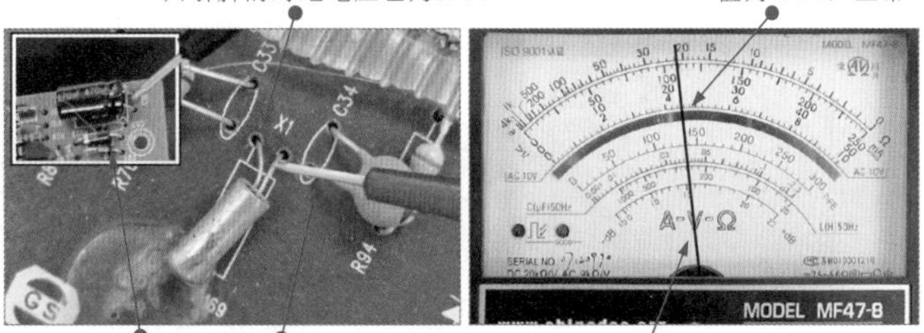

用同样的方法检测时钟晶体另外一只引脚的对地电压也为1.1V

③ 测得其实际电压值为1.1V，正常

② 将万用表的黑表笔搭在电路的接地端，红表笔搭在时钟晶体的一只引脚上

① 将万用表挡位旋钮调至"直流2.5V"电压挡

图16-12　典型电话机拨号芯片时钟晶体的检测方法

提示说明

　　时钟晶体在电话机中多为定时元器件使用，以取代集成电路外围的RC分离元器件构成的振荡器。检测晶体时，一般可以用万用表在路检测晶体两个引脚电压，正常时其电压为拨号芯片工作电压的一半。另外，若在检测时，用金属物轻轻碰触晶体的另一只引脚，若所测电压有较明显变化，也可表明晶体正常。

9　液晶显示屏的检测

　　在检测电话机的液晶显示屏时，由于其与电路板之间连接引线的特殊性，无法用万用表检测，因此，一般可采用直观法判断是否正常，如图16-13所示，液晶显示屏连接不良，则应重新将连接线修复；若液晶显示屏本身损坏，则应对其进行更换。

① 观察显示屏显示时，字符无法完整显示　　**②** 轻轻按压液晶显示屏连接线后，字符有时正常显示怀疑液晶显示屏的连接不良　　**③** 摘机状态下观察背光灯发光正常　　**④** 将液晶显示屏与电路板连接线重新连接

图16-13　拨号电路的检测方法

10　振铃电路的检测

　　振铃电路是电话机中用于提醒用户有电话打入的电路，检测该电路，需在向待测电路送入振铃信号的前提下，检测电路末端（扬声器部分）有无声音信号输出，如图16-14所示，若经检测音频信号正常，则表明振铃电路正常；若无音频信号或音频信号异常，应根据信号流程逐一向前一级电路进行检测，信号消失的地方即为电路中的主要异常部位。

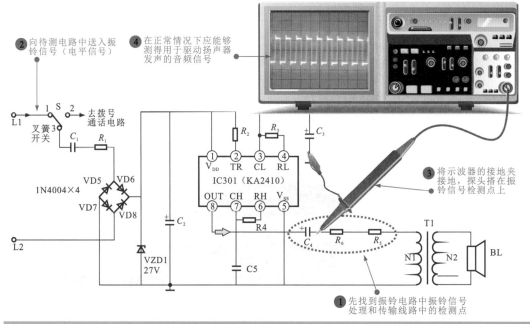

图16-14　振铃电路的检测方法

16.2　传真机的电路与检修

16.2.1　传真机的结构

传真机是一种文件传输设备，它利用扫描和光电变换技术，把固定图像（图像、图形、文字、表格等）转换成电信号，传送到接收端，以记录的形式进行文件复制传输的通信设备。

图16-15为典型传真机的结构，由图可知，传真机的内部主要由成像系统、输纸传送系统和电路系统三大部分构成。

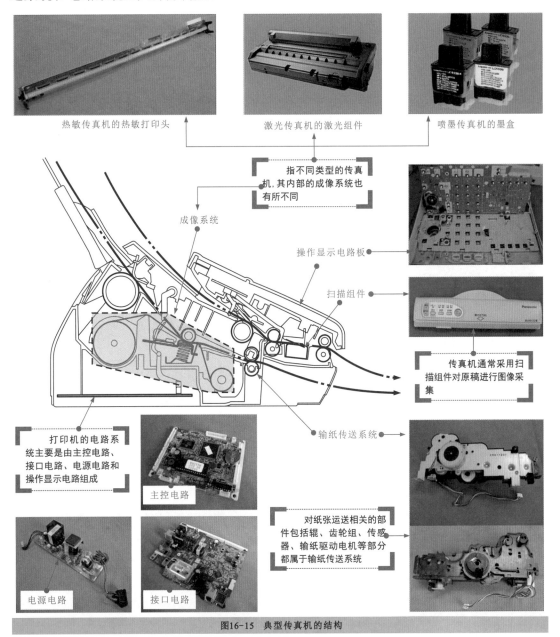

热敏传真机的热敏打印头　　　激光传真机的激光组件　　　喷墨传真机的墨盒

指不同类型的传真机,其内部的成像系统也有所不同

成像系统

操作显示电路板

扫描组件

传真机通常采用扫描组件对原稿进行图像采集

打印机的电路系统主要是由主控电路、接口电路、电源电路和操作显示电路组成

主控电路

输纸传送系统

对纸张运送相关的部件包括辊、齿轮组、传感器、输纸驱动电机等部分都属于输纸传送系统

电源电路　　　接口电路

图16-15　典型传真机的结构

16.2.2 传真机的电路原理

传真机大多数都具备接打电话、收发传真和复印的功能。对于传真机的工作流程，下面将重点从复印、发送传真和接收传真三个方面详细地介绍其电路原理。

1 传真机的复印原理

对于传真机来说，复印顾名思义就是自己发传真，然后自己再接收传真（即自己给自己发传真）。如图16-16为传真机复印时的工作流程。

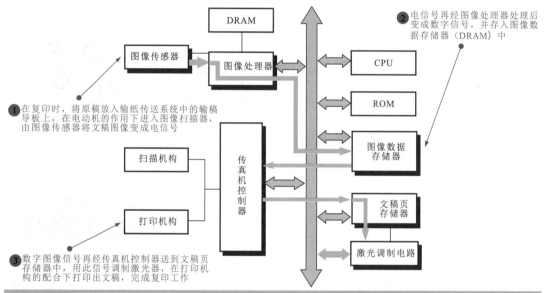

2 电信号再经图像处理器处理后变成数字信号，并存入图像数据存储器（DRAM）中

1 在复印时，将原稿放入输纸传送系统中的输稿导板上，在电动机的作用下进入图像扫描器，由图像传感器将文稿图像变成电信号

3 数字图像信号再经传真机控制器送到文稿页存储器中，用此信号调制激光器，在打印机构的配合下打印出文稿，完成复印工作

图16-16　传真机复印时的工作流程

提示说明

　　图16-17为图像扫描器的工作流程简图。图中虚线框中的构件是图像扫描器的扫描机构和稿件传动机构简图。复印时，文稿传感器首先会检测到有文稿插入，并将文稿插入信号传输到控制集成电路中，控制集成电路便输出信号驱动输纸电动机进行输纸。与此同时，CIS接触式图像传感器便在驱动信号的作用下，内部的发光二极管开始发光并照射到文稿上，经文稿反射的光再经镜头后照射到CCD上，CCD将稿件上反射来的光信号转化成电信号后通过一组软排线进行输出。随着文稿的传输完毕，扫描工作也就完成了。

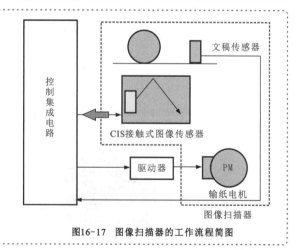

图16-17　图像扫描器的工作流程简图

2 传真机的发送传真原理

传真机发送传真时的文稿扫描过程与复印过程大体相同，所不同的是数字图像信号经传真机控制器后送到调制解调器，调制解调器的信号再经过线路接口输出并由电话线路传输出去。图16-18为传真机发送传真的工作流程。

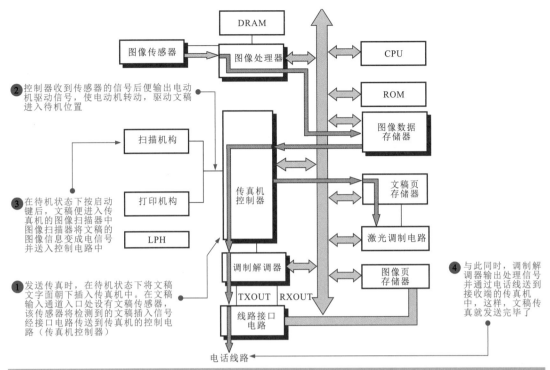

图16-18 传真机发送传真的工作流程

② 控制器收到传感器的信号后便输出电动机驱动信号，使电动机转动，驱动文稿进入待机位置

③ 在待机状态下按启动键后，文稿便进入传真机的图像扫描器中图像扫描器将文稿的图像信息变成电信号并送入控制电路中

① 发送传真时，在待机状态下将文稿文字面朝下插入传真机中。在文稿输入通道口处设有文稿传感器，该传感器将检测到的文稿插入信号经接口电路传送到传真机的控制电路（传真机控制器）

④ 与此同时，调制解调器输出处理信号并通过电话线送到接收端的传真机中，这样，文稿传真就发送完毕了

3 传真机的接收传真原理

接收传真功能是将对方通过电话线路传来的文稿图像信号，经处理后变成驱动打印头的信号，然后通过输纸机构的同步动作将文稿重新打印出来。

传真机接收传真的工作流程如图16-19所示。由电话线路送来的传真信号经线路接口电路送至调制解调器，然后将解调的传真信号送到传真机控制器中，最后在控制器的控制下将收到的传真信号打印出来。

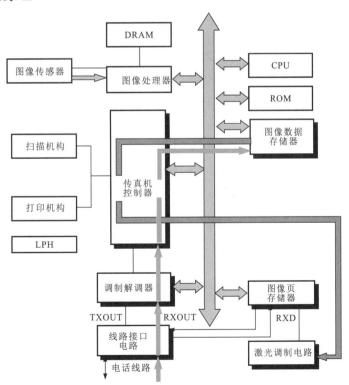

图16-19 传真机接收传真的工作流程

提示说明

接收传真的操作方式有两种，即手动和自动。在手动接收模式的摘机状态下按启动键，或在自动接收模式下通过对信号的检测，启动打印和输纸系统。无论是手动接收还是自动接收，它们的内部信号流程是一样的，不同的是主控电路以哪种方式来驱动接收传真而已。具体的接收流程如下：

在接收传真时，传真机的主控制器控制来自调制解调器的处理信号进入准备接收数据的状态。当操作启动键或自动识别出话路信号后，主控制器中的相应程序启动。来自调制解调器的串行信号在主控制器的调制解调器接口处被转换成并行信号，并存储在随机存储器的接收缓冲器中。接收缓冲器中的数据通过软件解调，在图像缓冲器内重新变成二进制图像数据。此数据以标准传真数据信号的方式传送到主控制器的打印处理器中，然后将并行数据转换成串行数据并送至热敏打印头。最后，通过步进电动机的转动，逐行打印数据并形成文稿输出。这样，传真就接收完毕了。

传真机的内部电路主要包括主控制电路、调制解调器电路、传感器电路、图像处理电路、操作面板控制电路、通信控制电路、电源电路、收/发混合电路等。

16.2.3 传真机的检测维修

对于传真机的检修，需要了解传真机的结构特点和工作过程，然后结合传真机各组成部件或电路的故障特点，明确传真机故障排查的重点或区域和关键环节。

图16-20为传真机的主要检测点。

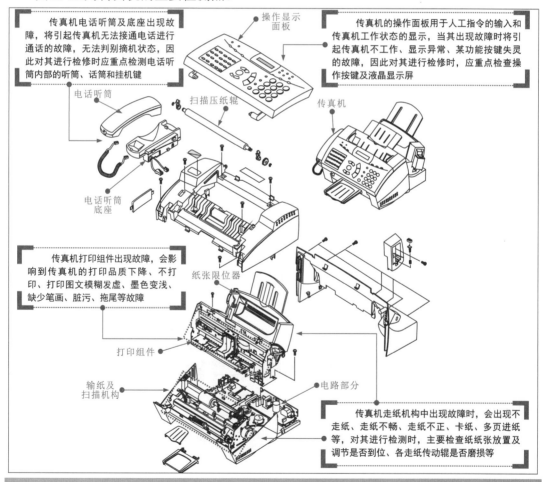

图16-20 传真机的主要检测点

1 操作显示电路的检测

操作显示电路主要用于人工指令的输入和显示，检测该电路时，主要检测其操作按键、显示部件等是否正常。图16-21为操作按键的检测方法。

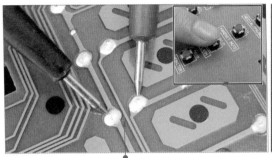

① 将万用表的两表笔分别搭在操作按键的两个引脚端，按下操作按键，万用表指针立刻指向0的位置

② 根据估算电容器的电容值，将万用表量程旋钮置于"2μF"挡

图16-21　操作按键的检测方法

通常，操作显示面板上的指示灯就是发光二极管，检测该器件时，可检测发光二极管两引脚间的阻值是否正常，如图16-22所示。

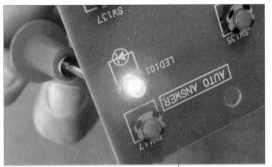

发光二极管

① 将万用表的黑表笔搭在发光二极管的正极引脚处，红表笔搭在负极引脚端。

② 正常情况下，发光二极管发光，若发光二极管未发光，则说明损坏，需要更换

图16-22　指示灯的检测方法

液晶显示屏用来显示传真机当前的工作状态，若出现故障，则显示缺失、不显示等故障，检测液晶显示屏是否正常时，应重点检查连接线缆有无松脱，断裂等情况，如图16-23所示。

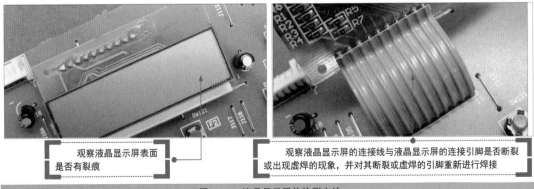

观察液晶显示屏表面是否有裂痕

观察液晶显示屏的连接线与液晶显示屏的连接引脚是否断裂或出现虚焊的现象，并对其断裂或虚焊的引脚重新进行焊接

图16-23　液晶显示屏的检测方法

2 打印组件及输纸传递系统的检测

传真机的打印组件用于将接收到的传真信号和扫描的图像信号打印出来；输纸传递系统则用于打印纸张的传送。

不同类型传真机中的打印组件也有所不同，下面以典型传真机（热敏传真机）为例学习一下打印组件的检测方法。热敏传真机打印组件主要包括驱动电动机、传感器、转动齿轮、弹簧片等，下面对这些主要部件进行检测。

图16-24为热敏传真机中驱动电动机的检测方法。

❶ 使用万用表检测驱动电动机①～③之间的阻值　　　❷ 正常情况下，驱动电动机①～③之间的阻值为80Ω

❸ 使用万用表检测驱动电动机①～⑤之间的阻值　　　❹ 正常情况下，驱动电动机①～⑤之间的阻值为150Ω

图16-24　热敏传真机中马达驱动电动机的检测方法

提示说明

检测驱动电动机时，主要检测驱动电动机的阻值，将检测的结果和阻值表对照，若检测的结果和阻值表中的阻值相差较大，则说明该驱动电动机本身损坏，更换即可，表16-1所列为该机驱动电动机各绕组之间的阻值表。

表16-1　驱动电机绕组之间阻值表

引脚	阻值	引脚	阻值	引脚	阻值	引脚	阻值
①～②	150Ω	①～⑤	150Ω	②～⑤	150Ω	④～⑤	150Ω
①～③	80Ω	②～③	80Ω	③～④	80Ω	——	——
①～④	150Ω	②～④	150Ω	③～⑤	80Ω	——	——

传感器是用于检测纸张的器件，对其检测时，可在有纸和无纸两种状态下，检测其阻值是否正常。图16-25为打印组件中传感器的检测方法。

❶ 将万用表的红、黑表笔分别搭在传感器的
两引脚端，检测其阻值

❷ 在无纸的状态下，其阻值应为零欧姆；
在有纸的状态下，其阻值应为无穷大

图16-25　打印组件中传感器的检测方法

转动齿轮是用于带动输纸辊传输纸张，若转动齿轮不能转动，要对转动齿轮进行检查，查看是否在转动齿轮中有堵塞的现象，如图16-26所示。

堵塞物　　转动齿轮　　用镊子取出堵塞物

图16-26　转动齿轮的检查方法

弹簧片不正常，发生变形，使得两边的弹簧片压力不均匀、不对称，造成图像不良，还会导致纸张不能正常的输出，此时要对弹簧片进行修正或更换。图16-27为弹簧片的检查方法。

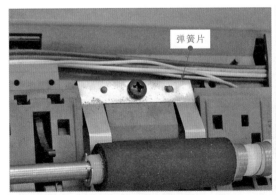

弹簧片　　校正弹簧片

图16-27　弹簧片的检查方法

　　检测传真机输纸传送系统时，应先检查纸张传送辊、走纸驱动电动机及传动齿轮组是否完好。检测走纸驱动电动机时，可检测其绕组间的阻值是否正常，如图16-28所示，正常时走纸驱动电动机红-棕、蓝-黄绕组间的阻值为4Ω左右，其他各绕组间的阻值均为无穷大。

① 观察纸张传动辊表面是否磨损，转动上端的纸张传动辊，观察下端的纸张传动辊是否随之转动

② 观察传动齿轮组中的齿轮是否磨损，并对磨损的齿轮进行更换

③ 使用万用表检测走纸驱动电机各绕组之间的阻值是否正常

④ 正常时走纸驱动电动机红-棕、蓝-黄绕组间的阻值为4Ω左右，其他各绕组间阻值为无穷大

图16-28　输纸传送系统的检测方法

3　扫描组件的检测

　　扫描组件用于发送传真时，将原稿图像转换为传真图像信号，当该部分出现故障时，扫描图像的品质会有所降低，进而导致对方接收到传真信号进行打印时，打印品质降低，因此对扫描组件进行检修时，主要检测CIS接触式图像传感器、传动齿轮、传动辊、传真扫描电动机等是否正常。图16-29为扫描组件中反射镜和镜头的清洁。

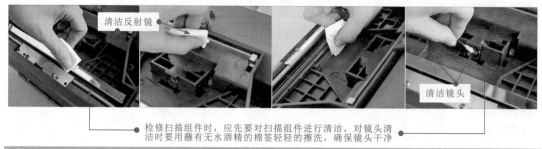

清洁反射镜

清洁镜头

检修扫描组件时，应先要对扫描组件进行清洁，对镜头清洁时要用蘸有无水酒精的棉签轻轻的擦洗，确保镜头干净

图16-29　扫描组件中反射镜和镜头的清洁

　　导轨、传动皮带及传动齿轮组主要通过观察法检测，观察是否有损坏、磨损的现象，并更换其故障部件。导轨、传动皮带及传动齿轮组的检修方法如图16-30所示。

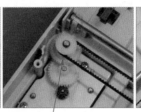

左右移动CIS接触式图像传感器，查看其在导轨上移动是否正常

查看传送皮带是否卡在CIS图像传感器的支架上，若未卡住，将其安装到位，使传感器移动正常

查看扫描机构中的传动齿轮组是否磨损，对磨损的齿轮进行更换

查看另一端传动齿轮组是否磨损并将其位置弹簧安装是否到位

图16-30　导轨、传动皮带及传动齿轮组的检测方法

　　检测传真扫描电动机时，可检测电动机各绕组之间的阻值，通过阻值判断该电动机是否可以正常工作。图16-31为传真扫描电动机的检测方法。

❶ 将万用表的红、黑表笔分别搭在传真扫描电动机的任意两引脚端，检测其阻值

❷ 正常时各绕组间均有一固定值

图16-31　传真扫描电动机的检测方法

> **提示说明**
>
> 　　检测传真扫描电动机时，可将检测各绕组之间的阻值与正常扫描电动机对比，若检测的结果和阻值表中的阻值相差较大，则说明该传真扫描电动机本身损坏，更换即可，表16-2所列为该机传真扫描电动机各绕组之间的阻值表。
>
> **表16-2　传真扫描电机绕组之间阻值表**
>
> | 绕组 | 阻值 | 绕组 | 阻值 | 绕组 | 阻值 |
> |------|------|------|------|------|------|
> | 白-蓝 | 100Ω | 蓝-棕 | 200Ω | 棕-红 | 200Ω |
> | 白-棕 | 100Ω | 蓝-黄 | 200Ω | 黄-红 | 200Ω |
> | 白-黄 | 100Ω | 蓝-红 | 200Ω | | |
> | 白-红 | 100Ω | 棕-黄 | 200Ω | | |

　　检测扫描组件中的插座是否正常，是用来间接判断接触式图像传感器是否正常工作的方式之一，可使用万用表检测插座各引脚间的阻值，如图16-32所示。

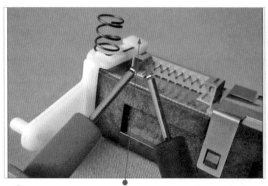

① 将万用表的红、黑表笔分别搭在插座的两引脚端

② 在正常情况下，万用表应检测到一定的阻值（6.5kΩ）

图16-32　扫描组件中插座的检测方法

提示说明

将检测的结果和阻值表进行对照，若检测的结果和阻值表中的阻值相差较大，则说明该接触式图像传感器本身损坏，更换即可，表16-3所列为该机传真扫描电动机各绕组之间的阻值表。

表16-3　接触式图像传感器阻值表

引脚号	阻抗值（kΩ）	引脚号	阻抗值（kΩ）
①	0	⑥	30
②	6.5	⑦	30
③	7	⑧	30
④	50	⑨	∞
⑤	30		

4　电路部分的检测

电路部分是整个传真机的控制核心，当确定各机构均正常时，可按照电路的检修流程，检测电路板上可能产生故障电路，例如电源电路、控制电路等。

检测传真机电源电路时，可根据电压的输出端直接判断该电路是否正常，即检测输出正常，则该电路无故障；若无输出，则应进一步检测电路中主要元器件是否正常，主要的检测部件有熔断器、压敏电阻器、互感滤波器、桥式整流堆等。

图16-33为熔断器的检测方法。

① 将万用表的两表笔分别搭在熔断器的两端

② 在正常情况下，检测值为0Ω

图16-33　熔断器的检测方法

　　压敏电阻器是用于过压保护的电路，也是较容易损坏的器件，在检测电源电路时，也应检测该器件是否正常。图16-34为压敏电阻器的检测方法。

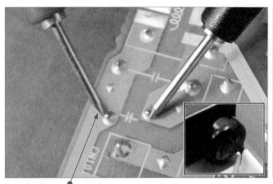

❶ 将万用表的两表笔分别搭在
压敏电阻器的两引脚端

❷ 在正常情况下，万用表检测
其阻值应为无穷大

图16-34　压敏电阻器的检测方法

　　交流220V电压输入到传真机电源电路中会带有一些杂波，通过互感滤波器将其滤除掉，因此互感滤波器的检测也非常重要，如图16-35所示。

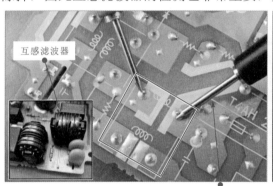

互感滤波器

❶ 使用万用表分别检测互
感滤波器线圈端的阻值

❷ 在正常情况下，万用表检测
其阻值应为零欧姆

图16-35　互感滤波器的检测方法

　　交流220V电压经桥式整流电路输出＋300V直流电压，当其损坏会出现传真机不工作的故障，对其检测时，可分别检测4个二极管本身的性能，如图16-36所示。

反向阻值
无穷大

正向阻值7Ω

❶ 将万用表的黑表笔搭在整流二极管的正极引脚；
红表笔搭在负极引脚，检测其正向阻值

❷ 正常情况下，整流二极管的反向阻值
无穷大，正向应有一定的阻值

图16-36　桥式整流堆的检测方法

> **提示说明**
>
> 　　在电源电路中，除了检测以上的重要器件外，还需要进一步检测开关管、开关变压器等器件，这些器件的检测方法在前文中的章节的介绍方法类似，这里就不再重复。

　　控制电路是传真机的控制核心，控制着传真机所有部件的协调运转，对其检修时，主要检测可能产生故障的接口、微处理器芯片、存储器芯片等是否正常。

　　图16-37为控制电路板中主要接口的检测方法。

❶观察控制电路板上接口的各引脚是否有断裂、歪斜的现象，若出现该现象则应对其接口进行更换

❷同样通过观察法查看并行接口的各引脚端是否出现虚焊、断裂的现象，并对其损坏的接口进行更换

图16-37　控制电路板中主要接口的检测方法

　　判断微处理器芯片或存储器芯片是否正常时，主要是根据其引脚功能，检测其工作条件及主要的信号波形是否正常，下面以检测存储器芯片为例，介绍一下具体的检测方法，如图16-38所示。

 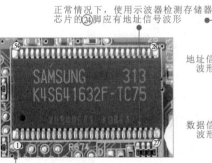 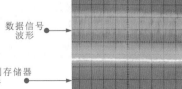

使用万用表检测存储器芯片的①脚供电电压端，正常情况下应为3.6V的供电电压

正常情况下，使用示波器检测存储器芯片的㉔脚应有地址信号波形

地址信号波形

数据信号波形

正常情况下，使用示波器检测存储器芯片的⑬脚应有地址信号波形

图16-38　存储器芯片的检测方法

16.3 智能手机的电路与检修

16.3.1 智能手机的结构

智能手机是一种具有独立操作系统，可通过移动通信网络或其他方式接入无线网络，能够安装多种由第三方提供的应用程序，来对手机功能进行扩充的一种现代化移动通信设备。智能手机的品牌、外形设计风格多样，但基本结构都是相似的。

图16-39为典型智能手机的结构。

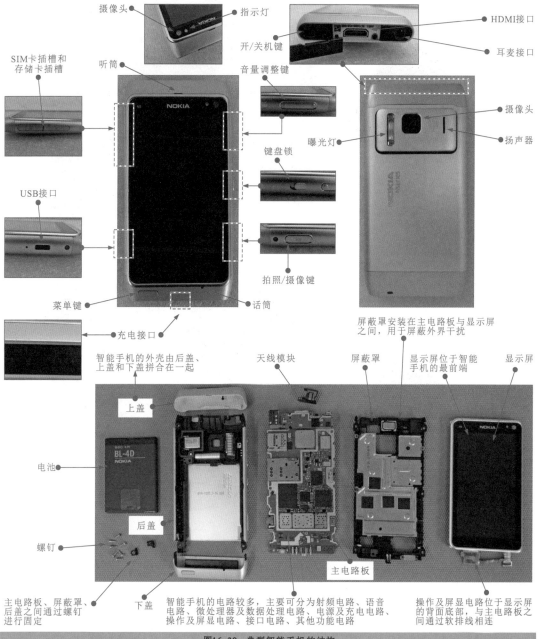

图16-39 典型智能手机的结构

16.3.2　智能手机的电路原理

　　智能手机的电路较为复杂，可将智能手机的控制过程分为手机信号接收的控制过程、手机信号发送的控制过程和手机其他功能的控制过程。图16-40为典型智能手机的整机控制过程。

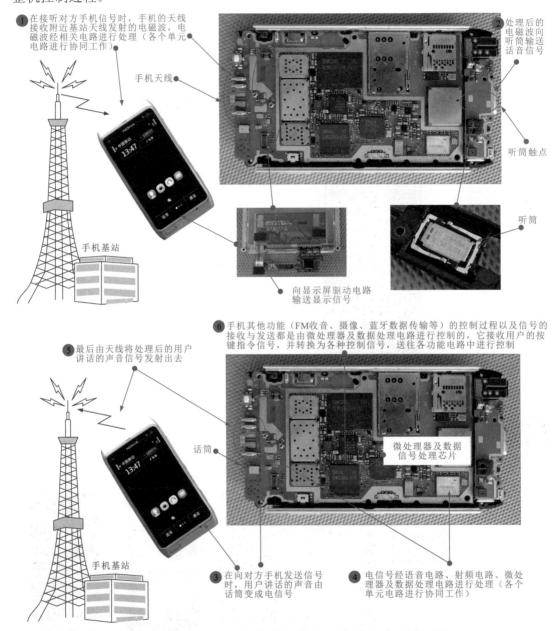

❶ 在接听对方手机信号时，手机的天线接收附近基站天线发射的电磁波，电磁波经相关电路进行处理（各个单元电路进行协同工作）

手机天线

手机基站

❷ 处理后的电磁波向听筒输送话音信号

听筒触点

听筒

向显示屏驱动电路输送显示信号

❻ 手机其他功能（FM收音、摄像、蓝牙数据传输等）的控制过程以及信号的接收与发送都是由微处理器及数据处理电路进行控制的，它接收用户的按键指令信号，并转换为各种控制信号，送往各功能电路中进行控制

❺ 最后由天线将处理后的用户讲话的声音信号发射出去

话筒

微处理器及数据信号处理芯片

手机基站

❸ 在向对方手机发送信号时，用户讲话的声音由话筒变成电信号

❹ 电信号经语音电路、射频电路、微处理器及数据处理电路进行处理（各个单元电路进行协同工作）

图16-40　典型智能手机的整机控制过程

　　智能手机的电路集成度很高，单元电路之间相互配合，协同工作完成指定的功能，为了便于理解智能手机的信号处理过程，接下来将进一步分析其信号流程。

　　图16-41为典型智能手机的信号流程。

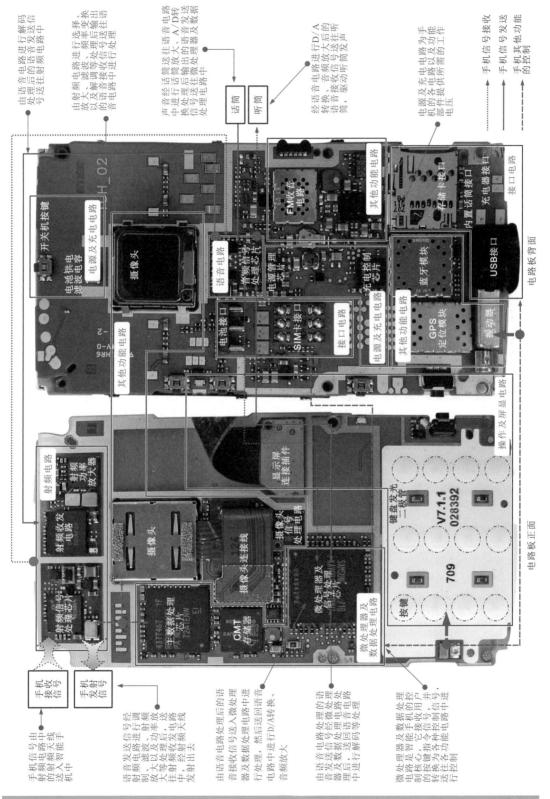

由语音电路进行解码后发送信号送往射频电路处理中

由射频电路进行滤波、解调等处理后输出的语音信号收送往语音电路中进行处理

声音经话筒送往语音电路中进行放大、A/D转换等处理后输出的语音及发送数据信号送往电路中

话筒

听筒

经语音电路进行D/A转换后的语音放大后送往语音接收器，驱动听筒发声

电源及电源电路为手机各部件提供以及所需的工作电压

手机信号接收

手机信号发送

手机其他功能的控制

开关机按键

电池充电滤波电容

电源及充电电路

摄像头

语音电路

音频信号处理芯片

电源管理芯片

FM收音电路

其他功能电路

无线控制芯片

蓝牙模块

GPS定位模块

振动器

内置话筒接口

充电器接口

接口电路

电路板背面

USB接口

电池接口电路

SIM卡接口

接口电路

电源及充电电路

其他功能电路

存储卡接口

其他功能电路

射频电路

射频功率放大器

射频信号收发电路

射频信号处理芯片

摄像头

显示屏连接插件

摄像头连接线

摄像头信号处理电路

CMT存储器

微处理器及信号处理芯片

数据处理芯片

微处理器及数据处理电路

操作及屏显显示电路

键盘发光二极管

V7.1.1

028392

709

按键

电路板正面

手机接收信号

手机发射信号

手机信号由射频电路处理后的射频信号送入智能手机中

语音发送信号经射频调制及滤波以及功率放大等处理后在射频收发电路中经射频天线发射出去

由语音电路处理后的语音接收信号送入微处理器及发送数据处理电路中进行数据处理，然后送回语音电路中进行D/A转换、音频放大

由微处理器的语音发送数据处理后经电路音频处理电路中进行D/A转换、送回解码等处理

微处理器及数据处理电路是智能手机的控制核心，它接收用户的按键指令，并转换为各种控制信号送往各功能电路中进行控制

图16-41 典型智能手机的信号流程

16.3.3 智能手机的检测维修

根据前文可知，智能手机中的电路部分主要由射频电路、微处理器及数据处理电路、语音电路、电源及充电电路、操作及屏显电路、接口电路、其他功能电路等部分构成，下面分别介绍这些不同类型的电路的检测方法。

1 射频电路的检测

手机射频电路是接收和发射射频信号的电路部分，检测该电路时，一般可首先检测该电路相关范围内的工作条件，在此基础上，再逆电路的信号流程从输出部分作为入手点逐级向前检测，一般在输出、中间处理环节、输入部分均可测得相应的射频信号（包括接收的射频信号RX、发射的射频信号TX）。

图16-42为典型手机射频电路中供电电压的检测方法。

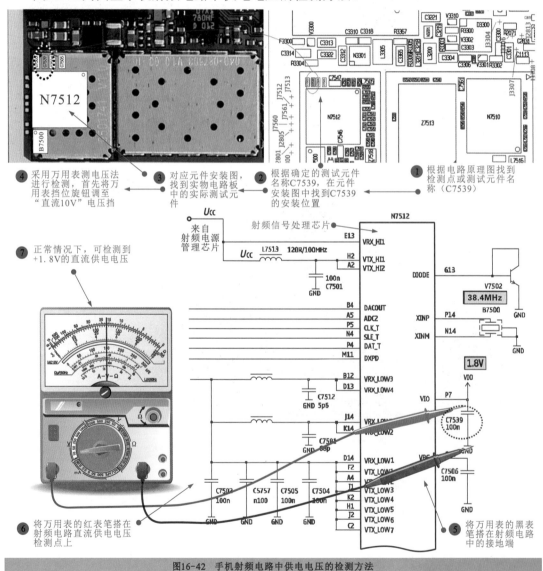

图16-42 手机射频电路中供电电压的检测方法

　　射频电路中的工作条件除了需要供电电压外，还需要时钟晶体提供的时钟信号（本振信号）才可以正常工作，因此检测射频电路时，还应重点对电路中的时钟信号进行检测。图16-43为射频电路中时钟信号的检测方法。

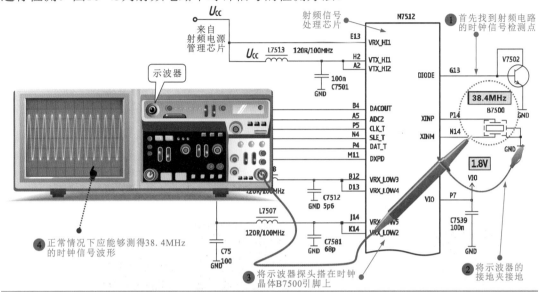

图16-43　手机射频电路中时钟信号的检测方法

提示说明

　　若经检测时钟信号正常，则表明射频电路中的时钟信号条件能够满足，应进一步检测射频电路其他工作条件或信号波形。若时钟信号异常，则应进一步检测时钟晶体及相关元件，更换损坏元件，恢复射频电路的时钟信号。

　　若检测射频电路的工作条件均满足时，可分别在接听电话和拨打电话两种状态下，通过示波器和频谱分析仪检测射频电路中输入端、中间处理环节或输出端的射频信号是否正常，来判断电路当前的工作状态。

　　例如，在手机拨打电话状态下，手机中数据处理电路输出的发射数据信号送入射频电路中射频信号处理芯片相关引脚上，经射频信号处理芯片处理后输出发射射频信号（TX），该信号经射频电路处理和输出后，由天线发射出去，因此正常情况下，在射频信号处理芯片的输入端和输出端应能够分别检测到相应的数据信号或射频信号，具体检测方法如图16-44所示。

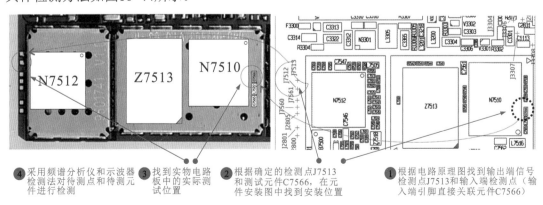

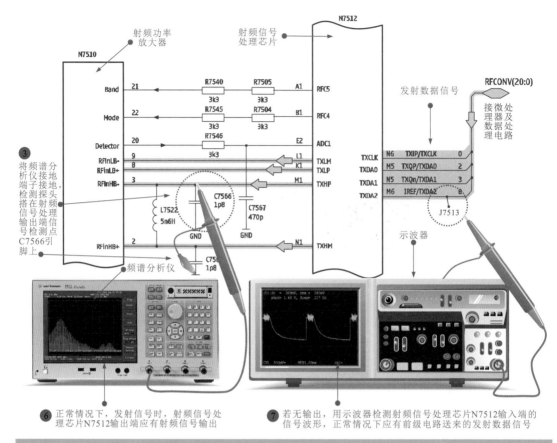

图16-44　射频电路中射频信号处理芯片的输入端和输出端信号的检测方法

提示说明

　　若射频信号处理芯片输出端的发射射频信号（TX）正常，则说明射频信号处理芯片及前级电路均正常；若无发射射频信号（TX）输出，则应进一步检测射频信号处理芯片输入端的发射数据信号是否正常。若经检测，射频信号处理芯片输入端的发射数据信号正常，而无输出，且在供电、时钟等条件均正常的前提下，则多为射频信号处理芯片损坏；若输入端也无信号，则应顺信号流程检测该电路拨打电话状态下的前级电路。

2　微处理器及数据处理电路的检测

　　微处理器及数据处理电路是集整机控制和数据处理为一体的核心电路部分，对该类电路进行检测，主要是对电路中的各种控制信号、数据信号进行检测。

　　实际检测手机微处理器及数据处理电路时，一般可首先检测该电路相关范围内的工作条件，在此基础上，再逆电路的信号流程从输出部分作为入手点逐级向前进行检测，信号消失的地方即可作为关键的故障点，进而排除故障。

　　微处理器及数据处理电路的工作条件包括基本的直流供电电压和时钟信号等，下面介绍微处理器及数据处理电路中的控制信号。

　　手机中大部分功能电路受微处理器I^2C总线信号的控制，I^2C总线信号包括串行时钟信号（I^2C SCL）和串行数据信号（I^2C SDA），具体检测方法如图16-45所示。

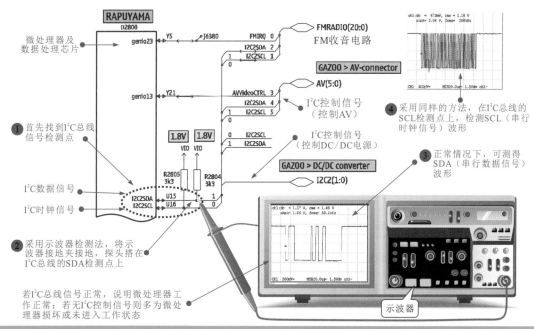

图21-45 微处理器及数据处理电路中I²C控制信号的检测方法

提示说明

　　在手机电路中，一些功能电路通过微处理器中的控制总线（Bus）进行控制，控制总线包括总线数据信号（CBusClk）、总线时钟信号（CBusDa）和总线使能信号（CBusEnlx）信号。在正常情况下，用示波器检测微处理器的控制总线端应能检测到相应的信号波形，如图16-46所示。若控制总线信号正常，说明微处理器工作正常；若无控制总线信号则多为微处理器损坏或未进入工作状态。

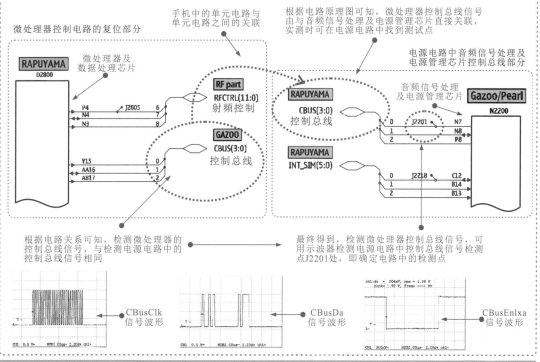

图16-46 微处理器及数据处理电路中的控制总线（Bus）信号

3　语音电路的检测

语音电路是智能手机处理语音通话、音乐播放等有关音频信号的关键电路。实际检测手机语音电路时，一般先检测该电路相关范围内的工作条件，在此基础上，再逆电路的信号流程从输出部分作为入手点逐级向前进行检测，信号消失的地方即可作为关键的故障点，进而排除故障。

语音电路正常工作需要基本供电条件、时钟信号和控制信号，这些信号在前文中已经介绍，这里不再重复，在实际检测时注意找准检测点。下面重点介绍语音电路中核心信号，即音频信号的检测方法，如图16-47所示。

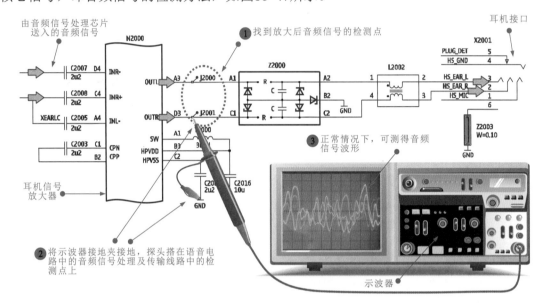

图16-47　语音电路中音频信号的检测方法

提示说明

当怀疑手机语音电路异常时，还可根据具体的故障表现初步判断故障范围，如：

（1）若手机在接打电话时，听筒无声音，话筒不能发送声音，则应重点检查音频信号处理电路。

（2）若手机收音正常，但对方听不到电话声音，则应重点检测话筒电路、耳机接口电路中的相关元件，如话筒、耳机接口、耳机信号放大器等部分。

4　电源及充电电路的检测

电源及充电电路是手机正常工作的关键电路，手机其他各单元电路工作都需要该电路提供基本的供电条件，对该电路进行检测时，重点是对电路中各关键点的电压值进行检测，若检测电压正常，说明该电路部分正常；无电压或电压异常，则表明该电路部分未工作或电路存在损坏元件，针对相关电路范围内的元件进一步检查，排除电路异常即可。

例如，电源及充电电路中的电源管理芯片是电路中的核心模块，该电路内部对手机电池电压进行检测、处理和分配后输出多路直流电压，可使用万用表对芯片输出的各路电路进行检测，如图16-48所示。

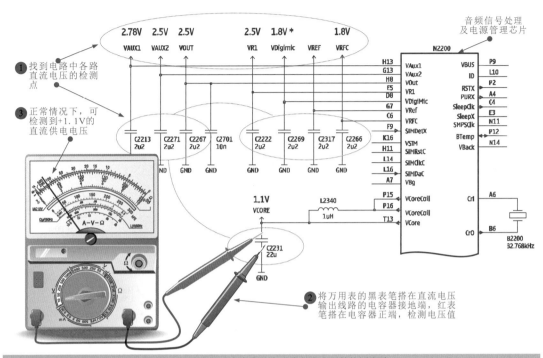

图16-48 电源及充电电路中直流供电电压的检测方法

5 操作及屏显电路的检测

操作及屏显电路是手机中实现人机交互的主要通道，该电路可分为操作和显示两大部分。目前，大多手机都带有触屏功能，这里重点以触屏电路为例进行介绍。

手机的触屏电路主要包括触摸屏、触屏连接插件及相关信号传输电路部分，当用户触摸屏幕时，通过该电路向手机送入人工指令，因此检测触屏电路，主要检测电路中的触屏信号是否正常，如图16-49所示。

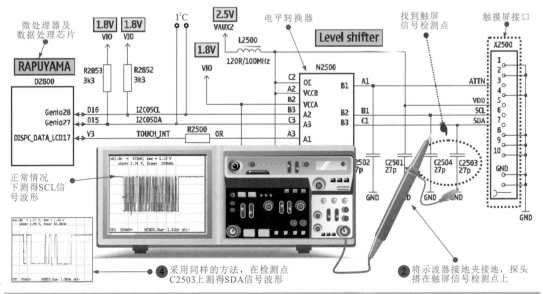

图16-49 操作及屏显电路电路中触屏信号的检测方法

6 接口电路的检测

接口电路是智能手机中用于与外部设备连接的电路，可实现手机与计算机间数据的传输，目前使用最多的接口为USB接口，检测该接口电路时，应先将USB接口与计算机进行连接，并使其处于数据传输状态下，再检测。

图16-50为USB接口电路的检测方法，检测时，通过USB数据线将手机中的图片信息拷贝到计算机中，实现数据传输的条件。

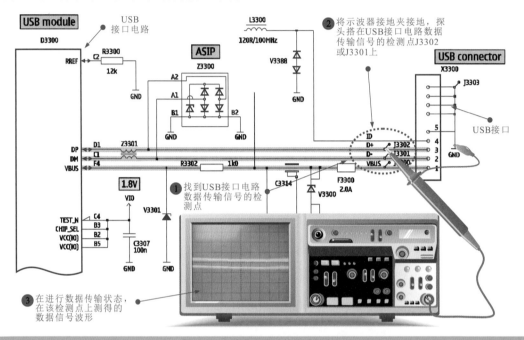

图16-50　USB接口电路的检测方法

提示说明

将示波器接地夹接地，探头搭在USB接口电路数据传输线路的测试点上，正常情况下，应能在示波器显示屏上观测到传输数据信号波形，表明接口电路正常。

若无法测得数据信号，且在接口本身、工作条件及数据线均正常的前提下，多为接口电路中存在故障，可顺信号传输线路逐一检测，信号消息的地方即为电路主要故障位置，根据实测结果进行相应的更换、调试或修复，恢复电路性能即可。

7 其他功能电路的检测

手机中包含有很多功能电路，如蓝牙、收音、GPS导航、传感器、摄像等，各种辅助功能电路都需要在满足其工作条件的前提才可正常工作，否则功能电路无法正常工作。因此，检测各功能电路时，测量其各功能模块工作条件是十分重要的环节。若测得各功能电路的工作条件正常，而该功能模块仍不可以正常工作，即可初步判断该功能模块损坏。

图16-51为其他功能电路直流供电电压的检测方法（不同功能电路的供电电压检测方法类似，下面以GPS定位功能电路供电为例）。

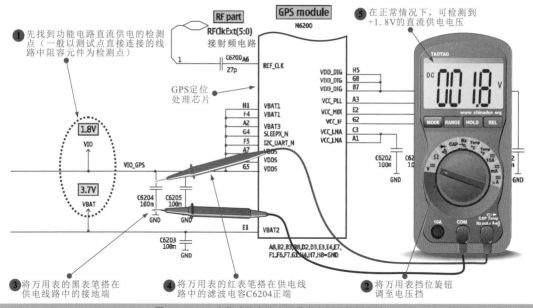

图16-51　GPS定位功能电路直流供电电压的检测方法

提示说明

辅助功能电路中的工作条件除了需要供电电压外，大都还需要时钟晶体提供的时钟信号才可以正常工作，因此当怀疑辅助功能电路工作异常时，还应对时钟信号进行检测，时钟信号的检测方法可参考前面的内容，这里不再重复。若经检测时钟信号正常，则表明该辅助功能电路中的时钟信号条件能够满足，应进一步检测辅助功能电路的其他信号。若时钟信号异常，则应进一步检测时钟晶体及相关元件，更换损坏元件，恢复相应辅助功能电路的时钟信号。

当检查辅助功能电路直流供电、时钟信号均正常的前提下，还应检测辅助功能电路输入或输出的数据信号是否正常，即通过该关键点的测试判断辅助功能电路的工作状态。图16-52为手机其他功能电路中数据信号的检测方法（不同功能电路的供电电压检测方法类似，下面以FM收音电路传输的音频信号检测为例）。

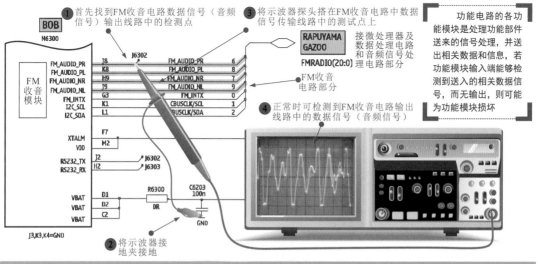

图16-52　手机其他功能电路数据信号的检测方法